普通高等学校“十三五”规划教材

工程经济学

（第2版）

主　编　高瑞忠　陈运春
副主编　田雅楠　王丽萍　黄　鑫
主　审　张庆华

黄河水利出版社
·郑州·

内 容 提 要

本书以《建设项目经济评价方法与参数》(第3版)和土木、水利工程专业关于工程经济的培养要求为主要依据,结合土木工程、水利工程的相关内容全面系统地介绍了工程经济学的基本理论、基本方法及其在项目投资决策中的应用。全书共分10章,主要内容包括资金的时间价值与等值计算、工程项目经济效果评价指标与方法、工程项目的财务评价、工程项目的国民经济评价、工程项目经济评价的不确定性分析、设备更新的工程经济分析、工程项目的后评价、价值工程原理及运用和工程项目经济评价案例分析等。

本书可作为高等学校土木类、水利类专业的工程经济学课程教材,也可作为研究生及工程技术人员的参考书。

图书在版编目(CIP)数据

工程经济学/高瑞忠,陈运春主编. —2版.—郑州:黄河水利出版社,2018.6

普通高等学校"十三五"规划教材

ISBN 978-7-5509-2063-7

Ⅰ.①工… Ⅱ.①高… ②陈… Ⅲ.①工程经济学-高等学校-教材 Ⅳ.①F062.4

中国版本图书馆CIP数据核字(2018)第141987号

组稿编辑:李洪良 电话:0371-66026352 E-mail:hongliang0013@163.com

出 版 社:黄河水利出版社 网址:www.yrcp.com

地址:河南省郑州市顺河路黄委会综合楼14层 邮政编码:450003

发行单位:黄河水利出版社

发行部电话:0371-66026940、66020550、66028024、66022620(传真)

E-mail:hhslcbs@126.com

承印单位:河南承创印务有限公司

开本:787 mm×1 092 mm 1/16

印张:14.5

字数:335千字 印数:1—2 000

版次:2012年5月第1版 印次:2018年6月第1次印刷

2018年6月第2版

定价:29.00元

再版前言

本书依据国家发展和改革委员会、建设部颁布的《建设项目经济评价方法与参数》(第3版)和土木、水利工程专业关于工程经济的培养要求，在作者多年教学实践经验积累的基础上，借鉴国内外同类以及相关内容的优秀成果，注重理论联系实际编写而成。

本书为普通高等学校“十三五”规划教材。结合土木工程、水利工程的相关内容全面系统地介绍了工程经济学的基本理论、基本方法及其在项目投资决策中的应用，主要内容由资金的时间价值与等值计算、工程项目经济效果评价指标与方法、工程项目的财务评价、工程项目的国民经济评价、工程项目经济评价的不确定性分析、设备更新的工程经济分析、工程项目的后评价、价值工程原理及运用和工程项目经济评价案例分析等构成。

全书由内蒙古农业大学高瑞忠、田雅楠、王丽萍，云南农业大学陈运春，西北农林科技大学程冬玲，华北水利水电大学黄鑫和黄河科技学院毕琼媛等合作编写。具体编写分工如下：高瑞忠、王丽萍编写前言、第1章，田雅楠、程冬玲编写第2章、第6章，高瑞忠、黄鑫编写第3章，陈运春、田雅楠编写第4章、第5章，田雅楠、毕琼媛编写第7章、第9章，王丽萍编写第8章，王丽萍、高瑞忠编写第10章，田雅楠编写附录1、附录3，程冬玲、高瑞忠编写附录2，全书黄鑫对所有例题进行了仔细验算。全书由高瑞忠、陈运春任主编并统稿，田雅楠、王丽萍、黄鑫任副主编，程冬玲参编，山东农业大学张庆华任主审。

通过工程经济学课程的教学，使学生系统地掌握工程经济分析的基本原理和基础知识，学会工程建设过程中经济问题的分析方法，培养学生分析和评价土木、水利工程涉及的经济问题的能力。本书可作为高等学校土木类、水利类专业的工程经济学课程教材，也可作为研究生及工程技术人员的参考书。

内蒙古农业大学的王永康对本书的编写提出了许多宝贵建议，在此表示感谢。本书由国家自然科学基金(51469019，41561044)资助。

本书在编写过程中参阅和引用了相关的教材、专著和论文，在此向这些文献的作者致以诚挚的谢意。

由于编写水平及时间有限，不足之处在所难免，恳请读者提出宝贵意见。

编　者

2018年4月

目　录

第1章　绪　论

1.1　工程经济学的产生与发展

1.1.1　工程经济学的含义

工程(Engineering),一般是指将自然科学的原理应用于工农业生产实践而形成的各种学科的总称。它们是应用数学、物理学、化学等基础科学的原理,结合生产实践中所积累的技术经验而发展出来的,如机电工程、土木工程、水利工程、交通工程、环境工程等,主要为容有生产工艺和生产设备的设计与制造、检测原理和设备的设计与制造、原材料的研究与选择、土木工程的勘测设计与施工设计、水利工程的施工建设等。此外,在习惯上人们将某个具体的基本建设项目简称为工程,如建设项目中的三峡工程、高速公路建设工程、污水处理厂工程、企业的技术改造及改扩建工程等。另外,生产经营活动中的新产品开发项目、软件开发项目、新工艺及设备的研发项目等都具有工程的含义。工程经济学中的工程既包括工程技术方案、技术措施,也包括工程建设项目。

经济(Economy),可以从三个方面来理解。首先,经济是生产或生活上的节约、节俭,从生产上来说,包括节约资金、物质资料和劳动等,用尽可能少的劳动消耗生产出尽可能多的社会所需要的成果;从生活上来说,指个人或家庭在生活消费上精打细算,用消耗最少的消费品来满足最大的需要,总之,经济就是用较少的人力、物力、财力、时间、空间获取较大的成果或收益。其次,经济是国家或企业、个人的收支状况,如国民生产总值、社会总产值、企业的产量与效益、个人的收入与支出等。最后,经济是经邦济世、经国济世或经世济民等词的综合和简化,它的含义包括国家如何理财,如何管理各种经济活动,如何处理政治、法律、军事、教育等方面的问题,即治理国家、拯救庶民的意思。工程经济学主要应用了经济的节约含义。

经济学(Economics),是研究人类社会在各个发展阶段上的各种经济活动和各种相应经济关系及其运行、发展规律的科学,是研究稀缺资源在各种可供选择的用途之间进行配置与利用的科学。经济学分为理论经济学和应用经济学。理论经济学论述经济学的基本概念、基本原理,以及经济运行和发展的一般规律,为各个经济学科提供基础理论。理论经济学分为宏观经济学与微观经济学两个分支。微观经济学是以单个经济单位为研究对象,通过研究单个经济单位的经济行为和确定相应的经济变量单项数值来说明如何解决社会资源的配置问题;宏观经济学以整个国民经济为研究对象,研究一个国家整体经济的运行、政府运用经济政策来影响整体经济等宏观经济问题。工程经济学的重点是单个经济组织的决策,因此它与微观经济学有着更为紧密的联系。应用经济学是指理论经济学与某一行业、技术或工程相结合而形成的经济学分支学科,如工程经济学、管理经济学、技术经济学、生态经济学等。工程经济学是经济学中应用经济学的一个分支。

工程经济学(Engineering Economics)是基于经济学的基本原理,以工程技术为主体、以技术经济系统为核心,来研究工程领域中经济问题和经济规律的科学。工程经济学是工程与经济的交叉学科,是研究工程技术实践活动经济效果的学科。工程经济学的实质是寻求工程技术与经济效果的内在联系,揭示二者协调发展的内在规律,促使技术先进性与经济合理性的统一。工程经济学的任务是对工程项目及其相应环节进行经济效益分析,对各种备选方案进行分析、论证、评价,从而选择技术上先进、经济上合理的最佳方案。

1.1.2　工程经济学的产生与发展

工程经济学已有100多年的历史。

1887年,美国亚瑟姆·惠灵顿出版的著作《铁路布局的经济理论》(The Economic Theory of the Location of Railways)是工程经济学产生的标志。他首次将成本分析方法应用于铁路最佳长度和路线的曲率选择问题,并提出了工程利息的概念,开创了工程领域中的经济评价工作。在其著作中,将工程经济学描述为"一门少花钱多办事的艺术"。

1920年,O. B. 哥德曼研究了工程结构的投资问题,并在著作《财务工程学》中提出了用复利计息来分析各个方案的比较值,并说:"有一种奇怪而遗憾的现象,就是许多作者在他们的工程学书籍中,没有或很少考虑成本问题,实际上,工程师最基本的责任是分析成本,以达到真正的经济性,即盈得最大可能数量的货币,获得最佳的财务效率。"

1930年,E. L. 格兰特出版了《工程经济学原理》(Principles of Engineering Economy)一书,从而奠定了经典工程经济学的基础。在该书中,他指出了古典工程经济学的局限性,以复利计算为基础,讨论了判别因子和短期投资评价的重要性,以及与长期资本投资的一般比较。格兰特教授的许多贡献获得社会承认,被称为"工程经济学之父"。

1951年,迪安在凯恩斯经济理论的基础上,分析了市场供求状况对企业有限投资分配的影响。他出版的《投资预算》阐述了动态经济评价法以及合理分配资金的一些方法及其在工程经济中的应用。

1978年,L. E. 布西出版了《工程项目的经济分析》,全面总结了筹资、评价、优化决策、风险、不确定性等工程经济分析内容。

1982年,J. L. 里格斯出版了《工程经济学》,系统阐述了工程经济学的内容,观点新颖、内容丰富、论述严谨,把工程经济学的学科水平向前推进了一大步。

此后,工程经济学在美国得到了进一步的发展与完善,形成了相当完整的学科领域。工程经济学在世界其他国家也得到了广泛的重视及应用,如苏联的部门经济分析,英国的业绩分析,日本的经济性工程学,中国的技术经济学等。

我国对工程经济学的研究和应用较晚,起步于20世纪70年代后期。随着改革开放的推进,工程经济学的原理和方法已在宏观与微观的经济建设项目评价中得到了广泛应用,对工程经济学学科体系、理论和方法、性质与对象的研究也十分活跃,有关工程经济的投资理论、项目评价等著作和文章大量出现,逐步形成了有体系的、符合我国国情的工程经济学。

1987年,为了适应经济发展的需要,规范建设项目经济评价工作,保证经济评价的质量，提高项目决策的科学化水平，引导和促进各类资源的合理有效配置，充分发挥投资效益，国家计划委员会发布了《建设项目经济评价方法与参数》，标志着我国进入了项目投资决策科学化、民族化的新阶段，它成为了各类规划设计单位、工程咨询公司进行投资项目经济评价和评估的指导性文件，也是各级计划部门审批项目建议书和可行性研究报告、各级金融机构审批贷款项目的重要依据。1993 年、2006 年国家发展和改革委员会（原国家计委）、建设部结合经济发展和《建设项目经济评价方法与参数》应用中反映出来的问题，在大量调查研究和专题研究工作的基础上，对《建设项目经济评价方法与参数》进行了修改与补充，先后完成了《建设项目经济评价方法与参数》第 2 版、第 3 版，标志着我国工程经济学发展到了新的阶段。

1.2　工程经济学的研究对象与特点

工程经济学的研究对象是工程项目，进一步来说，是工程项目的工程技术经济问题和经济效果。工程经济学具有如下一些主要特点。

1.2.1　综合性

工程经济学是一门介于自然科学和社会科学之间的边缘学科，具有综合性的特点，其理论基础和研究方法综合了政治学、管理学、经济学、数学和工程技术学等多学科的基本理论和方法，其所研究的问题往往也是多目标、多因素的，比如部门或企业有技术经济问题，国家或地区有技术经济问题。因此，在分析和处理经济问题时，需要用多学科的知识进行分析与评价。

1.2.2　系统性

工程经济学有完整的工程经济分析体系，不仅要分析项目本身的直接效果，还要分析与其相关的间接效果；不仅要研究其给企业带来的经济效益，还要研究其对国民经济效益和社会效益的影响；不仅要分析项目建设前的经济效果，还要评价项目实施后的经济效果。

1.2.3　预测性

由于工程经济学分析的重点是对可能付诸实施的技术方案进行分析比较，所以对方案的技术政策、技术措施和技术方案等要进行预先的分析评价和预测，使之更接近于实际，从而避免项目决策的盲目性。工程经济的预测性有两个主要特点：尽可能准确地预见某一经济活动的趋向和前景，充分掌握各种必要的信息，尽量避免由决策失误所造成的经济损失；预见性包含一定的假设和近似性，只能使项目或方案的分析结果尽可能接近实际，而不能使其绝对精确。

1.2.4　定量性

工程经济学的研究以定量分析为主，用数量来反映经济现象和经济规律，即使有些难以定量的因素,也要通过定性分析,尽量予以量化估计。通过对工程项目的各种技术方案进行客观、合理、完善的评价,用定量分析的结果为定性分析提供依据。不进行定量分析,就无法进行技术方案的经济性评价,经济效果也无法衡量,更无法进行方案的比较和选择。

1.2.5 实用性

工程经济学具有很强的实用性,工程经济学研究的方案均来源于工程实际,并紧密结合生产技术和经济活动进行,其研究成果直接用于生产实践,并在其中加以验证。工程经济学的研究,与经济的健康发展、技术的正确选择、资源的综合利用、生产力的合理布局等关系密切。

1.3 课程的主要内容与基本要求

资金的时间价值是什么及如何衡量?工程项目多个技术方案的现金流量已知,怎样进行优劣选择?不确定因素给工程项目带来风险的程度有多大?设备什么时候更新?修理合算还是更新合算?如何确定功能和费用的关系来获得最大效益?如何对工程项目进行经济评价?如何对建设项目实施后评价?对这些问题的回答就是本课程的主要内容,包括资金的时间价值与等值计算、经济效果评价指标与方法、财务评价、国民经济评价、不确定性分析、设备更新分析、后评价和价值工程等内容。本书依据工程经济学的主要内容进行编写,全书分为10章,并为了更好地适应不同专业教学的需求,增加了附录1和附录2。具体为:第1章介绍了工程经济学的含义、产生和发展以及研究对象和特点;第2章介绍了资金的时间价值与等值计算的内容;第3章介绍了工程项目经济效果评价指标与方法;第4章介绍了工程项目财务评价的主要内容和过程;第5章介绍了工程项目国民经济评价的主要内容和过程;第6章介绍了工程项目经济评价的不确定性分析;第7章介绍了设备更新的工程经济分析工程;第8章介绍了工程项目建成运营后的评价;第9章介绍了通过价值工程分析提高工程效益的内容;第10章给出了工程项目经济评价的案例;附录1给出了与工程经济分析相关的经济学基础知识;附录2讲述了水利工程项目的费用效益计算与分摊方法和过程。本书编写内容深入浅出,循序渐进,列举了大量土木、水利工程中经济分析例题,便于学习。

工程经济学的目的在于培养工程技术人员的经济意识,增强经济观念,运用工程经济分析的基本理论和经济效益的评价方法,从可持续发展的战略高度出发,以经济为目的、技术为手段,确保工程项目有较高的质量,并以最少的投入达到最佳的产出。因此,通过本课程的学习,应该掌握工程经济学中的基本概念、基本理论与基本方法,掌握如何运用基本理论与基本方法解决实际工程中的具体经济问题,了解当前工程经济的发展方向、存在问题及其解决的途径。

思考与练习

1. 工程、经济、经济学与工程经济学关系如何?
2. 工程经济学的含义是什么?
3. 简述工程经济学的研究对象与特点。
4. 通过本章的学习,谈谈你对工程经济学的理解。

第2章　资金的时间价值与等值计算

不同时间点上的资金具有不同的价值,这些资金对经济活动发挥的作用也会不同,如何实现不同时间位置上资金的对比和换算是本章的主要内容。本章是工程经济分析的基础,是正确计算经济评价指标的前提,这里主要介绍资金的时间价值的含义、表示方法和资金等值的概念、计算及其应用。通过本章的学习,应熟练掌握资金流量图的绘制及等值计算公式的应用等考虑资金的时间价值的经济分析方法,为经济评价指标和方法的学习奠定基础。

2.1　资金的时间价值

2.1.1　资金的时间价值的含义

2.1.1.1　资金的概念

资金是社会再生产过程中能够增值的价值,货币、物资是资金的不同存在形式,是一种价值,资金的实质在于增值。资金增值的必要条件是资金的运动,资金必须通过投入和产出、流入和流出,以及不断循环、周转运动的过程才能增值,例如投入工程建设、生产和流通。把资金放在保险柜里或者把物资存放在仓库里是不能增值的,因为资金本身不能创造价值,也不能自行增值,只有把资金投入社会再生产才能创造价值和增值。资金不仅代表物化劳动的物资,还表现为劳动和货币。

2.1.1.2　资金的时间价值

资金的时间价值是指资金随着时间的推移而不断增加的价值,货币是资金的主要表现形态,因而也称货币的时间价值。资金作为一种生产要素投入生产,与劳动相结合,产生必要的劳动价值和剩余劳动价值(利润)。前者为资金本身的价值,后者为资金的价值增值,这个增值就是资金的时间价值。资金的价值是随时间变化而变化的,是时间的函数,随时间的推移而增值,其实质是资金作为生产要素在扩大再生产及其资金流通过程中随时间变化而产生的增值。因此,影响资金的时间价值的因素主要有资金的使用时间、资金数量的大小、资金投入和回收的特点及资金周转的速度。

资金的时间价值的本质是资金可以随时间的不断变化具有增加价值的能力,但并不意味着资金本身能够增值,而是因为货币是劳动价值的物质表现形式,只有在生产和流通中与劳动相结合才能增值。例如,今天的100元,如果存入银行或有一个其他的投资机会,使其每年能够获得5%的利息,那么,一年后将得到105元。如果不进行投资,到明年在票面上看还是100元,但实际上只相当于今天的95.24元。因为,如果今天拿95.24元去投资,到明年同样可以得到100元,原因在于进行投资或存入银行后,货币进入流通环节,可以和劳动相结合,因而具有获得利息的能力,从这里也可以看出,剩余价值理论是资金的时间价值概念的理论基础。

资金的时间价值可以用绝对数表示,也可以用相对数表示,即以利息或利率来表示。但是在实际工作中对这两种表示方法并不做严格的区别,通常以利率进行计量。利率的实际内容是社会资金利润率,各种形式的利率(贷款利率、债券利率等)水平就是根据社会资金利润率确定的。但是,一般的利率除包括资金的时间价值因素外,还要包括风险价值和通货膨胀因素。资金的时间价值通常被认为是没有风险和没有通货膨胀条件下的社会平均利润率,这是利润平均化规律作用的结果。作为资金的时间价值表现形态的利率,应以社会平均资金利润率为基础,而又不应高于这种资金利润率。因此,资金的时间价值可从两个方面加以衡量:理论上,资金的时间价值相当于没有风险、没有通货膨胀条件下的社会平均利润率;实际上,在通货膨胀很低的情况下,可以用政府债券利率来表示资金的时间价值。

2.1.2　利息和利率

2.1.2.1　利息的概念及其本质

利息是利润的一部分,是剩余价值的一种转化形态,因此利息是资金在运动过程中增值的一部分。投资项目建成投产后,不仅用自己的利润收回投资,而且要补偿为贷款而支付的利息。一般认为,利息是使用借贷资金的报酬,又是货币资金所有者凭借对货币资金的所有权向这部分资金的使用者索取的报酬。

利息是调节经济生活的重要经济杠杆之一,是纯收入再分配的一种方式。利息来源于劳动者为社会所创造的一部分剩余产品价值,它体现了国民收入在社会主义经济内部的分配关系,反映了正确处理国家、集体和个人三者之间的经济关系。

2.1.2.2　利率的概念及其分类

利息率简称利率,是一定时期内利息额同其相应本金的比率。利率是一种重要的经济杠杆,它对宏观经济运行和微观经济运行都有重要作用。按利率在借贷期内是否调整,分为固定利率和浮动利率;按利率是否随市场规律自由变动,分为市场利率、公定利率和官定利率;按照利率是否具有优惠性质,可划分为一般利率和优惠利率;按计算利息的时间长短,分为年利率、月利率和日利率;按信用行为的期限长短,分为长期利率和短期利率。

固定利率是指利率在整个借款期内固定不变,不随借贷资金的供求状况和市场利率的波动而发生变化。固定利率在借款期间不发生变化,因而它的主要优点是容易计算借款成本,简便易行,比较适宜于短期借款或市场利率变化不大的条件。

浮动利率又称可变利率,是指利率随着市场利率的波动而定期调整变化的利率。浮动利率在借款期内随着市场利率的变化而定期调整,因而借款人在计算借款成本时比较困难、繁杂,利息负担可能减轻,也可能加重,但借贷双方可以共同承担利率变化的风险,这种利率比较适宜于中长期贷款。

市场利率是指由资金供求关系和风险收益等因素决定的利率。一般来说,当资金供给大于需求时,市场利率会下降;当资金供给小于需求时,市场利率会上升。当资金运用的收益较高而运用资金的风险也较大时,市场利率也会上升;反之亦然。

官定利率是政府货币管理当局或中央银行确定发布的,各级金融机构都必须执行的各种利率。由于商品经济条件下利率对资金活动的规模、趋势、效率等影响极大,甚至直接影响国家货币金融政策的贯彻执行,因此成为一种调节经济活动的重要杠杆。例如,中国人民银行向金融机构发放再贷款所采用的再贷款利率;金融机构将所持有的已贴现票据向中国人民银行办理再贴现所采用的再贴现利率;中国人民银行对金融机构交存的法定存款准备金支付的存款准备金利率;中国人民银行对金融机构交存的准备金中超过法定存款准备金水平的部分支付的超额存款准备金利率。这些都是典型的官定利率。

市场利率必然会受到官定利率的干预和影响,但是市场利率的变动主要还是取决于借贷资金的供求关系,这样市场利率和官定利率之间往往存在一定的差距,两者不可能完全保持一致。同时,中央银行在确定官定利率时,总是以市场利率作为重要依据。

公定利率是由民间权威性金融组织商定的利率,各成员机构必须执行。

年利率一般按本金的百分之几表示,月利率是按本金的千分之几表示,日利率是按本金的万分之几表示。在实际工作中,利率需要相互换算,即年、月、日利率可互相换算,换算方法为:年利率 = 月利率 ×12 = 日利率 ×365。

短期利率是指融资时间在1年期以内的利率。长期利率是指融资时间在1年以上的利率。一般,长期利率水平高于短期利率水平,因为融资期限长,市场变化大,风险也大。

2.1.2.3 决定和影响利率变动的因素

根据利息与利率的概念,决定利率变动的因素有社会平均利润率、借贷资金的供求状况、物价水平、国家经济政策、国际利率水平及汇率、预期通货膨胀等,而影响利率变动的因素为利率管制、借贷期限、风险程度、担保品、借款人的信用等级、放款方式以及社会经济主体的预期行为等。下面主要分析利率变动的决定因素。

1)社会平均利润率

由于利息是利润的一部分,因此利润率是决定利率的首要因素,但决定利率高低的利润率不是单个企业的利润率,而是一定时期内一国的平均利润率。一般来说,平均利润率是利率的最高界限,当然,在一般情况下,利率也不会低于零。如果利率低于零,就不会有人出借资金了。因此,利率通常在平均利润率与零之间波动。

2)借贷资金的供求状况

虽然从理论上讲,利率不会高于平均利润率,也不会低于零,但在实际上,决定某一时期某一市场上利率水平高低的是借贷资金的供求关系。当借贷资金供大于求时,利率会下降;当借贷资金供小于求时,利率会上升,甚至高于平均利润率。

3)物价水平

物价上涨货币就会贬值。如果存款利率低于物价上涨幅度,意味着客户存款的购买力不但没有增加,反而下降了,这就会严重挫伤存款人存款的积极性。如果贷款利率低于通货膨胀率,则意味着银行贷款的实际收益不但没有增加,反而减少了。所以,当物价上升时应适当提高名义利率,使实际利率不至于太低;反之,如果物价下跌,可以适当降低名义利率。

4)国家经济政策

中央银行采用紧缩政策时,往往会提高再贴现率或其他由中央银行所控制的基准利率,而当中央银行实行扩张的货币政策时,又会降低基准利率。

5) 国际利率水平及汇率

在开放的经济条件下,国际间的资本可以自由流动,国际利率水平会对国内利率水平产生重要的影响。当国内利率水平高于国际利率水平时,外国资本就会流入国内,使市场上资金供给增加而利率下降;当国内利率水平低于国际利率水平时,国内资金流向国外,市场上资金供给减少,利率上升。从汇率的角度来看,汇率的变动也会影响利率的变化。例如,当外汇汇率上升、本币贬值时,国内居民对外汇的需求就会下降,从而使得本币相对充裕,国内利率稳中下降;反之,当外汇汇率下跌,本币升值时,本国居民对外汇的需求就会增加,本币供给处于紧张状态,从而迫使国内市场的利率上涨。

6) 预期通货膨胀

在信用货币制度下,通货膨胀是一种特有的经济现象。通货膨胀会给债权人带来损失。为了弥补这种损失,债权人往往会在一定的预期通货膨胀率基础上确定利率,以保证本金和实际利息额不受到损失。当预期通货膨胀率上升时,债权人会要求提高贷款利率;当预期通货膨胀率下降时,利率一般也会相应下调。

2.1.2.4　利息的计算

利息的计算方式包括单利和复利两种。单利计息时,只有最初本金产生利息,利息不再产生利息;而复利计息时,除本金产生利息外,利息也要产生利息,即通常所说的"利生利"、"利滚利"的计息方式。复利计息有间断复利和连续复利之分。按期(年、半年、季、月、周、日)进行复利计算的方法称为间断复利,按瞬时计算复利的方法称为连续复利。

按照单利计息和复利计息的概念,可以推导出各自的计算公式。

(1) 单利计算过程:

第 1 期的本利和:$F_1 = P + I_1 = P + P \times i = P(1 + i)$

第 2 期的本利和:$F_2 = P + I_2 = P + (P \times i + P \times i) = P(1 + 2i)$

……

第 n 期的本利和:$F_n = P + I_n = P(1 + ni)$

前 n 期的利息:$I_n = F_n - P = nPi$　(2-1)

式中,I_n 为前 n 期的利息;P 为本金;i 为利率;n 为计息期数;F_n 为第 n 期的本利和。

(2) 复利计算过程:

第 1 期的本利和:$F_1 = P + I_1 = P + P \times i = P(1 + i)$

第 2 期的本利和:$F_2 = P + I_2 = F_1 + F_1 \times i = P(1 + i)^2$

……

第 n 期的本利和:$F_n = F_{n-1} + I_n = P(1 + i)^n$

前 n 期的利息:$I_n = F_n - P = P(1 + i)^n - P$　(2-2)

式中,符号意义同前。

目前,我国银行储蓄存款是按照单利计息的,贷款则是按复利计息的。

【例 2-1】　一笔期限为 3 年、年利率为 6% 的 100 万元贷款,分别按单利和复利方式计算其本利和及利息额,对比两种方式每年的利息及本利和的差别。

解　按单利计算

$$F_3 = 100 \times (1 + 3 \times 6\%) = 118(\text{万元})$$

$$I_3 = 118 - 100 = 18(\text{万元})$$

按复利计算

$$F_3 = 100 \times (1 + 6\%)^3 = 119.1(\text{万元})$$

$$I_3 = 119.1 - 100 = 19.1(\text{万元})$$

单利法和复利法计算结果见表 2-1。

表 2-1 单利法和复利法计算结果比较

项目	单利计算			复利计算		
	期初本金	利息	本利和	期初本金	利息	本利和
第 1 年	100	6	106	100	6	106
第 2 年	100	6	112	106	6.36	112.36
第 3 年	100	6	118	112.36	6.74	119.1
合计		18			19.1	

2.1.2.5 名义利率与实际利率

利息可以按月计算,也可以按日、季或年计算,这说明利息的多少不仅和本金、利率、计算期数有密切的关系,还和计息期的长短有关。计息期对于用单利法计算利息没有影响,而对于用复利法计算利息有一定的影响。以下举例说明:

假如按月计算利息,月利率为 1%,试计算其按单利及复利计算的本利和。如果将其本利和按年计息,相当于其年利率为多少?

按单利法计算利息,一年的本利和为 $F = P \times (1 + 12 \times 1\%)$,如果将其本利和按年计息,相当于其年利率为 $[P \times (1 + 12\%) - P]/P = 12\%$。即按月计算利息,月利率为 1%,按单利计算利率,其年利率为 12%。

如果按月复利计算,一年的本利和为 $F = P \times (1 + 1\%)^{12}$,则按年计息,年利率为 $P \times (1 + 1\%)^{12}/P - 1 = 12.68\%$。即按月计算利息,月利率为 1%,按复利计算利息,其年利率为 12.68%。

习惯上称复利计算利息的年利率 12.68% 为实际利率,按单利计息的年利率 12% 为名义利率,或称“虚利率”。由上述名义利率与实际利率的分析可以得出两者之间的关系

$$i = \left(1 + \frac{r}{m}\right)^m - 1 \tag{2-3}$$

式中,i 为实际利率;r 为名义利率;m 为计息期数。

一般来说,实际利率要比名义利率稍大一些,而且随着计息期次数的增大而增大,但不是随着计息次数的增大而无限增大;如果按年计息,则实际利率等于名义利率。

【例 2-2】 某人从银行借款,年利率为 6%,按月计算复利,问某人还款的实际利率是多少?如果改为半年计息一次,按复利计算,问某人还款的实际利率又是多少?

解 按月计算复利时,$r = 6\%$,$n = 12$,按式(2-3),则得

$$i = \left(1 + \frac{6\%}{12}\right)^{12} - 1 = 6.17\%$$

按半年计算复利时,$r = 6\%$,$n = 2$,则有

$$i = \left(1 + \frac{6\%}{2}\right)^2 - 1 = 6.09\%$$

由于在工程经济计算中所使用的利率均为实际利率，因此就有必要将名义利率换算为实际利率，否则就会出现错误。

2.1.3 现金流量及现金流量图

2.1.3.1 现金流量的含义

现金流量(Cash Flow)管理是现代企业理财活动的一项重要职能，建立完善的现金流量管理体系是确保企业生存与发展，提高企业市场竞争力的重要保障。工程经济中的现金流量是拟建项目在整个项目计算期内各个时点上实际发生的资金流入、流出以及流入和流出的差额。现金流量一般以计息周期(年、季、月等)为时间单位，用现金流量图或现金流量表来表示。

建设项目在建设和生产过程中，把各种货币和物资都转化为资金，表现为投资、利息、销售收入、税金和利润等。现金流量就是建设项目从投资开始，经历建设阶段、投产阶段、达产阶段和生产服务期满的投资额、利息、销售收入、税金和利润等根据核算主体将其划分为不同时间点的现金流入、流出。比如对于一般核算主体，投资额表示现金流出，销售收入表示现金流入。在工程经济分析中，把各个时间点上实际发生的这种资金流出或资金流入称为现金流量。比如对于一个特定的经济系统而言，投入的资金、花费的成本、获取的收益都可看成是以货币形式体现的现金流出或现金流入。现金流入与现金流出之差称为净现金流量。

现金流入和流出的划分关系到项目的盈利能力，只有正确划分项目的现金流入和流出才能正确判断项目的盈利水平。在工程实际中，为了确定现金流入和流出，首先要找到核算主体，然后将各个资金根据核算主体进行区分。

【例 2-3】 某公司每月初将 100 万元的工程费用存入银行，计划半年后取出用于发展事业，银行的年利率为 6%。试从公司角度和银行角度讨论现金流入和流出问题。

讨论：公司每月初存入银行 100 万元，共存入 6 个月，半年后一次性本利取出。以公司为核算单位，每月初存入银行 100 万元是现金流出量，半年后一次性取出的本利和为现金流入量。而以银行为核算单位则正好相反，每月初存入银行 100 万元是现金流入量，半年后一次性取出的本利和为现金流出量。

2.1.3.2 现金流量图

在经济计算中，特别是在工程经济分析中，各年资金的收支情况是比较复杂的，不同的阶段，资金的收支变化较大。特别是在动态经济分析中，不但要知道资金的多少，还要知道资金变化的具体时间，如果没有一个直观的表示方式，计算起来就比较麻烦。为了便于分析，通常采用图或表格的形式表示特定系统在一段时间内发生的现金流量。

现金流量图是表示资金在一定时期内流入和流出运动状态的图解方法，可以描述资金的运动轨迹，是进行资金的时间价值计算的有效工具。图 2-1 为现金流量的示意图，横坐标表示时间，时间的推移从左到右逐渐增大；以计算周期为时间间隔，时间间隔相等，工程经济分析一般以年为单位；每一个时间点都是本期末与下期初重合，比如 t 表示第 t 年年末、第 $t+1$ 年年初；一般将 0 设为时间原点，通常将项目建设期的开始点设为 0 点；与时间轴垂直的箭线表示现金流量的大小，箭头向上表示现金流入，箭头向下表示现金流出，线段的长短反映了现金流量的大小。

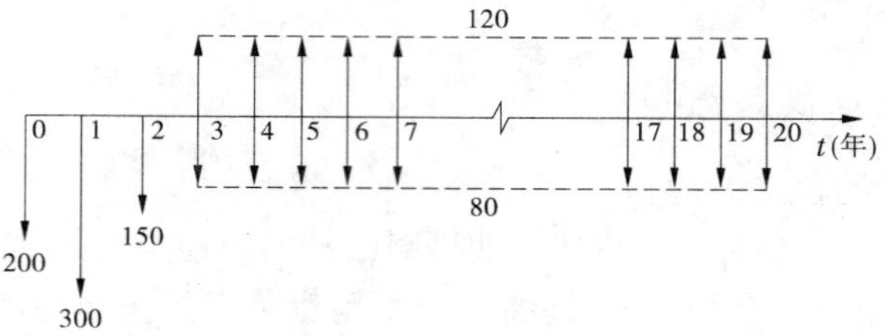

图 2-1　现金流量图

图 2-1 中，各项资金的发生都是假设在一个固定的时间点上，而实际上，无论是投资还是运行费和效益，大都遍布在全年之内，但为了分析计算的方便，一般规定各年的投资均可按每年的年初一次投入计算，各年的运行费和效益均按年末发生和结算。

另外，在实际工程项目中，工程的投资或收益都不是在同一时间发生的，不同的阶段多少也不一样，一般情况下，建设期间投资较大，工程建成后，主要投入的是运行费，相对于建设期间的投资就比较小了，而且运行期的不同阶段，投入的费用也不相同。同样，工程的效益也是如此。为了统一核算，便于综合分析和评价，就要有一个共同可以比较的基础，即确定一个同一基准时间，工程经济评价中把同一基准时间称为计算基准点，在图上以“0”表示。计算基准点可以选择在建设期开始之初，也可以选择在正常运行期开始之初，甚至可以任意选定某一年的年初或年末作为计算基准点，对分析结果没有影响。如果不做特别说明，建设工程项目进行资金的时间价值计算的基准点定在建设期的第一年年初。

【例 2-4】　某工程公司 1998 年年初借 5 000 万元，1999 年年末又借 3 000 万元，此两笔借款从 2001 年开始连续 3 年每年年末以等金额方式偿还，借款年利率为 10%。试绘出其现金流量图。

解　绘制的现金流量图见图 2-2。

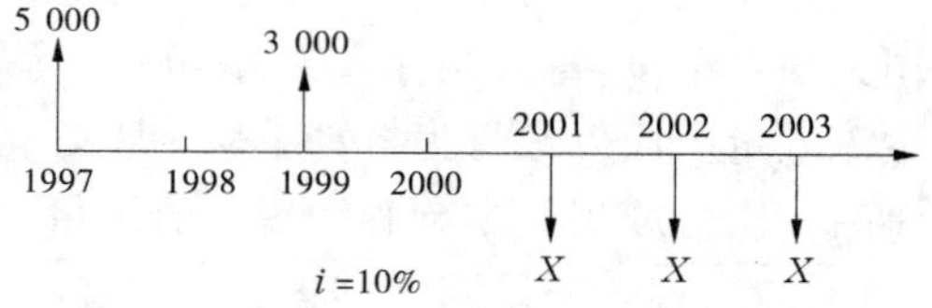

图 2-2　例 2-4 图

【例 2-5】　某化工项目建设期为 2 年，生产期为 8 年，第 1 年、第 2 年固定资产投资分别是 800 万元和 600 万元，第 3 年开始投产，投入流动资金 400 万元，投产后，年经营成本和税金支出为 600 万元，年收益为 1 000 万元，生产期最后一年回收固定资产余值 200 万元和流动资金 400 万元。试绘制该化工项目经济活动的现金流量图。

解　绘制的现金流量图见图 2-3。

现金流量图可以直观地显示不同时间点的资金流入和流出情况，为后续资金等值计算提供方便，但是在工程实际中，尤其在工程经济报告编写的过程中，经常使用现金流量表代替现金流量图，如表 2-2 所示，关于现金流量表的内容会在第 4 章财务评价中详细介绍。

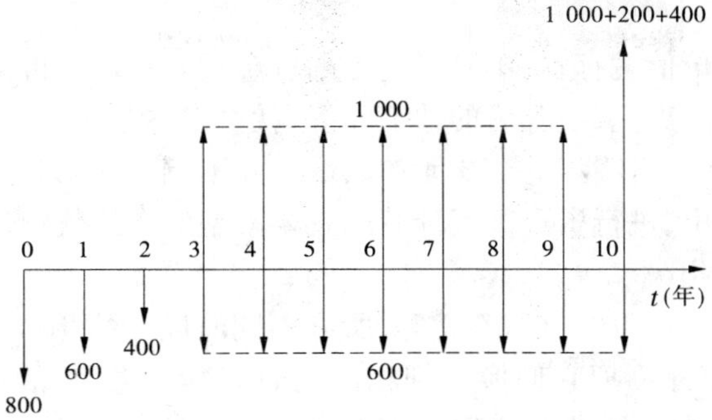

图 2-3　例 2-5 图

表 2-2　项目投资现金流量表

序号	项目	合计	计算期					
			0	1	2	3	…	n
1	现金流入量							
1.1	营业收入							
1.2	补贴收入							
1.3	回收固定资产余值							
1.4	回收流动资金							
2	现金流出量							
2.1	建设投资							
2.2	流动资金							
2.3	经营成本							
2.4	增值税							
3	所得税前净现金流量							
4	所得税后净现金流量							

2.2　资金的等值计算

2.2.1　资金等值的概念

一般来说,如果两个事物的作用相同,则可以称它们为等值,而资金的等值指的是在资金的时间价值下的等值。由于资金的时间价值的存在,即使数量相等的资金,如果发生的时间不同,其价值也会不相等;相反地,发生在不同时间上数量不等的资金,则可能具有相等的价值。

由于资金的时间价值的存在,不同时间点的资金具有不同的价值,如果将不同时间点的资金换算在同一时间点上,换算后的数值相等,就可以称这两个时间点上的资金是等值的。例如,今年的 100 元与明年的 110 元在数量上并不相等,但以年利率 10% 换算,两者却是等值的。可以看出,进行资金等值计算的三要素是资金的数额、发生的时间和换算率(利率、折现率或经济报酬率等)。

由于不同时间单位货币的价值不相等,所以不同时间的货币收入或支出不能直接进行比较,需要通过等值计算把它们换算到相同的时间基础上,才能进行大小的比较和计算。比如对于工程项目来说,把各方案在寿命期内发生的资金流量统一折算到某个基准年,然后才能进行比较,进而论证出它们之间的相对经济效果。

利用等值的概念,把将来某一时间点的资金金额换算成基准点的等值金额的过程称为折现或贴现,折现后的资金金额称为现值。与现值等值的将来某时间点的资金金额称为终值或将来值。一般地,把基准时间之后的资金换算到基准时间的价值称为计算资金的现值,把基准时间之前的资金换算到基准时间的价值就是计算资金的将来值。需要说明的是,现值并非专指一笔资金现在的价值,它是一个相对的概念。

2.2.2 等值计算的公式

为了讨论的规范化、统一化,在介绍基本折算公式之前,对常用符号先加以说明:

P——资金的现值,指相对于基准点年初的资金价值总额;

F——资金的终值,指相对于计算期末的本利和;

A——等额年金值,指每期金额相等的一系列资金情况;

G——等差系列的级差值;

i——利率或贴现率,常以% 表示;

j——等比系列的增长百分比;

n——计算期数,通常以年计。

2.2.2.1 一次收入(或支付)终值公式

已知资金现值为 P,求 n 年后的终值 F,如图 2-4 所示。

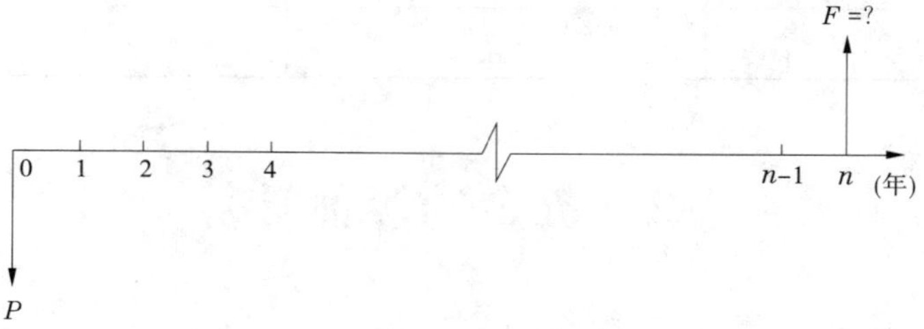

图 2-4 一次支付终值现金流量图

按照资金等值原理,第 1 年年末利息为 Pi,本利和为 $P(1+i)$;第 2 年年末的本利和为 $P(1+i)^2$;以此类推,可求出第 n 年年末的本利和 $F=P(1+i)^n$,式中 $(1+i)^n$ 称为一次支付终值因子(Single Payment Compound Amount Factor),缩写成[SPCAF],也可用符号

$(F/P,i,n)$表示，可以通过附录 3 查得，其中，斜杠右边的字母代表相应的已知参数，斜杠左边的字母为所求量，以后遇到类似的符号表示意义相同。

因此，一次支付终值公式可表示为

$$F = P(1+i)^n = P(F/P,i,n) \tag{2-4}$$

2.2.2.2　**一次收入（或支付）现值公式**

已知 n 年后的期值 F，求现值 P，现金流量图见图 2-5。

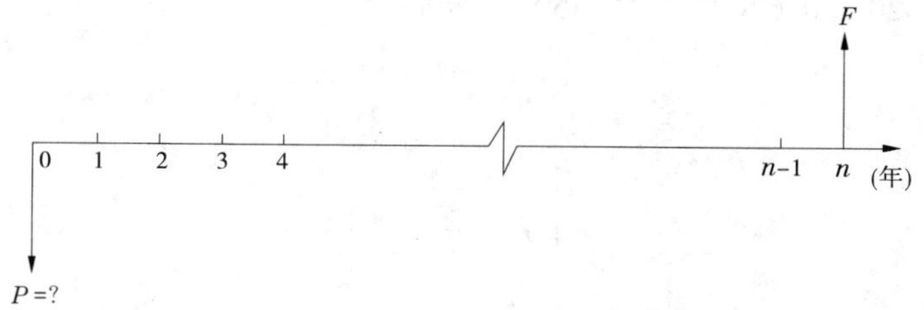

图 2-5　一次支付现值现金流量图

由式(2-4)可推导出

$$P = F/(1+i)^n = F(P/F,i,n) \tag{2-5}$$

式中，$1/(1+i)^n$ 称为一次支付现值因子(Single Payment Present Worth Facor)，缩写成[SPPWF]，也可用符号$(P/F,i,n)$表示。

【例 2-6】　已知资金现值 100 元，年利率为 5%，求 10 年后的本利和为多少？如果年利率 5% 不变，但要求半年计息一次，问 10 年后的本利和又是多少？

解　根据 $P=100$，$i=5\%$，$n=10$，查附录 3 得

$$(F/P,5\%,10) = 1.628\ 9$$

或计算得

$$(1+i)^n = (1+5\%)^{10} = 1.628\ 9$$

故

$$F = P(F/P,5\%,10) = 100 \times 1.628\ 9 = 162.89(元)$$

如果年利率 5% 不变，按半年计息一次，此时，年利率 5% 为名义利率，要换算成实际利率再按式(2-5)进行计算，其 10 年后的本利和计算方法如下：

由式(2-3)计算实际利率

$$i = \left(1+\frac{r}{m}\right)^m - 1 = \left(1+\frac{0.05}{2}\right)^2 - 1 = 5.06\%$$

计算得

$$(F/P,5.06\%,10) = (1+5.06\%)^{10} = 1.638\ 2$$

故

$$F = 100 \times 1.638\ 2 = 163.82(元)$$

【例 2-7】　已知 10 年后某工程可获得年效益 100 万元，$i=7\%$，问现值 P 为多少？

解　$P = F(P/F,7\%,10) = 100 \times 0.508\ 3 = 50.83$(万元)

【例 2-8】　已知某工程施工期为 3 年，工程总投资为 20 万元，3 年的投资比例分别为 20%、30%、50%，工程于 2000 年建成使用，运行初期年效益为 10 万元，2 年后达到设计水平，届时年效益增加 20 万元，现金流量图见图 2-6。如果以 2000 年年末为基准年，试计

算该工程总投资的终值及工程运行 5 年后效益的现值。($i=10\%$)

解　$F = 4(F/P,10\%,3) + 6(F/P,10\%,2) + 10(F/P,10\%,1)$

$= 4\times1.331 + 6\times1.21 + 10\times1.1 = 23.584$(万元)

$P = 10(P/F,10\%,1) + 10(P/F,10\%,2) + 20(P/F,10\%,3) + 20(P/F,10\%,4) + 20(P/F,10\%,5)$

$= 10\times0.9091 + 10\times0.8264 + 20\times0.7513 + 20\times0.6830 + 20\times0.6209 = 58.459$(万元)

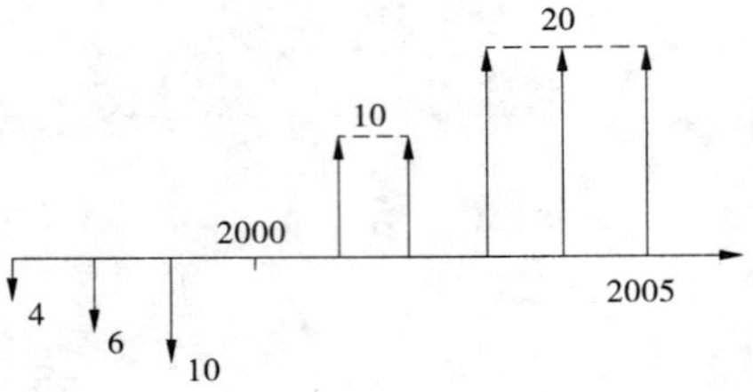

图 2-6　例 2-8 图

2.2.2.3　分期等付终值公式

已知一系列每年年末偿付等额年金值 A,求 n 年后的本利和(终值)F,现金流量图如图 2-7 所示。

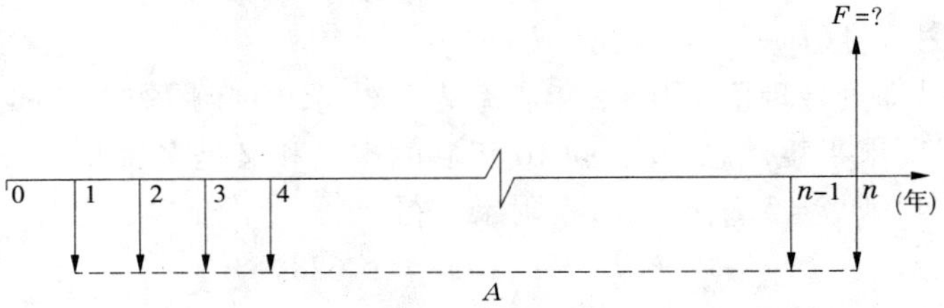

图 2-7　分期等付终值现金流量图

其计算公式推导过程如下:

由图 2-7 可知,第 1 年年末偿付 A,至第 n 年年末可得终值 $F_1 = A(1+i)^{n-1}$;

第 2 年年末偿付 A,至第 n 年年末可得终值 $F_2 = A(1+i)^{n-2}$;

依次类推,第 $n-1$ 年年末可得终值 $F_{n-1} = A(1+i)^{n-(n-1)} = A(1+i)$;

第 n 年年末可得 $F_n = A(1+i)^{n-n} = A$。

则第 1 年年末到第 n 年年末的本利和为

$$F = F_1 + F_2 + F_3 + \cdots + F_n = A(1+i)^{n-1} + A(1+i)^{n-2} + \cdots + A(1+i) + A \tag{2-6}$$

式(2-6)两边同乘以$(1+i)$,得

$$F(1+i) = A(1+i)^n + A(1+i)^{n-1} + A(1+i)^{n-2} + \cdots + A(1+i) \tag{2-7}$$

式(2-7)减去式(2-6),得

$$Fi = A(1+i)^n - A$$

整理得

$$F = A\left[\frac{(1+i)^n - 1}{i}\right] \tag{2-8}$$

式中，$\frac{(1+i)^n - 1}{i}$称为分期等付终值因子（Uniform Series Compound Amount Factor），缩写成[USCAF]，也可用符号$(F/A,i,n)$表示，可以通过附录 3 查得。

【例 2-9】　某贷款修建的水利工程，每年年末需还款 100 万元，年贷款利率 $i=10\%$。问第 10 年年末累计还款总额为多少？

解　根据 $i=10\%$，$n=10$，查附录 3 得

$$F = A(F/A,10\%,10) = 100 \times 15.937\,4 = 1\,593.74(\text{万元})$$

【例 2-10】　某银行开展三年期零存整取业务，年利率为 6%，按复利计算，从现在起，每月初存款 100 元。问到期后应支取的金额为多少？

解　年利率 6% 为名义利率，因此月利率 $i=6\% \div 12=0.5\%$，其现金流量图见图 2-8。

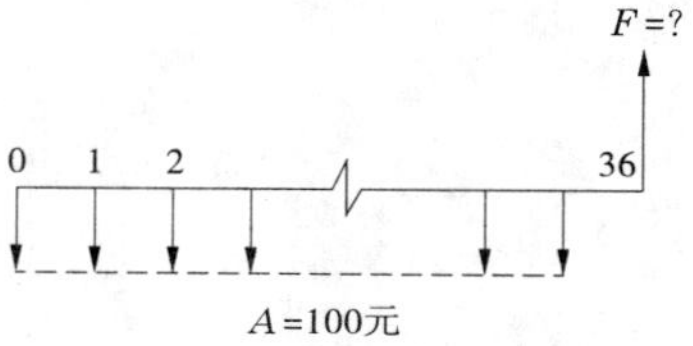

图 2-8　例 2-10 图

可以看出，如果要利用式(2-8)，则应把现金流量看做两部分，一是第 1 月月初的 100 元，二是从第 1 月月末到第 36 月月初的等额年金，计算过程如下

$$\begin{aligned} F &= P(F/P,0.5\%,36) + A(F/A,0.5\%,35)(F/P,0.5\%,1) \\ &= 100 \times (F/P,0.5\%,36) + 100 \times (F/A,0.5\%,35)(F/P,0.5\%,1) \\ &= 100 \times 1.196\,7 + 100 \times 38.145\,4 \times 1.005\,0 = 3\,953.28(\text{元}) \end{aligned}$$

故到期后应支取的金额为 3 953.28 元。

2.2.2.4　偿还基金公式

如果已知 n 年后需要偿还一笔资金 F，可以通过在 n 年内每年年末偿还一定的资金 A 而达到目的。也就是说，在 n 年内每年年末预先存储一定的基金 A，n 年后积累的资金能够偿还这笔资金，因而也称基金存储公式，现金流量如图 2-9 所示。

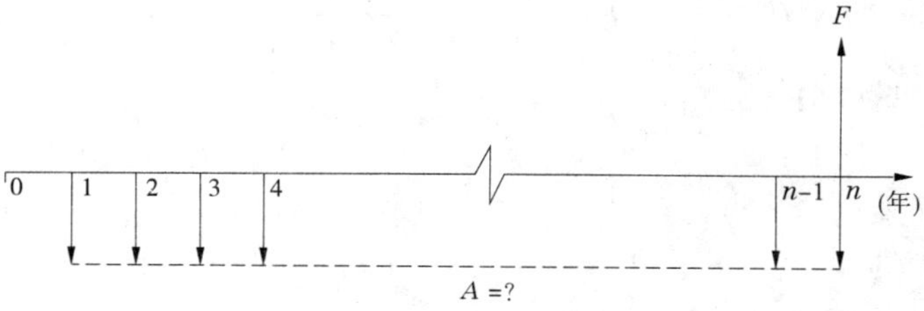

图 2-9　偿还基金现金流量图

如何计算等额年金 A 的问题，可利用公式(2-8)的逆运算求得，即

$$A = F\left[\frac{i}{(1+i)^n - 1}\right] \tag{2-9}$$

式中，$\frac{i}{(1+i)^n - 1}$称为偿还基金因子（Sinking Fund Deposit Factor），缩写成[SFDF]或以$(A/F,i,n)$表示。

【例 2-11】 已知 15 年后要还清银行贷款 100 万元,年贷款利率 $i=10\%$,在这 15 年内,问每年年末须偿还的资金 A 为多少?

解

$$A = F\left[\frac{i}{(1+i)^n - 1}\right] = 100 \times \left[\frac{10\%}{(1+10\%)^{15} - 1}\right] = 100 \times 0.0315 = 3.15(\text{万元})$$

故每年年末须偿还的资金为 3.15 万元。

2.2.2.5 **本利摊还公式**

设现在借入一笔资金 P,年利率为 i,要求在 n 年内每年年末等额摊还本息 A,保证在 n 年后清偿全部本金和利息。这个问题类似于银行复利计息下的整存零取,现金流量如图 2-10 所示。

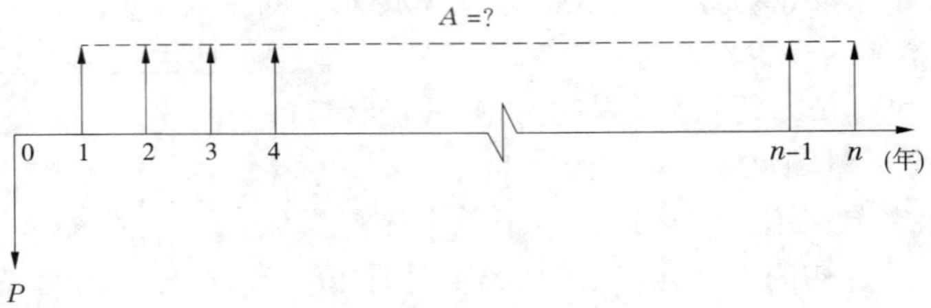

图 2-10 本利摊还现金流量图

由图 2-10 可知:

第 1 年年末偿还本息 A,相当于现值 $P_1 = \frac{A}{1+i}$;

第 2 年年末偿还本息 A,相当于现值 $P_2 = \frac{A}{(1+i)^2}$;

依次类推,第 n 年年末偿还本息 A,相当于现值 $P_n = \frac{A}{(1+i)^n}$。

在 n 年内共偿还的本息总和为

$$P = P_1 + P_2 + \cdots + P_n = \frac{A}{1+i} + \frac{A}{(1+i)^2} + \cdots + \frac{A}{(1+i)^n} \quad (1)$$

式(1)两边同乘以 $(1+i)^n$,得

$$P(1+i)^n = A(1+i)^{n-1} + A(1+i)^{n-2} + \cdots + A \quad (2)$$

式(2)两边同乘以 $(1+i)$,得

$$P(1+i)^{n+1} = A(1+i)^n + A(1+i)^{n-1} + \cdots + A(1+i) \quad (3)$$

式(3)、式(2)相减得

$$P[(1+i)^{n+1} - (1+i)^n] = A[(1+i)^n - 1]$$

故

$$A = P\left[\frac{(1+i)^{n+1} - (1+i)^n}{(1+i)^n - 1}\right] = P\left[\frac{i(1+i)^n}{(1+i)^n - 1}\right] \quad (2\text{-}10)$$

也可将偿还基金公式(2-9)中的 F 用一次支付终值公式(2-4)替换,从而得到式(2-10),即

$$A = F\left[\frac{i}{(1+i)^n - 1}\right] = P(1+i)^n\left[\frac{i}{(1+i)^n - 1}\right] = P\left[\frac{i(1+i)^n}{(1+i)^n - 1}\right]$$

式中，$\frac{i(1+i)^n}{(1+i)^n-1}$称为本利摊还因子（Capital Recovery Factor），缩写为［CRF］，或以$(A/P,i,n)$表示。

顺便指出，$(A/P,i,n)=\frac{i(1+i)^n}{(1+i)^n-1}=\left[\frac{i}{(1+i)^n-1}\right]+i=(A/F,i,n)+i$，说明本利摊还因子是由偿还基金因子［SFDF］和利率 i 组成的，也就是每年偿还的资金一部分用于支付等额的本金，一部分用于支付本金每年所产生的利息。

【例 2-12】　某工程需建设资金 1 000 万元，全部从银行贷款，年初一次拨付到位，年贷款利率 $i=10\%$，规定于贷款当年年末开始等额偿还本息 A，要求 15 年后还清全部本息。问每年年末需偿还的资金 A 为多少？如果工程从第 5 年年末开始受益，规定从受益的次年年末开始等额偿还本息 A'，要求 10 年后还清全部本息。问每年年末须偿还的资金 A'为多少？

解　对于 A 可直接由式(2-10)求出，即

$$A=P\left[\frac{i(1+i)^n}{(1+i)^n-1}\right]=1\ 000\times\left[\frac{0.1\times(1+0.1)^{15}}{(1+0.1)^{15}-1}\right]=131.474(\text{万元})$$

为计算 A'而绘制的现金流量图见图 2-11。

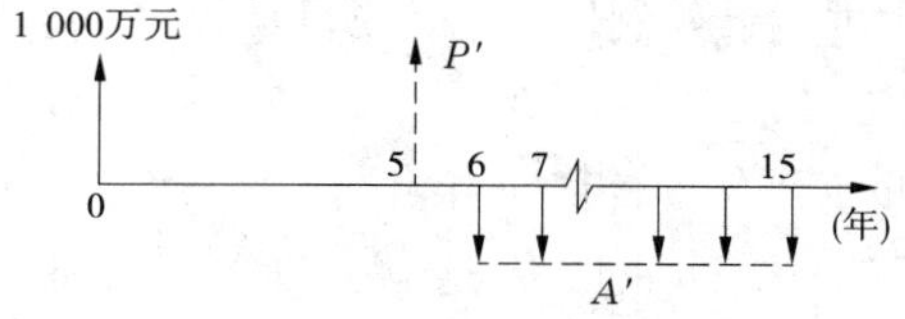

图 2-11　例 2-12 图

由图 2-11 可以看出，对于 A'的计算要分成两步，首先算出 P'，然后利用式(2-10)计算。P'是假定的贷款额，用虚线表示，应和 $P=1\ 000$ 万元等值，根据式(2-4)可以求出

$$P'=P(F/P,i,n)=P(1+i)^n=1\ 000\times(1+0.1)^5=1\ 610.51(\text{万元})$$

$$A'=P'(A/P,i,n)=1\ 610.51\times\left[\frac{0.1\times(1+0.1)^{10}}{(1+0.1)^{10}-1}\right]=262.10(\text{万元})$$

2.2.2.6　分期等付现值公式

分期等付现值公式用于经济评价中求一系列等额年效益或年费用的现值，属于折现法的一种，现金流量如图 2-12 所示。

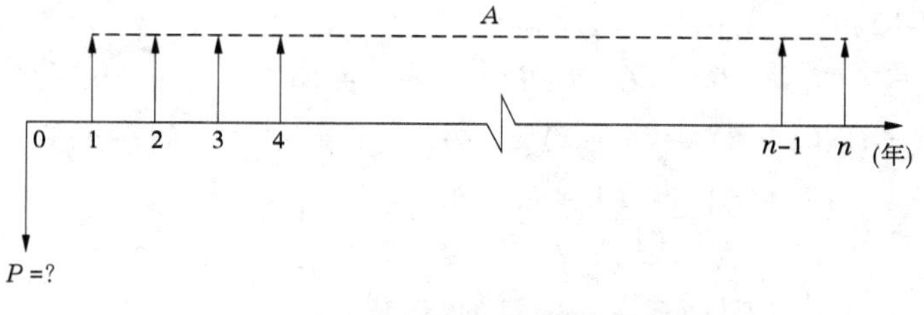

图 2-12　分期等付现值现金流量图

可由本利摊还公式(2-10)逆运算求得，即

$$P = A\left[\frac{(1+i)^n - 1}{i(1+i)^n}\right] \tag{2-11}$$

式中，$\frac{(1+i)^n-1}{i(1+i)^n}$称为分期等付现值因子（Uniform Series Present Worth Factor），缩写为[USPWF]或用符号$(P/A,i,n)$表示。

【例 2-13】　某灌溉工程，以工程开始投入运行的年初为基准点，预算总投资 6 000 万元，运行后每年年末可取得年效益 800 万元，同时需要支付年运行费 50 万元，工程的设计运行期为 30 年，折现率为 7%。试计算该工程的效益现值和运行费现值？

解　工程设计运行期间取得的效益折算到基准点后的总效益现值为

$$B_P = B_t(P/A,i,n) = 800 \times \left[\frac{(1+0.07)^{30}-1}{0.07\times(1+0.07)^{30}}\right] = 9\ 927.23(\text{万元})$$

折算到基准点后的运行费用现值为

$$C_P = C_t(P/A,i,n) = 50 \times \left[\frac{(1+0.07)^{30}-1}{0.07\times(1+0.07)^{30}}\right] = 620.45(\text{万元})$$

2.2.2.7　等差递增系列公式

在工程经济分析中，有些费用和效益是逐年变化的，当这种变化呈等差递增或递减的规律时，可用等差系列公式进行计算，比如工程项目从投产期到稳产期的产量可以概化为等差系列。

假定级差为 G，从第 1 年到第 n 年，每年年末收入（或支出）为 $0,G,2G,\cdots,(n-1)G$，这就是一个标准的等差递增系列，现金流量图如图 2-13所示。已知年利率为 i，现求该等差系列第 n 年年末的终值 F、第 1 年年初的现值 P 和相当等额系列的年金值 A。

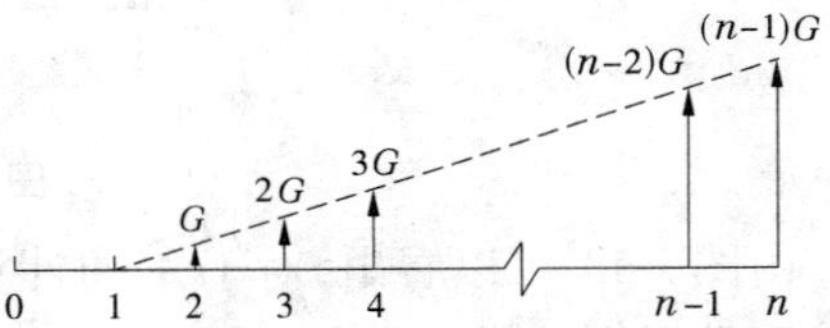

图 2-13　等差递增系列现金流量图

1）等差递增系列终值公式（已知 G，求终值 F）

由图 2-13 知，第 n 年年末的终值 F 可用下式计算

$$F = G(1+i)^{n-2} + 2G(1+i)^{n-3} + \cdots + (n-1)G \tag{2-12}$$

两边同乘以$(1+i)$，得

$$F(1+i) = G(1+i)^{n-1} + 2G(1+i)^{n-2} + \cdots + (n-1)G(1+i) \tag{2-13}$$

式(2-13)减式(2-12)得

$$\begin{aligned}
Fi &= G(1+i)^{n-1} + G(1+i)^{n-2} + \cdots + G(1+i) - (n-1)G \\
&= G[(1+i) + (1+i)^2 + \cdots + (1+i)^{n-2} + (1+i)^{n-1}] - (n-1)G \\
&= G\frac{(1+i)[1-(1+i)^{n-1}]}{1-(1+i)} - (n-1)G \\
&= G\frac{[(1+i)^n - 1 - i] - (n-1)i}{i} \\
&= G\left[\frac{(1+i)^n - 1}{i} - n\right]
\end{aligned}$$

即

$$F=\frac{G}{i}\left[\frac{(1+i)^n-1}{i}-n\right] \tag{2-14}$$

式中，$\frac{1}{i}\left[\frac{(1+i)^n-1}{i}-n\right]$称为等差递增系列终值因子（Arithmetic Series Compound Amount Factor），缩写成［ASCAF］，以符号$(F/G,i,n)$表示。

2）等差递增系列现值公式（已知 G，求现值 P）

由式（2-5）和式（2-14）可得

$$P=\frac{1}{(1+i)^n}\cdot\frac{G}{i}\left[\frac{(1+i)^n-1}{i}-n\right]=\frac{G}{i}\left[\frac{(1+i)^n-1}{i(1+i)^n}-\frac{n}{(1+i)^n}\right] \tag{2-15}$$

式中，$\frac{1}{i}\left[\frac{(1+i)^n-1}{i(1+i)^n}-\frac{n}{(1+i)^n}\right]$称为等差递增系列现值因子（Arithmetic Series Present Worth Factor），缩写成［ASPWF］，以符号$(P/G,i,n)$表示。

3）等差递增系列年金公式（已知 G，求年金值 A）

由式（2-9）和式（2-14）可得

$$A=\frac{G}{i}\left[\frac{(1+i)^n-1}{i}-n\right]\left[\frac{i}{(1+i)^n-1}\right]=G\left[\frac{1}{i}-\frac{n}{(1+i)^n-1}\right] \tag{2-16}$$

式中，$\left[\frac{1}{i}-\frac{n}{(1+i)^n-1}\right]$称为等差递增系列摊还因子（Arithmetic Series Capital Recovery Factor），缩写成［ASCRF］，以符号$(A/G,i,n)$表示。

2.2.2.8　等差递减系列公式

如某大型机井灌区，经过正常运行期后，从第 1 台机井报废开始，逐年报废一定数量的机井，直到全部报废，灌区效益每年也减少相同的数额，则形成了一个等差递减系列。

假定级差为 G，从第 1 年到第 n 年，每年年末收入（或支出）为$(n-1)G,(n-2)G,\cdots,2G,G,0$，这就是一个标准的等差递减系列，现金流量图如图 2-14 所示。若已知年利率为 i，也可以分别求出该等差系列第 n 年年末的终值 F、第 1 年年初的现值 P 和相当等额系列的年金值 A。

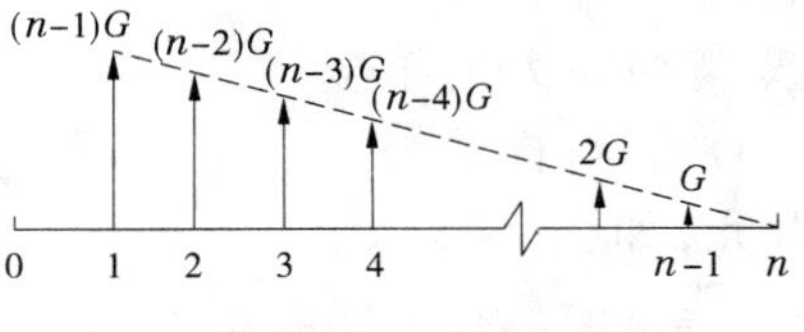

图 2-14　等差递减系列现金流量图

由图 2-14 可以看出，其公式的推导可由一个年金值为$(n-1)G$的等额系列减去一个级差为 G 的标准等差递增系列而求得。下面根据图 2-14 列出求相应的终值 F、现值 P 和年金值 A 的公式，具体推导过程略。

1）等差递减系列终值公式（已知 G，求终值 F）

根据式（2-8）和式（2-14）可得

$$F = \frac{G}{i}\left[(n-1)(1+i)^n - \frac{(1+i)^n - 1}{i} + 1 \right] = \frac{G}{i}[(n-1)(F/P,i,n) - (F/A,i,n) + 1] \tag{2-17}$$

2）等差递减系列现值公式（已知 G，求现值 P）

根据式(2-11)和式(2-15)可得

$$P = \frac{G}{i}\left[\frac{(n-1)(1+i)^n + 1}{(1+i)^n} - \frac{(1+i)^n - 1}{i(1+i)^n} \right] = \frac{G}{i}[(n-1) + (P/F,i,n) - (P/A,i,n)] \tag{2-18}$$

3）等差递减系列年金公式（已知 G，求年金值 A）

根据等额系列的年金值为 $(n-1)G$ 和式(2-16)可得

$$A = G\left[(n-1) - \frac{1}{i} + \frac{n}{(1+i)^n - 1} \right] = \frac{G}{i}[(n-1)(A/P,i,n) + (A/F,i,n) - 1] \tag{2-19}$$

实际上，只要掌握了基本的折算公式，任何复杂的系列都可以推导出相应的计算公式。

【例 2-14】 某大型灌区改造工程于 2000 年年初进入试运行期，并开始受益。由于灌区较大，初始运行期长达 10 年。预计 2000 年年底效益为 500 万元，随着灌溉面积的增加，以后每年效益可增加 100 万元。如果年利率为 6%，试问该工程在初始运行期的总效益等价于 2000 年年初的现值为多少？同 2010 年年初的等价效益值是多少？相当于每年获得多少等值效益？

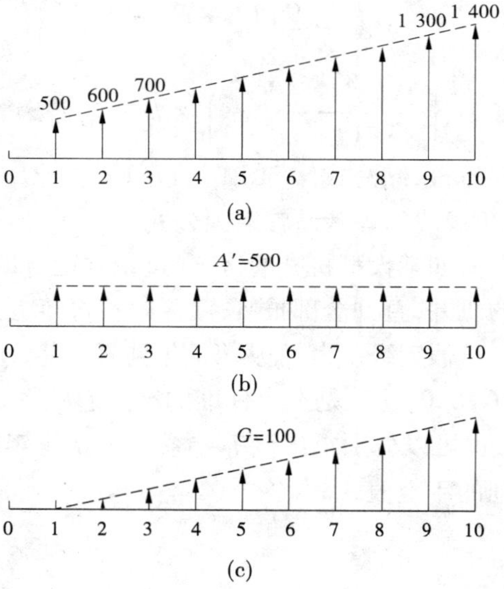

图 2-15　例 2-14 图

解　根据题意，绘制现金流量图（见图 2-15(a)），2000 年年初标示为 0。

由于该等差递增系列与标准等差递增系列模型不同（参看图 2-13），因此必须把这个等差系列分解为一个分期等付系列和一个标准等差递增系列两部分。其中：分期等付系列的年金值 $A' = 500$ 万元，如图 2-15(b) 所示；标准等差递增系列的级差 $G = 100$ 万元，如图 2-15(c) 所示。

(1) 实际上，求工程在初始运行期的总效益等价于 2000 年年初的多少现值就是求图 2-15(a) 系列的现值，也就是图 2-15(b) 分期等付系列和图 2-15(c) 标准等差递增系列的现值之和。

根据式(2-11)，得

$$P_1 = A'(P/A,i,n) = A'\left[\frac{(1+i)^n - 1}{i(1+i)^n}\right] = 500 \times \left[\frac{(1+0.06)^{10} - 1}{0.06 \times (1+0.06)^{10}}\right]$$

$$= 500 \times 7.3601 = 3680.05(\text{万元})$$

根据式(2-15),得

$$P_2 = \frac{G}{i}[(P/A,i,n) - n(P/F,i,n)] = \frac{100}{0.06} \times \left[7.3601 - 10 \times \frac{1}{(1+0.06)^{10}}\right]$$

$$= 2960.25(\text{万元})$$

所以,总效益等价于2000年年初的现值 $P = P_1 + P_2 = 3680.05 + 2960.25 = 6640.30$(万元)。

(2)求同2010年年初的等价效益值也就是求图2-15(a)系列的终值,根据图2-15(b)和图2-15(c),分别求出两个系列的终值 F_1、F_2。

根据式(2-8),得

$$F_1 = A'\left[\frac{(1+i)^n - 1}{i}\right] = 500 \times \left[\frac{(1+0.06)^{10} - 1}{0.06}\right] = 500 \times 13.1808 = 6590.40(\text{万元})$$

根据式(2-14),得

$$F_2 = \frac{G}{i}\left[\frac{(1+i)^n - 1}{i} - n\right] = \frac{100}{0.06} \times \left[\frac{(1+0.06)^{10} - 1}{0.06} - 10\right]$$

$$= 100 \times 53.0132 = 5301.32(\text{万元})$$

同2010年年初的等价效益值 $F = F_1 + F_2 = 6590.40 + 5301.32 = 11891.72$(万元)。

也可根据(1)的结果,用一次支付终值公式计算

$$F = P(1+i)^n = 6640.30 \times (1+0.06)^{10} = 11891.77(\text{万元})$$

(3)求相当于每年获得多少等值效益也就是求图2-15(a)系列的年金值,根据图2-15(b)知

$$A_1 = A' = 500\text{ 万元}$$

根据图2-15(c)和式(2-16),得

$$A_2 = G\left[\frac{1}{i} - \frac{n}{(1+i)^n - 1}\right] = 100 \times \left[\frac{1}{0.06} - \frac{10}{(1+0.06)^{10} - 1}\right]$$

$$= 100 \times 4.0220 = 402.20(\text{万元})$$

所以,总效益相当于每年获得 $A = A_1 + A_2 = 500 + 402.20 = 902.20$(万元)等值效益。

当然,也可以根据(1)或(2)的结果,用偿还基金公式或本利摊还公式进行计算。

2.2.2.9　等比系列公式

在国民经济计划中,一般都是按一定的比例或增长率进行预测分析的,如果某一阶段的增长率保持不变,则形成了一个等比系列。等比系列也分等比递增系列和等比递减系列,下面仅对等比递增系列的公式进行推导。

从第1年到第 n 年,每年年末效益分别为 $G_1, G_2, G_3, \cdots, G_n$,假设每年效益增长率为 j,则该系列为 $G_1, G_1(1+j), G_1(1+j)^2, \cdots, G_1(1+j)^{n-1}$,形成一个标准的等比递增系列,现金流量如图2-16所示。

为了推导公式方便,一般假定第1年年末效益 $G_1 = 1$。已知年利率为 i,现求该等比系列第 n 年年末的终值 F、第1年年初的现值 P 和相当等额系列的年金值 A。

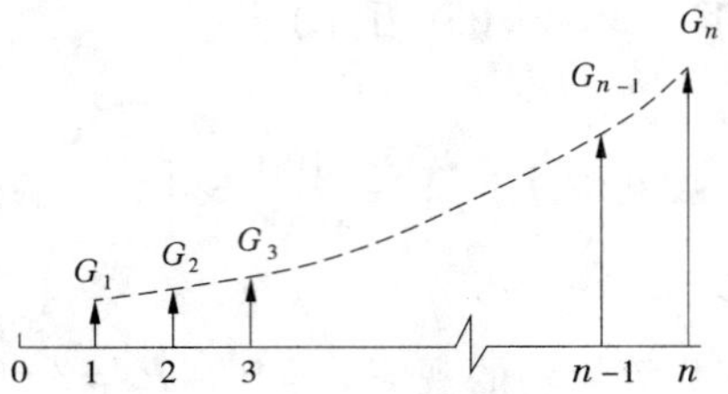

图 2-16 等比递增系列现金流量图

1）等比递增系列终值公式（已知 j，求终值 F）

$$F = G_1(1+i)^{n-1} + G_2(1+i)^{n-2} + \cdots + G_n$$
$$= (1+i)^{n-1} + (1+j)(1+i)^{n-2} + \cdots + (1+j)^{n-1}$$
$$= (1+j)^{n-1}\left[\left(\frac{1+i}{1+j}\right)^{n-1} + \left(\frac{1+i}{1+j}\right)^{n-2} + \cdots + \left(\frac{1+i}{1+j}\right) + 1\right] \quad (2\text{-}20)$$

式(2-20)两端同乘以$\frac{1+i}{1+j}$，得

$$\frac{1+i}{1+j}F = (1+j)^{n-1}\left[\left(\frac{1+i}{1+j}\right)^{n} + \left(\frac{1+i}{1+j}\right)^{n-1} + \cdots + \left(\frac{1+i}{1+j}\right)^{2} + \frac{1+i}{1+j}\right] \quad (2\text{-}21)$$

式(2-21)减去式(2-20)，得

$$\left(\frac{1+i}{1+j} - 1\right)F = (1+j)^{n-1}\left[\left(\frac{1+i}{1+j}\right)^{n} - 1\right]$$

化简后得

$$F = \frac{(1+i)^n - (1+j)^n}{i-j} \quad (2\text{-}22)$$

式中，$\frac{(1+i)^n - (1+j)^n}{i-j}$称为等比递增系列终值因子，以符号$(F/j,i,n)$表示。

2）等比递增系列现值公式（已知 j，求现值 P）

由式(2-5)和式(2-22)，可得

$$P = \frac{(1+i)^n - (1+j)^n}{(i-j)(1+i)^n} \quad (2\text{-}23)$$

式中，$\frac{(1+i)^n - (1+j)^n}{(i-j)(1+i)^n}$称为等比递增系列现值因子，以符号$(P/j,i,n)$表示。

3）等比递增系列年金公式（已知 j，求年金值 A）

由式(2-9)和式(2-22)，可得

$$A = \left[\frac{(1+i)^n - (1+j)^n}{i-j}\right]\left[\frac{i}{(1+i)^n - 1}\right] = \frac{i[(1+i)^n - (1+j)^n]}{(i-j)[(1+i)^n - 1]} \quad (2\text{-}24)$$

式中，$\frac{i[(1+i)^n - (1+j)^n]}{(i-j)[(1+i)^n - 1]}$称为等比递增系列摊还因子，以符号$(A/j,i,n)$表示。

如果 $i=j$，则式(2-22)～式(2-24)可变为

$$F = (1+i)^{n-1} + (1+i)^{n-1} + \cdots + (1+i)^{n-1} = n(1+i)^{n-1} \quad (2\text{-}25)$$

$$P=\frac{n}{1+i} \tag{2-26}$$

$$A=\frac{ni(1+i)^{n-1}}{(1+i)^n-1} \tag{2-27}$$

实际应用时，G_1 一般不为 1，应在式(2-22)~式(2-27)后面乘以 G_1 即可得到相应的终值 F、现值 P 和年金值 A。

【例 2-15】 某企业的产品产值，计划以 5% 的速度按等比级数逐年增长，设 2001 年年末的总产值为 100 万元，试问 2020 年年末的总产值为多少？如果年利率为 10%，试求总现值 P 和年均值 A 各为多少？

解 先绘制现金流量图(见图 2-17)，以 2001 年的年初为基准点 0。

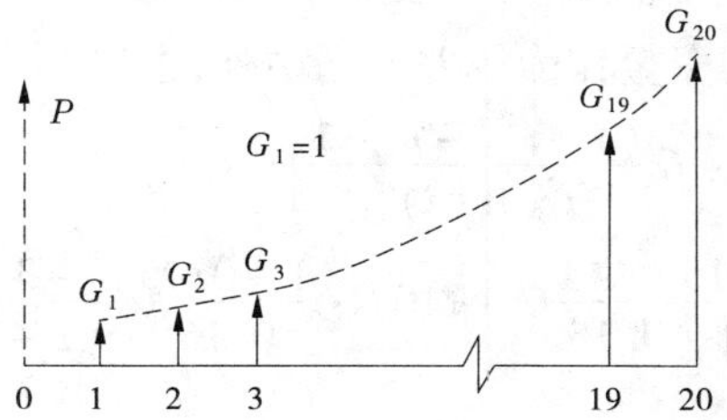

图 2-17　例 2-15 图

已知 $j=5\%$，$i=10\%$，根据现金流量图 2-17 计算如下：

(1)2020 年年末的总产值为

$$G_{20}=100\times(1+j)^{20-1}=100\times1.05^{19}=252.7(\text{万元})$$

(2)根据式(2-23)得总现值为

$$P=G_1\left[\frac{(1+i)^n-(1+j)^n}{(i-j)(1+i)^n}\right]=100\times\left[\frac{(1+0.10)^{20}-(1+0.05)^{20}}{(0.10-0.05)\times(1+0.10)^{20}}\right]=1\,211.2(\text{万元})$$

(3)根据式(2-24)得年金值为

$$A=G_1\frac{i[(1+i)^n-(1+j)^n]}{(i-j)[(1+i)^n-1]}=100\times\frac{0.10\times[(1+0.10)^{20}-(1+0.05)^{20}]}{(0.10-0.05)\times[(1+0.10)^{20}-1]}$$

$$=142.3(\text{万元})$$

实际上，等比递减系列可以认为是负增长，即增长率为负值。因此，假如图 2-16 中从 $G_1\sim G_n$ 按负增长率 j 递减，其相应的公式只需把等比递增系列公式中的 j 换成 $-j$ 即可。

2.2.2.10　混合现金流量的计算

在实际的经济活动中，任何时段的经济过程都有可能是错综复杂的，不是简单的等额系列、等差系列或等比系列，有可能是各种系列的综合，比如项目投产期至达产期的时间段就有可能是等差或等比系列，在稳产期就可能是等额系列。所以，在对一个经济活动进行分析时，需要进行全面系统的分析和运算，实现资金等值计算公式的灵活应用。

【例 2-16】 某工程项目在经济分析期内的现金流出如图 2-18 所示，试以市场收益率 15% 为折算率。试计算该工程项目现金流出的现值、终值，以及年金值。

解 由现金流量图 2-18 可以看出，第 2 年至第 4 年呈等差级数增长，每年增加 110 万元；第 6 年至第 8 年为等额系列。

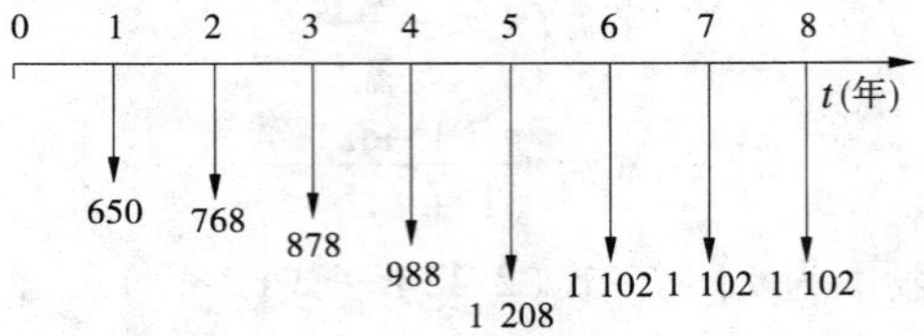

图 2-18　例 2-16 图

(1)现值折算过程分析：

①将第 1 年及第 5 年的资金折算为现值。

$$P_1 = F\times(1+i)^{-n} = 650\times(1+0.15)^{-1} = 565.22(\text{万元})$$

$$P_5 = 1\,208\times(1+0.15)^{-5} = 600.59(\text{万元})$$

②将第 2 年至第 4 年的资金作为等差递增系列，求出其现值。

$$P_{2\sim4} = \left[A_1\frac{(1+i)^n-1}{i(1+i)^n}+G\frac{(1+i)^n-ni-1}{i^2(1+i)^n}\right](1+i)^{-1}$$

$$=\left[768\times\frac{(1+0.15)^3-1}{0.15\times(1+0.15)^3}+110\times\frac{(1+0.15)^3-3\times0.15-1}{0.15^2\times(1+0.15)^3}\right](1+0.15)^{-1}$$

$$=1\,722.91(\text{万元})$$

③将第 6 年至第 8 年的资金作为年金折算成现值。

$$P_{6\sim8} = A\frac{(1+i)^n-1}{i(1+i)^n}(1+i)^{-5} = 1\,102\times\frac{(1+0.15)^3-1}{0.15\times(1+0.15)^3}\times(1+0.15)^{-5}$$

$$=1\,250.95(\text{万元})$$

④资金现值为

$$P = P_1+P_{2\sim4}+P_5+P_{6\sim8} = 565.22+1\,722.91+600.59+1\,250.95$$

$$=4\,139.67(\text{万元})$$

(2)资金终值为

$$F = P(1+i)^n = 4\,139.67\times(1+0.15)^8 = 12\,663.35(\text{万元})$$

(3)资金年金值为

$$A = F\left[\frac{i}{(1+i)^n-1}\right] = 12\,663.35\times0.072\,9 = 923.16(\text{万元})$$

思考与练习

1. 基本概念

(1)什么是资金的时间价值？

(2)什么是利息？什么是利率？利率的分类方式有几种？

(3)试述决定利率水平的因素。

(4)什么是单利？什么是复利？单利和复利的区别是什么？

(5)名义利率是怎么产生的？试推导名义利率的计算公式。

(6)资金等值的概念是什么？资金的等值原理是什么？

(7)什么是折现？什么是现值？什么是终值？

(8)资金等值计算的基本公式是哪些？

(9)试推导等差递减和等比递减的现值公式。

2. 分析计算

(1)小李为某市百货大楼的职工，单位组织集资，利率为8%，复利计息，期限为3年；当时银行3年期存款利率为9.8%，若小李有5万元资金，应如何投资合算？两种收入差额是多少？

(2)银行向企业发放一笔贷款，额度为100万元，期限为3年，年利率为4%。试用单利和复利两种方式计算银行应得的本利和。

(3)某公司拟向外商借贷100万美元，年利率7.5%，外商提出这笔贷款要在10年内还清本息，每年年末等额偿还。在谈判时，外商提出每年应还本10万元，还息7.5万元，因此该公司每年年末共应偿还17.5万元。假如年利率7.5%是可以接受的，请你帮助该公司分析一下是否该签该合同？如不能签，请你计算以下几项数据来说明理由。

①若接受年利率7.5%，实际每年年末应偿还多少？

②若真的按每年17.5万元偿还，相当于实际年利率为多少？

③若按7.5%的年利率每年偿还17.5万元，相当于初期实际贷款多少？

(4)有甲、乙两银行，甲银行的名义利率为11.5%，按月计算复利；乙银行的名义利率为11.4%，按半年计算复利。试问向哪家银行贷款较有利？

(5)某工厂开展分期付款销售电冰箱业务，要求第一月月末先付100元，以后11个月内每月底付款70元，若月利率0.5%，试求电冰箱的现值为多少？并绘出现金流量图。

(6)某水利开发公司的总产值，计划以5%的速度按等比级数增长，设1986年年末的总产值为100万元，试求到2000年年末的总产值为多少？如年利率为6%，试求现值P和等付年值各为多少？

(7)某投标总报价2 490万元，其中基础工程报价390万元，工期3个月；结构工程报价1 080万元，工期9个月；安装工程报价1 020万元，工期6个月；结构工程与安装工程搭接时间2个月；总工期为16个月。若投标人自报工期少于18个月，评标时按每提前1个月折减30万元考虑，每月工程款于下一个月月末支付。假定该工程的资金贷款月利率为1%，各分部分项每月完成的工程量相等。请画出此投标人的现金流量图。

第3章 工程项目经济效果评价指标与方法

工程经济学研究的核心内容就是寻求项目或技术方案的最佳经济效果,因此在分析过程中,既要对方案本身的各项指标进行研究,以确定其经济效果的大小;也要在方案之间进行相互比较和评价,以便从所有的方案中寻找出具有最佳经济效果的方案。本章主要介绍经济效益评价指标、指标体系、评价原则及评价方法,以实现对工程项目经济效果的评价和最优方案的选择。

3.1 概 述

3.1.1 经济效果

经济效果评价是投资项目评价的核心内容。

经济效果就是指从事生产实践活动或通过项目建设所获得的并可用经济量来表达的成果。它可以表示为经济效果与劳动消耗量的比较,如式(3-1)、式(3-2)所示。

$$E = \frac{X}{L} \tag{3-1}$$

或者

$$E' = X - L \tag{3-2}$$

式中,E、E'为经济效果;L为劳动消耗量,包括活劳动和物化劳动消耗量之和;X为生产实践活动中所取得的效果,包括有益的效果和负面的效果。

如果$E>1$或$E'>0$,则说明该生产实践活动或建设项目的所得大于所失,经济效果是好的;反之,经济效果是差的。

经济效果有时也等同于经济效益,指社会生产中的消耗和成果、费用和效用、投入和产出之间的对比关系。

经济效果评价是指人们在各种生产经营活动中对项目在经济上合理程度的评价。通过经济效果评价以考察项目不同方案经济效果的优劣,以便选择方案或改善项目经营,达到社会劳动的最大节约和社会需要的最大满足。

3.1.2 经济效果评价指标与方法的分类

3.1.2.1 评价指标

对于任何一项工程,投资决策的重要依据就是项目投产后是否能获得预期的经济效果,是否可以取得满意的投资效果。为了全面分析评价工程项目的预期经济效果,保证投资的科学性、正确性和合理性,避免投资决策的盲目性,必须建立具有统一标准的经济效果评价的技术指标,以作为判断项目优劣的依据。

指标是指人们预先设定的目标,可以作为评价目的实现程度的一种度量标准。一般是可以量化的,有时也用笼统的模糊概念作为指标。

为了使经济效果评价指标更具科学性和合理性,评价指标的设定应遵循以下原则:

(1)一致性原则。工程经济学作为经济学的分支之一,其设定的指标应符合经济学的基本原理,即与经济学原理相一致,力求做到社会效益、经济效果和生态环境效益相统一。

(2)可鉴别性原则。设定的指标能够区别不同项目经济效果的差异,便于分析比较。

(3)可比性原则。设定的指标必须满足共同的比较基础和前提条件。

(4)实用性原则。在评价项目时,所设定的指标要简便易行并且确有实效。

经济效果评价指标体系是指从不同角度、不同方面评价工程项目经济效果的一系列相互联系、相互补充的一套评价指标的集合。由于客观事物的错综复杂性,任何一种具体的评价指标都只能反映事物的某一方面或某些方面,仅凭单个指标很难达到全面评价事物的目的。因此,为了对项目进行系统而全面的评价,往往需要采用多个评价指标,从多个方面对项目的经济性进行分析和考察,这些相互联系又相对独立的评价指标构成了项目经济评价的指标体系。

正确选择经济评价指标与指标体系是项目经济效果评价成功与否的关键因素之一。因此,进行经济评价必须了解各种经济评价指标的经济含义、特点、计算公式以及它们之间的相互关系,以便合理地选择经济评价指标,给出科学、正确、合理的经济评价结果。

工程项目经济效果评价指标体系可以从不同角度进行分类。

(1)按评价指标所反映的经济性质划分。

项目的经济性一般表现在项目的投资回收速度、投资的盈利能力和资源的使用效率等方面,与此对应的有时间型指标、价值型指标和效率型指标。

时间型指标是指以时间长短来衡量项目的投资回收或清偿能力的指标,如投资回收期。

价值型指标是反映项目投资取得的收入或收益大小的指标,如净现值、净年值。

效率型指标是反映项目单位投资或单位投入的获利能力,或反映项目的投入产出关系,如内部收益率、投资收益率、效益费用比等。

(2)按各种经济因素划分。

根据企业(或投资者)所考虑的各种不同的经济因素来进行投资项目的经济评价,可将经济评价指标划分为盈利性指标、投资能力指标、费用性指标等。

盈利性指标有净现值、平均年盈利、平均年盈利指数、净未来值等。

投资能力指标有内部收益率、投资偿还期、外部收益率等。

费用性指标有平均年费用、资本化成本、寿命周期成本等。

(3)按评价指标是否考虑资金的时间价值划分。

按项目评价时是否考虑资金的时间价值,评价指标可以划分为静态评价指标和动态评价指标。

静态评价指标是不考虑资金的时间价值的评价指标,如静态投资回收期、投资利润率、投资收益率及折算年费用等。

动态评价指标是指考虑资金的时间价值的评价指标，如动态投资回收期、净现值、净年值、内部收益率及效益费用比等。

(4)按劳动收益和劳动消耗类划分。

根据投入和产出将评价指标划分为劳动收益类、劳动消耗类和综合类指标。

劳动收益类指标反映工程项目或技术方案的效益或有用成果，主要包括产品数量、产品品种、产品质量和产品利润等内容。通常与工程项目实际相结合并确定相应指标。

劳动消耗类指标反映工程项目或技术方案所消耗的资源或费用，主要包括资源耗用量、费用、成本和占用时间等内容。通常根据工程项目所涉及的范围、内容等确定相应指标。

综合类指标是结合上述两类指标及其关系，为避免由于管理水平、知识水平等差异造成指标选择不合理等现象。根据实际情况可设置综合类指标，对上述两种指标予以补充。

(5)按考察的投资范畴划分。

未来经济效果的大小取决于项目投资的多少，如果把投资认为是对未来生产价值的垫支，那么由于投资范畴不同，则相应的经济效果考察范围也应有所不同，评价指标也有相应的变化。通常，根据投资范畴评价指标划分为全部投资、总投资和自有资金投资。

全部投资是指项目实施时固定资产投资与流动资产投资的总和。评价时不考虑资金的来源，以项目本身为系统进行评价，考察其全部投资的经济性，如投资盈利能力、投资回收能力等。

总投资是指项目实施时固定资产投资、流动资产投资和建设期贷款利息的总和。总投资经济效果评价在全部投资基础上，考虑资金的来源、资金的成本、贷款偿还等因素，常用的指标有投资利润率、贷款偿还年限、项目总成本等。

对企业来说，更为关心的是自有资金投资所取得的经济效果，在项目实施时可能会用借贷资金扩大生产经营范围，增加自有资金的获利能力。企业在偿还贷款的同时，还要偿还贷款利息，利息来源于工程项目的利润，利润与利息的差对企业来说可以理解为自有资金利润率的增加。

经济效果评价指标体系是进行计划、组织、管理、指导和控制各项经济活动的重要工具，也是监督检查社会生产、各种资源利用效率的重要手段。实际工作中，考虑到不同评价指标是从不同侧面反映项目的经济性，各种评价指标会存在一定的局限性，所以在对工程项目或技术方案进行评价时，应当尽量采用多种评价指标，以取得相互补充、相互完善的评价效果。

3.1.2.2　评价方法

工程经济学中的评价方法是指用来进行多个建设项目(方案)优选或比较的方法。

工程经济学除对一项投资活动分析经济效果，还要系统而全面地分析、研究其社会、技术、环境及资源等多方面的因素，结合社会对该项目的要求，确定最佳方案，付诸实施，以取得良好的经济效果。

由于现代科学技术的迅速发展以及管理方法、管理手段的日臻完善，在确立一个项目时，往往有多种方案可供选择。由于各方案所考虑、解决的问题重点不同，有时会带来诸多技术、经济、资源、环境及社会等方面的问题，如何鉴别这些问题所带来的影响，就需要对项目及方案进行科学的评价，选择效果最好的方案，有效地降低投入、提高产出、减少风险，科学评价对工农业生产及科学研究等均具有重要意义。

对工程项目或方案进行比选时，通常要在一定的指导原则下开展工作，这些原则分别从不同的角度对项目或方案进行考评，综合后便可得到项目或方案较全面的评价结果，进而可以判别项目的最佳实施方案。对工程项目进行比选的指导原则主要有：

(1)技术与经济相结合的原则。

工程经济学是研究技术与经济相互关系及应用的科学，其目的是根据社会生产的实际以及技术与经济的发展水平，研究、探求、寻找使技术与经济相互促进及协调发展的途径。所以，在讨论、评价工程项目或技术方案时，应当遵循技术与经济相结合的原则。

技术是经济发展的重要手段，技术进步是推动经济前进的强大动力，同时，技术也是在一定的经济条件下产生和发展的，技术的进步受经济情况和条件的制约，经济上的需求是推动技术发展的动力。技术与经济这种相互依赖、相互促进、相辅相成的关系，构成了评价技术方案的原则之一，而经济效果评价又是决定方案取舍的依据。

所以，在应用工程经济学的理论来评价工程项目或技术方案时，既要评价其技术能力、技术意义，也要评价其经济特性、经济价值，将二者结合起来，寻找既符合国家政策、满足社会发展方向需要，又能给企业带来发展的项目或方案，使之最大限度地创造效益，促进技术进步及资源、环境等方面的共同发展。

(2)定性分析与定量分析相结合的原则。

定性分析是在占有一定相关资料、掌握相应政策的基础上，根据决策人员的经验、直觉、学识、逻辑推理能力等以主观判断为基础进行评价的方法。定性分析的评价尺度往往是给项目打分或确定指数，是从总体上进行的一种笼统的评价方法。这种方法具有主观性，属于经验型决策。

定量分析是以项目数量化表现的产出与投入计算结果为依据进行评价的方法，通过对项目进行的客观、具体的分析而得出项目的经济效果评价指标。定量分析减少了分析中的直觉主观成分，使得分析评价更加科学化，而且在定量分析中可以发现研究对象的实质和规律，尤其是对评价中不易掌握的一些不确定因素和风险因素，均能以量化的指标对其做出判断，有利于决策。

定量分析以其科学、准确的特点得到了广泛的应用，但在实际项目或方案中，由于有些经济问题非常复杂，甚至有些内容无法用数量表达，所以在某些情况下，定性分析还是十分必要的。因此，在实际分析评价中，应善于将定性分析与定量分析结合起来，发挥各自在分析上的优势，互相补充，使分析结果更加科学、准确。

(3)财务评价与国民经济评价相结合的原则。

财务评价是根据国家现行的财税制度，从投资主体的角度考察项目给投资者带来的经济效果的分析方法。

国民经济评价是指按照社会资源合理配置和有效利用的原则，从国家整体的角度来考察项目的效益和费用。目的是充分利用有限的资源，促进国民经济持续稳定的发展。

项目的财务评价和国民经济评价都是用来评价投资项目的，但二者的出发点是不同的。财务评价是从投资者或项目本身的角度出发进行分析，只考虑可以直接用货币度量的效果。国民经济评价则是从整个国家和社会的角度出发进行分析，除考虑直接的、能以货币度量的效果外，还要考虑间接的、不能以货币度量的效益；除考虑项目的内部效益外，还要考虑外部效益。所以，在评价项目的经济效果时，必须将项目的财务评价与国民经济评价结合起来考虑，既要符合国家发展的需要，使资源合理配置并充分发挥效能，又要尽量使项目能够有较好的经济效果，具有相应的财务生存能力。

(4)直接效益与间接效益相结合的原则。

直接效益指工程项目本身的财务效益，例如水费收入以及其他经营收入；而间接效益一般指对国民经济其他部门产生的社会效益或国民经济效益，例如城市或农村居民供水，除保证居民的正常生活和生产外，还为居民的安居乐业提供了强有力的生活保障。如果供水后水质有所改善或提高，供水单位除有水费的直接收入外，还可降低居民因水质不良而产生的发病率和为此所支付的医疗费用。

工程项目的建设和运行除产生直接效益外，还对其他部门或社会产生间接效益，有时甚至间接效益要远远大于直接效益，如果评价该工程时只考虑直接效益而忽视了明显的间接效益，显然是不公平的。因此，评价工程项目的经济效果时，既要考虑直接效益，也要考虑间接效益。

(5)可比性原则。

工程经济研究的重要内容之一就是寻求项目或技术方案的最佳经济效果，因此在分析过程中，既要对方案本身的各项指标进行研究，以确定其经济效果的大小，也要在方案之间进行相互比较和评价，以便从所有的备选方案中寻找出具有最佳经济效果的方案。其中，所有备选方案必须具有一定的可比性，如满足需要上、消耗费用上、时间上、价格上及环境保护、生态平衡等方面的要求。

3.2 投资回收期

投资回收期也叫还本年限或投资偿还期，一般以年为单位，并从投资兴建工程的年初算起。

投资回收期是反映工程项目在经济或财务上投资回收能力的重要指标，是衡量项目投资盈利水平的时间型指标。这里给出用来判别方案可行与否的静态投资回收期和动态投资回收期，以及进行方案优选排序的差额投资回收期。

3.2.1 静态投资回收期

静态投资回收期指工程项目在正常运行期内，不考虑资金的时间价值，通过年净效益的积累完全偿还投资所需要的时间，计算式为

$$\sum_{t=0}^{P_t}(CI-CO)_t=0 \tag{3-3}$$

式中，CI 为现金流入量；CO 为现金流出量；$(CI-CO)_t$ 为第 t 年的净现金流量；P_t 为静态投资回收期。

如果每年的效益表示为 $\overline{B}$，投资表示为 K，年经营费用（年运行费）表示为 $\overline{C}$，

公式(3-3)也可表示为

$$\sum_{t=0}^{P_t}[(\overline{B}-\overline{C})_t-K_t]=0 \tag{3-4}$$

式中,K_t 为第 t 年的投资;$(\overline{B}-\overline{C})_t$ 为第 t 年的净效益。

特别地,当工程项目建成投产后,年净效益$(\overline{B}-\overline{C})$为等额系列,且投资总值为 K 时,投资回收期可表示为

$$P_t = K/(\overline{B}-\overline{C}) \tag{3-5}$$

一般情况下,生产过程中的年净效益是不相等的,这时应按累计净现金流量计算,计算式为

$$P_t = \text{累计净现金流量开始出现正值的年份数} - 1 + \frac{\text{上年累计净现金流量绝对值}}{\text{当年净现金流量}} \tag{3-6}$$

如果用 P_c 表示基准投资回收期(指国家或行业部门规定的投资项目必须达到的回收期标准)的话,则有下列判别方法:

当 $P_t \leqslant P_c$ 时,说明投资方案的经济性较好,可以考虑接受该方案;

当 $P_t > P_c$ 时,说明投资方案的经济性较差,应当拒绝该方案。

投资回收期的特点是概念清楚,反映问题直观,计算方法简单,不仅反映了项目的经济性,而且反映了项目的风险程度。

【例 3-1】　某工程项目现金流量如表 3-1 表示,若基准投资回收期为 5 年,试用投资回收期法评价方案的可行性。

表 3-1　例 3-1 现金流量　(单位:万元)

年份	0	1	2	3	4	5	6
投资	500						
净效益		250	150	100	100	100	100

解　计算累计净现金流量等于零对应的年份数

$$\sum_{t=0}^{P_t}(CI-CO)_t = \sum_{t=0}^{3}(CI-CO)_t = -500+250+150+100=0$$

所以,$P_t = 3$ 年

由于 $P_t < P_c$($P_c = 5$ 年),故可以考虑接受该方案。

【例 3-2】　某项目现金流量如表 3-2 所示,若基准投资回收期为 8 年,试用投资回收期法评价方案的可行性。

表 3-2　例 3-2 现金流量　(单位:万元)

年份	0	1	2	3	4	5	6	7	8 ~ N
净现金流量	-3 000	0	0	400	600	800	1 000	1 000	1 000
累计净现金流量	-3 000	-3 000	-3 000	-2 600	-2 000	-1 200	-200	+800	+1 800

解　该方案投产后年净效益不相同,累计净现金流量等于零对应的年份不是整数年

份,而是在 6 ~7 年之间,所以由式(3-6)得

$$P_t = 7 - 1 + \frac{200}{1\ 000} = 6.2(\text{年})$$

由于 $P_t < P_c$(P_c = 8 年),故可以考虑接受该方案。

3.2.2 动态投资回收期

动态投资回收期与静态投资回收期的不同之处就在于,动态投资回收期考虑了资金的时间价值,指在给定折现率的情况下,用折算年净效益累计现值偿还投资现值所需要的时间,计算式可表示为

$$\sum_{t=0}^{P_D}(CI - CO)_t(P/F,i,t) = 0 \tag{3-7}$$

式中,P_D 为动态投资回收期。

当基准点上的投资现值为 K_P 时,也可写为

$$\sum_{t=1}^{P_D}(\overline{B} - \overline{C})_t(P/F,i,t) - K_P = 0 \quad \text{或} \quad K_P = \sum_{t=1}^{P_D}(\overline{B} - \overline{C})_t(P/F,i,t) \tag{3-8}$$

当年净效益($\overline{B} - \overline{C}$)为等额系列时,也可写成下式

$$K_P = (\overline{B} - \overline{C})(P/A,i,P_D) = (\overline{B} - \overline{C})\frac{(1+i)^{P_D} - 1}{i(1+i)^{P_D}} \tag{3-9}$$

利用求解方程的方法,可将式(3-9)中的 P_D 求得为

$$P_D = \frac{\lg(\overline{B} - \overline{C}) - \lg[(\overline{B} - \overline{C}) - K_P i]}{\lg(1+i)} \tag{3-10}$$

动态投资回收期也可通过下式计算

$$P_D = \text{累计净现金流量折现值开始出现正值的年份数} - 1 + \frac{|\text{上年累计净现金流量折现值}|}{\text{当年净现金流量折现值}} \tag{3-11}$$

动态投资回收期判别方案可行与否同静态投资回收期相同,也是与基准投资回收期进行对比。

【例 3-3】 某方案现金流量图如图 3-1 所示,若基准折现率为 10%,试求该方案的动态投资回收期。

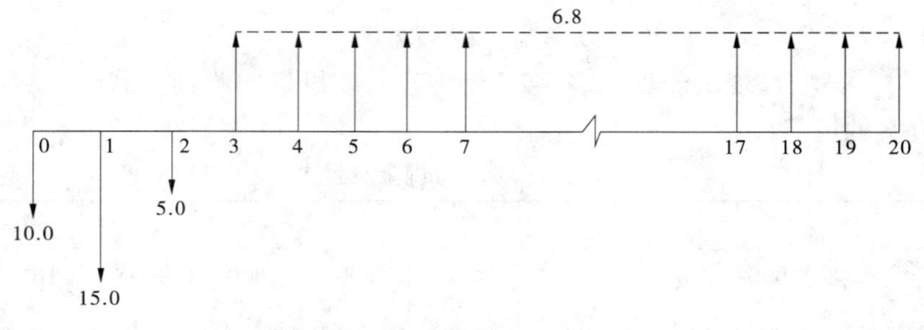

图 3-1　例 3-3 图　(单位:万元)

解　该方案受益后年平均效益为等额系列,不妨把投资先折算到第 2 年年末,然后应

用式(3-10)求解,最后换算成与开工期(基准点)相对应的投资回收期,即

$$K_P = 5 + 15 \times (1 + 10\%) + 10 \times (1 + 10\%)^2$$
$$= 33.6(万元)$$

$$P_D = \frac{\lg6.8 - \lg(6.8 - 33.6 \times 10\%)}{\lg(1 + 10\%)}$$
$$= 7.15(年)$$

如果对应于基准点的话,该方案的投资回收期为7.15+2=9.15(年)。

【例3-4】 某方案投资、年净效益如表3-3所示,若基准收益率$i=10\%$,基准投资回收期为10年,试计算其动态投资回收期,并判别可行性。

表3-3　例3-4现金流量　(单位:万元)

年份 (1)	投资 (2)	年净效益 (3)	累计净现金流量 (4)	折算因子 (5)	折现值 (6)=(3)×(5)	累计折现值 (7)
0	3 000		-3 000	1		-3 000
1		0	-3 000	0.909 1	0	-3 000
2		0	-3 000	0.862 4	0	-3 000
3		400	-2 600	0.751 3	300.5	-2 699.5
4		600	-2 000	0.683 0	409.8	-2 289.7
5		800	-1 200	0.620 9	496.7	-1 793.0
6		1 000	-200	0.564 5	564.5	-1 228.5
7		1 000	800	0.513 2	513.2	-715.3
8		1 000	1 800	0.466 5	466.5	-248.8
9		1 000	2 800	0.424 1	424.1	175.3
10		1 000	3 800	0.385 5	385.5	560.8

解　由表3-3第(3)列可知,该方案年净效益变化较大,在这种情况下,已无法使用式(3-10)予以计算,故应采用式(3-11)计算,如表3-3所示。

由式(3-11)得

$$P_D = 9 - 1 + \frac{248.8}{424.1} = 8.59(年)$$

由于$P_D < P_c$(P_c = 10年),故可以考虑接受该方案。

另外,由表3-3中第(4)列中可见,静态投资回收期为6.2年,见例3-2。由此可知,动态投资回收期考虑了资金的时间价值后,偿还投资所需要的时间必然延长。

3.2.3　差额投资回收期

差额投资回收期也称抵偿年限,是指同一项目中不同规模的两个方案比较时所增加的投资与增加的年净效益的比值,计算式为

$$P_d = \frac{K_2 - K_1}{(\overline{B}_2 - \overline{C}_2) - (\overline{B}_1 - \overline{C}_1)} \quad (K_2 > K_1) \tag{3-12}$$
$$= \frac{\Delta K}{\Delta(\overline{B} - \overline{C})}$$

式中，P_d 为差额投资回收期，年；其他符号意义同前。

由于该指标是计算两个不同规模投资方案的投资增量和年净效益增量的比值，那么，相互比较的这两个方案只能从中选择其中的一个方案。这一比较过程实际上是从众多的可比方案中选择最优方案的过程，判别方法为：

若 $P_d \leq P_c$，则增加投资的方案（或投资规模大的方案）较优，或者说可以考虑接受投资大的方案；

若 $P_d > P_c$，则增加投资的方案较劣，或者说可以考虑接受投资小的方案。

特别的，如果两个不同规模的投资方案年效益相同，增加投资的方案所对应的年经营费用必然降低；如果这两个方案年经营费用相同，增加投资必然使年效益增加；否则，增加投资将没有意义。由此可见：

当 $\overline{B}_1 = \overline{B}_2$ 时，式(3-12)可表示为

$$P_d = \frac{K_2 - K_1}{\overline{C}_1 - \overline{C}_2} \tag{3-13}$$

当 $\overline{C}_1 = \overline{C}_2$ 时，式(3-12)可表示为

$$P_d = \frac{K_2 - K_1}{\overline{B}_2 - \overline{B}_1} \tag{3-14}$$

【例 3-5】 某工程项目有下列 4 个方案供选择，年效益均为 100 万元，其投资和年经营费用如表 3-4 所示。若基准投资回收期 P_c 为 4.5 年，试从中选择最优方案。

表 3-4　方案的基本资料　　（单位：万元）

方案	1	2	3	4
总投资 K	180	220	280	300
年经营费用 $\overline{C}$	40	30	20	40

解　从上述 4 个方案中选优，首先要判别方案本身的可行性，故采用投资回收期予以评价，由式(3-5)得

$$P_{t1} = \frac{180}{100 - 40} = 3.0(年)$$

$$P_{t2} = \frac{220}{100 - 30} = 3.1(年)$$

$$P_{t3} = \frac{280}{100 - 20} = 3.5(年)$$

$$P_{t4} = \frac{300}{100 - 40} = 5.0(年)$$

由于 $P_{t4} > P_c$（P_c = 4.5 年），所以应当拒绝方案 4，而接受方案 1、方案 2、方案 3。

既然方案 1、方案 2、方案 3 为可行方案，那么，最优方案应该在此方案组中产生，故采

用差额投资回收期法予以选择，由式(3-13)得

$$P_{d2-1}=\frac{K_2-K_1}{\overline{C}_1-\overline{C}_2}=\frac{220-180}{40-30}=4.0(\text{年})$$

由于 $P_{d2-1}<P_c$，所以增加投资规模的方案 2 较优。

$$P_{d3-2}=\frac{K_3-K_2}{\overline{C}_2-\overline{C}_3}=\frac{280-220}{30-20}=6.0(\text{年})$$

由于 $P_{d3-2}>P_c$，所以可以考虑接受投资小的方案 2。

由此可知，上述方案组中方案 2 为最优方案。

值得注意的是，方案 1 投资回收期最短，但并不是方案组中的最优方案，这也体现了评价指标与评价方法的区别。

差额投资回收期虽然计算比较简单，但它具有一定的局限性，它只能衡量两个方案之间的相对经济性，并不能说明两个方案的差别究竟有多大，而且当两个项目的投资和年净效益接近时，其比值可能很大。如果简单地依据计算结果判断方案的优劣，很容易造成假象而影响对项目的评价和选择。例如一个工程项目有两个方案可以实施，$K_{\text{甲}}=100$ 万元，$\overline{C}_{\text{甲}}=100.05$ 万元；$K_{\text{乙}}=101$ 万元，$\overline{C}_{\text{乙}}=100$ 万元，且两方案效益相同，计算的差额投资回收期为 $P_d=\frac{101.0-100.0}{100.05-100.0}=20(\text{年})$，若 $P_c=20$ 年，也许会认为甲方案比乙方案更好一些，事实上，总体来说这两个方案的经济性几乎相同。

如果被选择的众多方案年效益基本相同或相近，由差额投资回收期法可知，如果 $\frac{K_2-K_1}{\overline{C}_1-\overline{C}_2}\leqslant P_c(K_2>K_1)$ 成立，则表示投资规模大的 K_2 方案比投资规模小的 K_1 方案优，把上式整理后可得

$$\frac{K_2}{P_c}+\overline{C}_2\leqslant\frac{K_1}{P_c}+\overline{C}_1 \tag{3-15}$$

这里称 $S=\frac{K_i}{P_c}+\overline{C}_i$ 为折算年费用，可以看出，折算年费用最小的方案就是最优方案。

由式(3-15)得知，这种计算方法事实上是计算了基准投资回收期内的平均费用，所以又称其为费用最小法，这种方法实际上等同于差额投资回收期法。

【例 3-6】　某工程有下列 5 个方案供选择，其年效益基本相同，投资和年经营费用如表 3-5 所示，若基准投资回收期 $P_c=8$ 年，试用费用最小法选优。

表 3-5　方案经济数据　　（单位：万元）

方案	1	2	3	4	5
投资(K_i)	18	22	24	23	30
年经营费用($\overline{C}_i$)	4.5	4.4	2.5	3.0	2.2

解　计算各方案的折算年费用

$$S_1=\overline{C}_1+\frac{K_1}{P_c}=4.5+\frac{18}{8}=6.75(\text{万元})$$

$$S_2 = \overline{C}_2 + \frac{K_2}{P_c} = 4.4 + \frac{22}{8} = 7.15(\text{万元})$$

$$S_3 = \overline{C}_3 + \frac{K_3}{P_c} = 2.5 + \frac{24}{8} = 5.50(\text{万元})$$

$$S_4 = \overline{C}_4 + \frac{K_4}{P_c} = 3.0 + \frac{23}{8} = 5.88(\text{万元})$$

$$S_5 = \overline{C}_5 + \frac{K_5}{P_c} = 2.2 + \frac{30}{8} = 5.95(\text{万元})$$

计算结果表明方案3为最优方案。

费用最小法适用于效益相近或相同的多个方案的比较选择,计算简单、结果清楚。这种方法最明显的优点就是减少了在方案间的相互比较中逐步淘汰的过程,也减少了因计算比较中容易出错的机会。

3.3　净现值、净年值及净现值率

净现值、净年值为价值型指标,净现值率为效率型指标,既可以作为评价指标判别项目或方案接受与否,也可以作为评价方法用来进行项目或方案的优选和排序。

3.3.1　净现值

净现值是指在经济分析期内把不同时间发生的收支金额按给定的经济报酬率折算到基准点的现值累计值,或者是经济分析期内项目效益现值与费用现值的差值,计算公式为

$$NPV = \sum_{t=0}^{n}(CI - CO)_t(P/F,i,t) \tag{3-16}$$

也可写为

$$NPV = B_P - (K_P + C_P) \tag{3-17}$$

式中,NPV 为方案的净现值;i 为方案给定的折现率或经济报酬率;n 为经济分析期;B_P 为方案的效益现值;K_P 为方案的投资现值;C_P 为方案的经营费用现值;$(K_P + C_P)$ 称费用现值;其他符号意义同前。

由式(3-17)可见,净现值实际就是方案的效益现值与费用现值的差。

若 $NPV \geqslant 0$,则方案的经济性好,可以考虑接受方案;

若 $NPV < 0$,则表示方案得不偿失,应当拒绝方案。

【例3-7】 某工程项目设计方案总投资1 000万元,投产后年运行费用为250万元,年效益为500万元,投产运行后第4年追加配套投资800万元,若经济分析期为8年,经济报酬率为10%,现金流量图如图3-2所示,试计算该方案的净现值并判断其可行性。

解　根据题意及式(3-17)得

效益现值

$$B_P = A(P/A,i,n) = A(P/A,10\%,8) = 500 \times 5.3349 = 2\,667.45(\text{万元})$$

费用现值

$$\begin{aligned}K_P + C_P &= 1\ 000 + 800(P/F,i,n) + 250(P/A,i,n) \\ &= 1\ 000 + 800(P/F,10\%,3) + 250(P/A,10\%,8) \\ &= 1\ 000 + 800 \times 0.751\ 3 + 250 \times 5.334\ 9 \\ &= 1\ 000 + 601.04 + 1\ 333.73 \\ &= 2\ 934.77(\text{万元})\end{aligned}$$

净现值

$$\begin{aligned}NPV &= B_P - (K_P + C_P) \\ &= 2\ 667.45 - 2\ 934.77 = -267.32(\text{万元})\end{aligned}$$

经计算该方案净现值 $NPV<0$,故应当拒绝该方案。

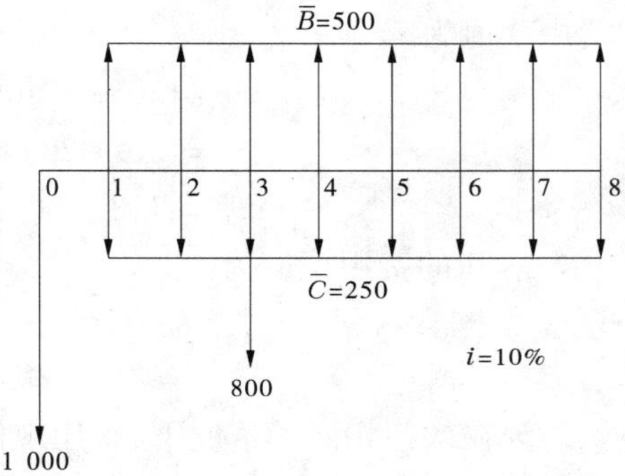

图 3-2　例 3-7 图　(单位:万元)

净现值是经济评价中的价值型指标,如果在追求经济效果最大的条件下进行方案比选,则遵循净现值最大原则,即净现值越大方案越优。需要注意的是,采用净现值法比选方案时,所有备选方案必须具有相同的经济分析期。

【例 3-8】　某工程建设项目有 3 个投资方案,寿命期均为 10 年,各方案的投资现值和年净效益如表 3-6 所示。若基准收益率为 10%,试用净现值法选择最优方案。

表 3-6　方案现金流量　(单位:万元)

方案	投资现值	年净效益
A	340	88
B	520	118
C	600	136

解　$NPV_A = 88(P/A,10\%,10) - 340 = 88 \times 6.144\ 6 - 340 = 200.7$(万元)

$NPV_B = 118(P/A,10\%,10) - 520 = 118 \times 6.144\ 6 - 520 = 205.1$(万元)

$NPV_C = 136(P/A,10\%,10) - 600 = 136 \times 6.144\ 6 - 600 = 235.7$(万元)

根据净现值最大原则,方案 C 为最优方案。

在实际工作中常常会遇到这样的情况,如方案的效益现值相差不大,或方案间费用现值几乎相同,此时净现值的判别准则可以为:

当方案间效益相同时,费用现值越小越好;

当方案间费用相同时,效益现值越大越好;

当效益、费用都不相同时,净现值越大越好。

【例 3-9】　某建筑工程单位欲购置一台机械设备,有两台设备符合要求,且功能相同,其经济指标如表 3-7 所示,若基准收益率为 15%,试比较选择方案。

表 3-7　两台设备的经济指标　（单位：万元）

方案	A	B
投资	30	40
年经营费用	20	16
残余价值	5	0
使用期	8	8

解　根据题意知，两设备功能相同，即效益相同，此时应比较两方案的费用。方案 A 的费用现值为

$$\begin{aligned} K_P + C_P &= 30 + 20(P/A,15\%,8) - 5(P/F,15\%,8) \\ &= 30 + 20 \times 4.4873 - 5 \times 0.3269 \\ &= 118.11(\text{元}) \end{aligned}$$

方案 B 的费用现值为

$$\begin{aligned} K_P + C_P &= 40 + 16(P/A,15\%,8) \\ &= 40 + 16 \times 4.4873 = 111.80(\text{元}) \end{aligned}$$

因为在效益相同的情况下，费用现值小的方案较优，由计算得知，方案 B 的费用现值较小，故方案 B 较优。

3.3.2　净年值

净年值是把方案在分析期内的现金流量按给定的经济报酬率折算成与其等值的等额系列，也可以说，把方案的净现值折算成与其等值的等额系列，这一等额系列的数值即为净年值。

如果把净年值记为 NAV，于是得

$$\begin{aligned} NAV &= \left[\sum_{t=0}^{n}(CI - CO)_t(P/F,i,t)\right](A/P,i,n) \\ &= NPV(A/P,i,n) \\ &= \overline{B} - (\overline{K} + \overline{C}) \end{aligned} \tag{3-18}$$

式中，NAV 为方案的净年值；$\overline{B}$ 为折算年效益；$\overline{K}$ 为折算年投资；$\overline{C}$ 为折算年经营费用；其他符号意义同前。

由于净年值与净现值理论的一致性，所以评价准则也完全一致，或者说，二者是等效评价指标，区别仅在于净现值给出的是方案在整个分析期内获取的收益，而净年值给出的是方案在分析期内每年获取的等额收益。在评价项目时，净年值大于 0 的方案可以考虑接受，小于 0 的方案应当拒绝；在方案优选时，净年值越大方案越优。

【例 3-10】　某工程项目可当年建成并受益，投资 500 万元，使用期 20 年，平均年效益为 160 万元，年经营费用为 34 万元，若经济报酬率为 7%，试计算项目的净年值。

解　由式(3-18)得

$$NAV = \overline{B} - (\overline{K} + \overline{C}) = \overline{B} - \overline{C} - \overline{K}$$

$$= 160 - 34 - 500(A/P,7\%,20)$$
$$= 160 - 34 - 500 \times 0.0944$$
$$= 78.80(\text{万元})$$

本例在计算中,也可以把年效益、年经营费用折算成现值,求出基准点的净现值之后,再折算成净年值,两种方法的计算结果是完全一致的。

【例 3-11】 某工程项目有下列两个方案,资料见表 3-8。

表 3-8　例 3-11 表

方案	建设期(年)	投资现值(万元)	经济使用期(年)	年效益(万元)	年运行费(万元)	残值(万元)
A	1	500	25	130	25	10
B	2	1 000	35	250	55	0

若经济报酬率为 10%,两个方案中何者为优?

解　方案 A、B 现金流量图见图 3-3。

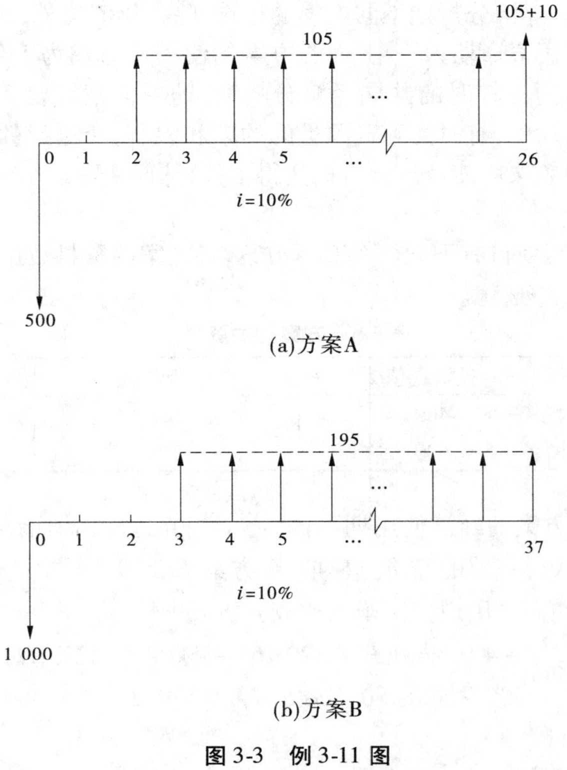

图 3-3　例 3-11 图

依据题意,采用净年值法进行方案对比:

$$NAV_A = [105 \times (P/A,10\%,25) \times (P/F,10\%,1) + 10 \times (P/F,10\%,26) - 500](A/P,10\%,26)$$
$$= \left[105 \times \frac{(1+10\%)^{25}-1}{10\% \times (1+10\%)^{25}} \times (1+10\%)^{-1} + 10 \times (1+10\%)^{-26} - 500\right] \times \frac{10\% \times (1+10\%)^{26}}{(1+10\%)^{26}-1}$$
$$= 40.11$$

$$NAV_B = [195 \times (P/A,10\%,35) \times (P/F,10\%,2) - 1\ 000](A/P,10\%,37)$$
$$= \left[195 \times \frac{(1+10\%)^{35}-1}{10\% \times (1+10\%)^{35}} \times (1+10\%)^{-2} - 1\ 000\right] \times \frac{10\% \times (1+10\%)^{37}}{(1+10\%)^{37}-1}$$
$$= 57.08$$

可以看出,$NAV_B > NAV_A$,所以方案 B 比方案 A 更优。

本例中关于建设期的问题值得注意,即建设期加使用期为经济分析期。在计算净现值时,要把基准点选在开工建设的年初而不应选在受益年的年初。折算等额年值时,不能只考虑方案的使用期,还应考虑方案的建设期,因为建设期的长短对折算等额年值有明显的影响,方案的建设期是方案本身所具有的特点,如果把基准点选在受益年的年初,对建设期短的方案是不公平的。

本例中关于方案 A 残余价值的处理,应该正确地认识其经济特性,残值虽然是一种收入,但这种收入是投资所形成的固定资产价值的回收,并不是设备或固定资产创造出来的效益,所以,残值应该从固定资产的投资中减去,而不是加在效益中。

净年值法的最大优点是可以实现经济分析期不同方案的比选,并且考虑了建设期因素对方案比选的影响。经济分析期不同方案的比选,除净年值法外,还可以采用最小公倍数法。例如:甲方案使用寿命期为 4 年,而乙方案的使用寿命期为 5 年,相互比较时可采用最小公倍数 20 年作为比较时的共同经济分析期,即甲方案重复 5 次而乙方案重复 4 次,但是在实际生产活动中,有时受到资源量的约束和限制,所选择的方案没有重复的可能,或者采用最小公倍数法后使经济分析期变得很长,从而使得最小公倍数法的使用受到限制。

【例 3-12】 某工程项目有下列两个互斥方案,各方案的资料数据如表 3-9 所示,若基准收益率为 12%,试从中选优。

表 3-9 方案基本资料 (单位:万元)

方案	投资现值	年净效益	使用期(年)
A	400	180	6
B	600	240	8

解 由于 A、B 两方案的经济使用期不同,为了相互比较时具有公平性,可采用最小公倍数法使两个方案取得一致的经济分析期,令方案 A 重复 4 次,方案 B 重复 3 次,即可取得相同的经济分析期而采用现值法予以比较分析。即

$$NPV_A = 180(P/A,12\%,24) - 400 - 400(P/F,12\%,6) - 400(P/F,12\%,12) - 400(P/F,12\%,18)$$
$$= 180 \times 7.784\ 3 - 400 - 400 \times 0.506\ 6 - 400 \times 0.256\ 7 - 400 \times 0.130\ 0$$
$$= 643.85(\text{万元})$$

$$NPV_B = 240(P/A,12\%,24) - 600 - 600(P/F,12\%,8) - 600(P/F,12\%,16)$$
$$= 240 \times 7.784\ 3 - 600 - 600 \times 0.403\ 9 - 600 \times 0.163\ 1$$
$$= 928.03(\text{万元})$$

因为 $NPV_B > NPV_A$,所以方案 B 优于方案 A。

如果对上述两个方案采用年值法进行比较,则有

$$NAV_A = 180 - 400(A/P,12\%,6) = 180 - 400 \times 0.243\ 2 = 82.7(\text{万元})$$

或者　$$NAV_A = NPV_A(A/P,12\%,24) = 643.85 \times 0.128\ 5 = 82.7(\text{万元})$$

$$NAV_B = 240 - 600(A/P,12\%,8) = 240 - 600 \times 0.201\ 3 = 119.2(\text{万元})$$

或者　$$NAV_B = NPV_B(A/P,12\%,24) = 928.03 \times 0.128\ 5 = 119.2(\text{万元})$$

因为 $NAV_B > NAV_A$，所以方案 B 优于方案 A。采用年值法或最小公倍数法，其评价结果是一致的。

3.3.3　净现值率

净现值率是指按基准收益率求出的分析期内的净现值与全部投资现值的比值。经济含义是单位投资所取得的净现值额，净现值率常作为现值法的辅助指标。计算公式为

$$NPVR = \frac{NPV}{K_P} \tag{3-19}$$

式中，$NPVR$ 为净现值率；其他符号意义同前。

若 $NPVR \geqslant 0$，则方案经济性较好，可以考虑接受方案；

若 $NPVR < 0$，则方案经济性不好，应当拒绝方案。

【例 3-13】　某工程项目现金流量图如图 3-4 所示，投资现值为 1 000 万元，当经济报酬率为 10% 时，试计算净现值率。

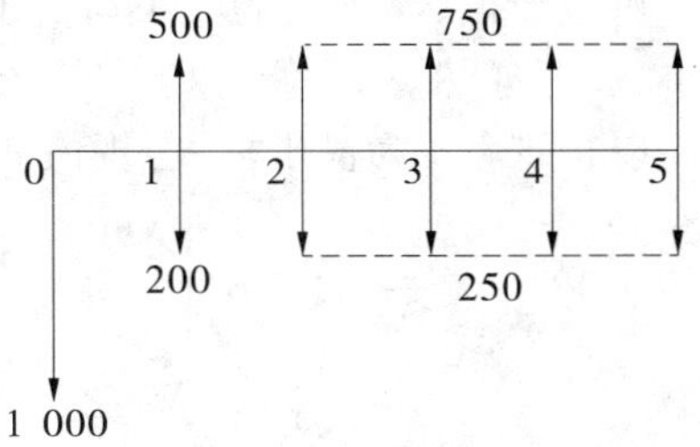

图 3-4　例 3-13 图

解　根据式(3-19)得

$$NPV = [750(P/A,10\%,4) + 500](P/F,10\%,1) - 1\ 000 - [250(P/A,10\%,4) + 200](P/F,10\%,1)$$
$$= (750 \times 3.169\ 9 + 500) \times 0.909\ 1 - 1\ 000 - (250 \times 3.169\ 9 + 200) \times 0.909\ 1$$
$$= 713.6(\text{万元})$$

$NPVR = \dfrac{NPV}{K_P} = 0.713\ 6 > 0$，可以考虑接受方案。

3.4　内部收益率、外部收益率

内部收益率和外部收益率是效率型指标，可以作为评价指标用来判别项目或方案是否可行。差额内部收益率可以作为评价方法用来进行项目或方案的优选和排序。

3.4.1　内部收益率

为了正确理解内部收益率的含义，应该先了解净现值与折现率的函数关系。这里举例说明，写出图 3-5 所示的现金流量图的净现值计算公式。

$$NPV = 1\ 000(P/A,i,5) - 3\ 000$$

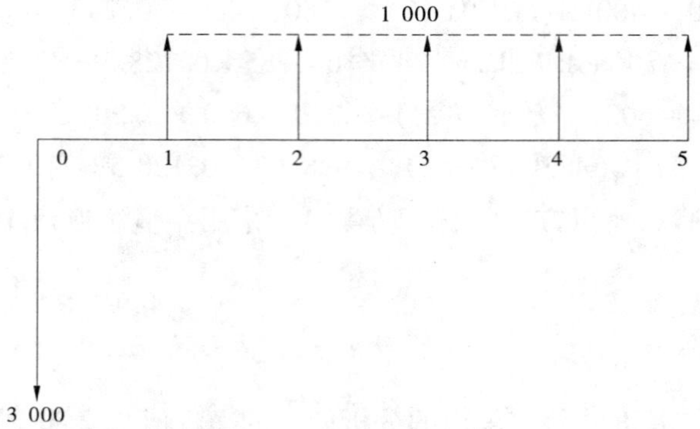

图 3-5　现金流量图

$$= \frac{1\ 000}{1+i} + \frac{1\ 000}{(1+i)^2} + \frac{1\ 000}{(1+i)^3} + \frac{1\ 000}{(1+i)^4} + \frac{1\ 000}{(1+i)^5} - 3\ 000 \qquad (3\text{-}20)$$

可以看出,净现值的大小与折现率呈反比关系,当折现率由小变大时,净现值则由大变小,反之亦然。

以折现率 i 为横坐标、净现值 NPV 为纵坐标,绘出净现值函数曲线,如图 3-6 所示。

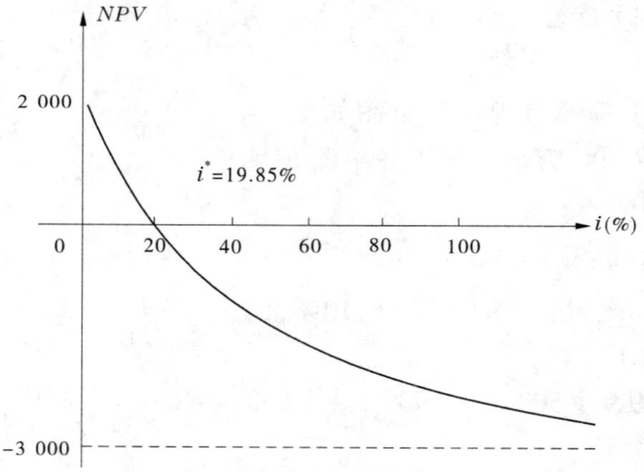

图 3-6　净现值函数曲线

由净现值函数曲线得知,当折现率 $i=0$ 时,净现值等于 2 000 元,当折现率 $i \to \infty$ 时,净现值将以投资现值 −3 000 元为渐近线。另外,净现值函数曲线与横坐标的交点为 i^* 时,净现值 $NPV=0$;当 $i<i^*$ 时,$NPV>0$;当 $i>i^*$ 时,$NPV<0$,可见 i^* 是方案是否具有经济意义的临界值。于是,如果把折现率作为一个评价指标应用于生产实际中,可以将其与规定的经济折现率相比较。若所求得的 i^* 大于规定的经济折现率,则表明方案有利可图,可以考虑接受方案;否则方案不可行,应当拒绝。这里讨论的 i^* 就是所谓的内部收益率。

内部收益率是指在经济分析期内,工程项目效益现值与费用现值恰好相等时的折现率,即方案净现值等于零时所对应的折现率。内部收益率的算式表达为

$$\sum_{t=0}^{n} (CI - CO)_t (P/F, IRR, t) = 0 \qquad (3\text{-}21)$$

式中,IRR 为方案的内部收益率;其他符号意义同前。

也可以记为

$$NPV = B_P - (K_P + C_P) = 0 \tag{3-22}$$

即 $NPV=0$ 所对应的折现率即为所求的内部收益率。

当 $IRR \geqslant i_c$ 时，项目或方案的经济性较好，可以接受方案；

当 $IRR < i_c$ 时，项目或方案的经济性较差，应当拒绝方案。

由于净现值函数是一个高次方程，直接计算来求得准确结果有一定难度，通常采用试算法予以求解，基本步骤是：

(1)列出计算净现值的计算式。

(2)预估两个适当的折现率 i_1 和 i_2，使得 $NPV(i_1)>0$，$NPV(i_2)<0$ 得到满足。

(3)当 $i_2-i_1 \leqslant 5\%$ $(i_1<i_2)$时，即可用线性插值法(见图 3-7)求出近似值的内部收益率，线性插值公式为

$$IRR = i_1 + \frac{NPV_1}{NPV_1 + |NPV_2|}(i_2 - i_1) \tag{3-23}$$

式中，NPV_1 为用 i_1 计算的净现值；NPV_2为用 i_2 计算的净现值；其他符号意义同前。

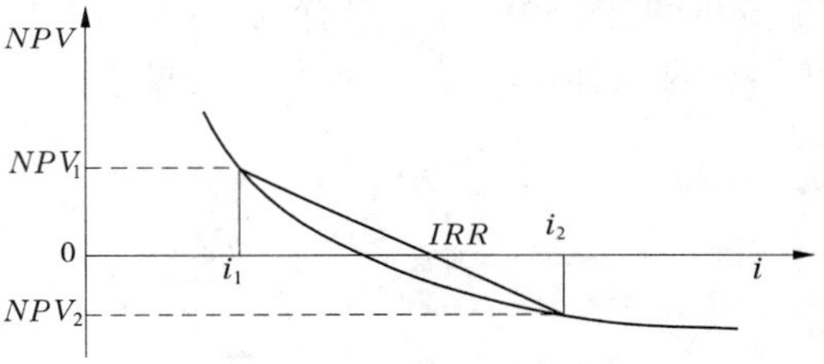

图 3-7　插值示意

当试算求得 IRR 值后，最好再回代到净现值的计算式中予以检验，因为净现值函数不是直线函数，用线性内插法计算时难免存在误差。

【例 3-14】　某工程项目现金流量图如图 3-8 所示，若基准收益率为 10%，试用内部收益率法评价方案的可行性。

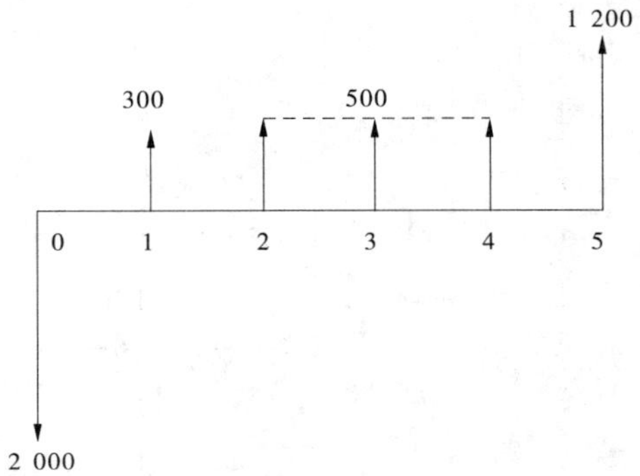

图 3-8　例 3-14 图

解　净现值函数为

$$NPV = 300(P/F,i,1) + 500(P/A,i,3)(P/F,i,1) + 1\,200(P/F,i,5) - 2\,000$$

当 $i_1=12\%$ 时，$NPV(i_1)=21.03$；当 $i_2=14\%$ 时，$NPV(i_2)=-95.31$。

可见 IRR 在 12% ~14% 之间，由式(3-23)得

$$IRR = 12\% + \frac{21.03}{21.03+95.31} \times (14\% - 12\%) = 12.36\%$$

将 $i=12.36\%$ 代入计算 NPV 的计算式中，得 $NPV \approx 0$。因为所求的 $IRR>10\%$（基准收益率），所以可以考虑接受该项目。

现金流量具有唯一内部收益率的投资过程被称为正常投资过程。在应用内部收益率法进行方案评价时，要特别注意方案现金流量图的形式，比如，在一个投资项目中，开始的几年中只有投资，在以后的若干年中均有一定的净效益，当折现率为零且净效益的代数和大于投资的代数和时，该现金流量具有唯一的内部收益率，这样的投资过程就是正常投资过程。

不存在内部收益率或存在多个内部收益率的投资过程被称为非正常投资过程。为进一步了解这两种非正常投资过程的情况，现分述如下：

(1) 不存在内部收益率的情况。

如图 3-9 所示的现金流量图，图 3-9(a)中只有收入；图 3-9(b)中只有投入；图 3-9(c)中开始为投入，后来的几年有收入，但收入的代数和小于投入。

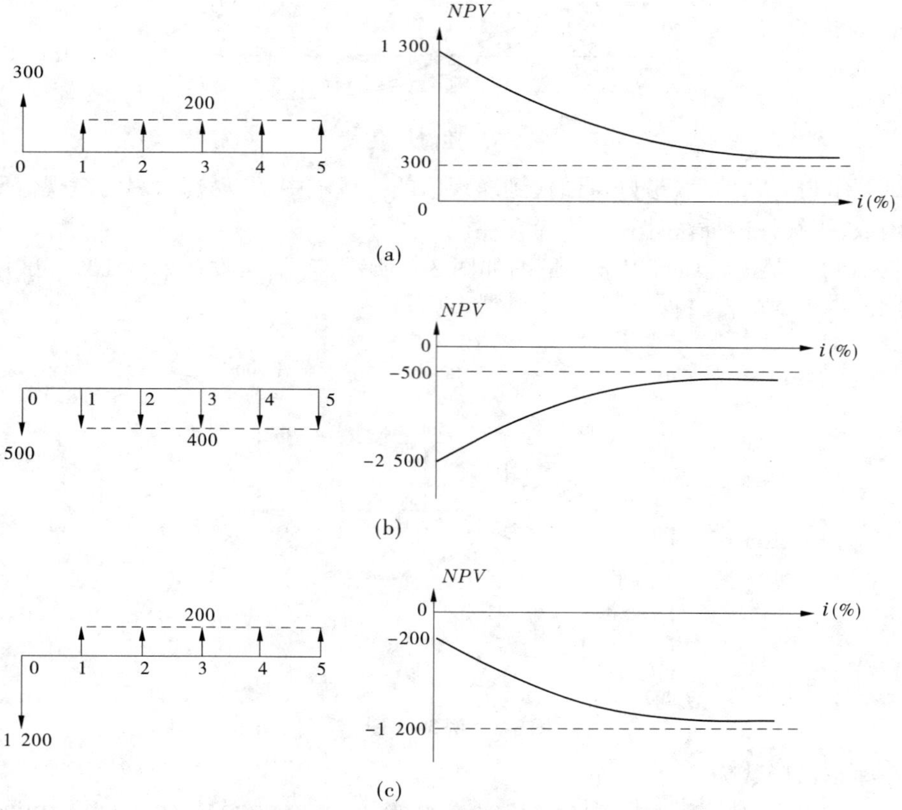

图 3-9　不存在内部收益率的现金流量图及净现值函数曲线

三种情况所对应的净现值函数曲线反映的特征是:当 $i=0$ 时,即为曲线的起点,随着 i 值的增大,该曲线并没有与横轴相交,而是逐渐趋近于一条以基准点位置发生的投资数额为大小的水平渐进线。

(2)存在多个内部收益率的情况。

在试算求解内部收益率的过程中,所面对的方程是一个高次方程,即由式(3-21)可知,如果令 $(1+IRR)^{-1}=x$,$(CI-CO)_t=a_t(t=1,2,3,\cdots,n)$,则式(3-21)可以写为

$$a_0+a_1x+a_2x^2+\cdots+a_nx^n=0 \tag{3-24}$$

这样的方程应有 n 个根(包括复数根和重根),根据笛卡儿符号规则,若方程的系数序列 $\{a_0,a_1,a_2,\cdots,a_n\}$ 的正负号变化次数为 P,则方程的正根个数等于 P 或比 P 少一个正偶数;当 $P=0$ 时,方程无正根;当 $P=1$ 时,方程有且仅有一个单正根。同样对于 IRR,若方案净现金流量序列 $(CI-CO)_t(t=1,2,\cdots,n)$ 的正负号仅改变一次,则方程式(3-21)中仅有唯一的一个内部收益率,而净现金流量序列的正负号有多次变化时,方程式(3-21)可能有多个解,即有多个内部收益率。因此,可以认为在非正常投资过程的现金流量图中,净现金流量序列符号改变的次数即是内部收益率存在的个数。

【例 3-15】 如图 3-10 所示的现金流量图,基准收益率为 15%,试求其内部收益率并判别项目的可行性。

解 可以看出,净现金流量序列的正负号改变了 2 次,所以存在 2 个内部收益率,该现金流量图为非正常投资过程,试算结果如表 3-10 所示。

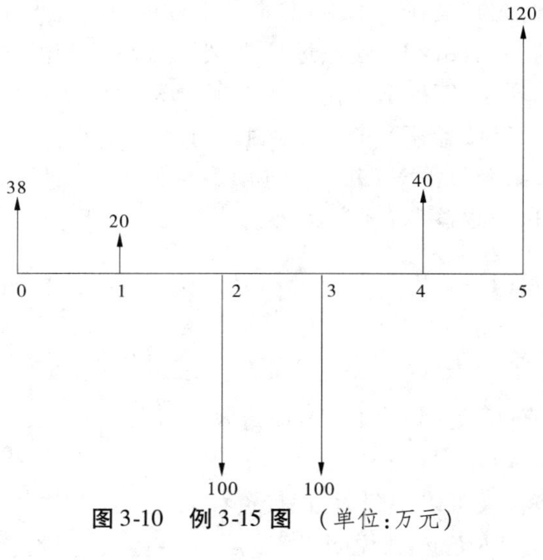

图 3-10　例 3-15 图　(单位:万元)

净现值计算式为

$$NPV=38+20(P/F,i,1)-100(P/F,i,2)-100(P/F,i,3)+40(P/F,i,4)+120(P/F,i,5)$$

表 3-10　$NPV\sim i$ 计算结果　(单位:万元)

i(%)	0	10	20	30	40	50
NPV	18.00	0.24	-5.13	-4.98	-2.45	0.96

将表 3-10 的计算结果绘于图 3-11，求得 IRR_1 = 10.1%，IRR_2 = 47.0%。

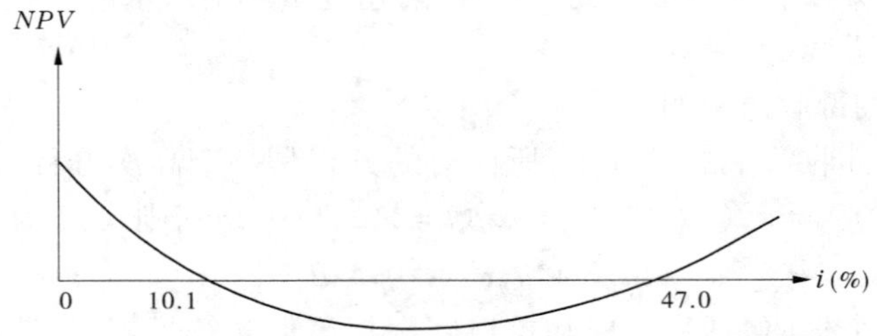

图 3-11　净现值函数曲线

IRR_1 小于基准收益率 15%，IRR_2 大于基准收益率 15%，项目是否可行无法判断，所以内部收益率法已无法使用，此时的 10.1% 和 47.0% 已不符合内部收益率的经济含义。

在正常的投资过程中，因为内部收益率的概念比较清楚，是项目或方案本身所决定的获利能力，克服了折现计算中需事先给定基准折现率的缺陷，因此内部收益率法在经济评价指标体系中占有较重要的地位。

3.4.2　外部收益率

在生产实践中，由于经济活动的多样性，可能出现许多非正常的投资过程，使内部收益率法的应用受到限制，尤其是在土木工程、水利工程项目的建设中，由于建设工期较长，而且边建设边受益的情况比较普遍，建设过程中又分为一期工程、二期工程等，难免出现资金量符号改变多次的现象，使内部收益率出现多个解而无法正常应用，所以有人提出用改进的内部收益率（即外部收益率）对工程项目进行经济评价。

当项目所有投资按某个收益率 i 折算的本利和恰好等于项目每年的净效益按基准折现率折算的本利和时，这个收益率 i 被称为外部收益率。计算公式为

$$\sum_{t=0}^{n} K_t(1+ERR)^{n-t} = \sum_{t=0}^{n}(B-C)_t(F/P,i_c,n-t) \tag{3-25}$$

或

$$F = \sum_{t=0}^{n}(B-C)_t(F/P,i_c,n-t) - \sum_{t=0}^{n}K_t(1+ERR)^{n-t} = 0 \tag{3-26}$$

式中，F 为现金流量终值；K_t 为第 t 年的投资；ERR 为外部收益率；n 为项目经济分析期；i_c 为基准收益率。

外部收益率的经济含义可以理解为：把投资存入一个年利率为 ERR 且以复利计算的银行中的获利能力，因此 ERR 越大，说明投资的经济性越好，获利能力越强。外部收益率指标的判断准则是：

当 $ERR \geqslant i_c$ 时，技术方案的经济性好；

当 $ERR < i_c$ 时，技术方案的投资效果不好或经济上不可行。

外部收益率考察了项目分析期内的经济状况，考虑了资金的时间价值并对项目进行了动态评价，与内部收益率相比，计算简单，解具有唯一性。

【例 3-16】　某工程项目需一次投资 600 万元，预计该项目的寿命期为 3 年，各年的

净效益分别为 350 万元、320 万元、280 万元，若基准收益率为 10%，试用外部收益率评价该项目的经济可行性。

解　根据题意及式(3-25)得

$$600(1+ERR)^3 = 350\times(1+10\%)^2 + 320\times(1+10\%) + 280$$

$$(1+ERR)^3 = 1.7592$$

解得 $ERR = 20.7\% > i_c$，所以可以考虑接受该项目。

【例 3-17】　某工程项目开工时投资 1 000 万元，平均年净收益为 250 万元，10 年后二期工程投资 750 万元，二期工程后平均年净效益为 275 万元，全部工程使用期为 30 年，若基准收益率为 8%，试用外部收益率评价其经济可行性。

解　根据题意，其现金流量图见图 3-12，由式(3-25)得

$$1\,000(1+ERR)^{30} + 750(1+ERR)^{20} = 250(F/A,8\%,10)(F/P,8\%,20) + 275(F/A,8\%,20)$$

即　$1\,000(1+ERR)^{30} + 750(1+ERR)^{20} = 250\times15.9374\times6.7275 + 275\times57.275$

整理得　$4(1+ERR)^{30} + 3(1+ERR)^{20} = 170.22$

经试算得 $ERR = 12.5\% > i_c$，所以可以考虑接受该项目。

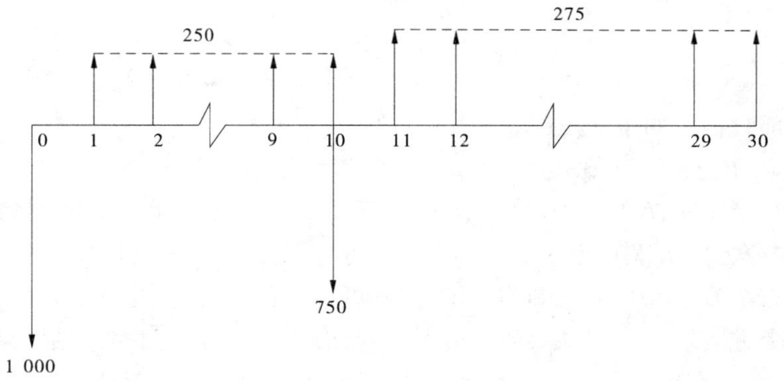

图 3-12　例 3-17 图

3.4.3　差额内部收益率

利用差额内部收益率法进行方案优选是通过内部收益率的增量分析来实现的，计算步骤为：

(1)按费用由小到大排列。

(2)计算相邻方案的投资增量 ΔK，效益增量 ΔB，经营费用增量 ΔC。

(3)计算由 ΔK、ΔB、ΔC 构成的现金流量的内部收益率，即差额内部收益率 ΔIRR。

(4)判别最优方案，当 $\Delta IRR \geq i_c$ 时，增加费用的方案(投资大的方案)可行，可以考虑接受费用大的方案；当 $\Delta IRR < i_c$ 时，则增加费用的方案不可行，可以考虑接受费用小的方案。

【例 3-18】　某工程项目有下列三个设计方案，现金流量图如图 3-13 所示，若基准收益率为 10%，试用差额内部收益率法从中选出最优方案。

解　(1)判别方案的可行性。

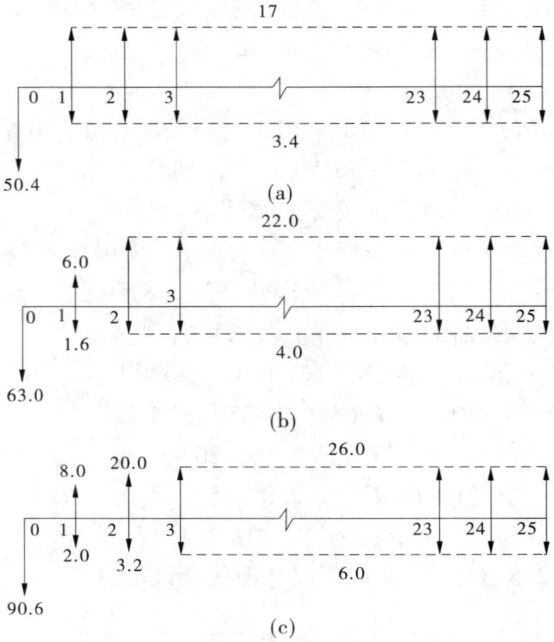

图 3-13　三个设计方案的现金流量图

根据内部收益率的定义及题意得

方案 A　$NPV = (17 - 3.4)(P/A, i, 25) - 50.4$

当 $i = 27.16\%$ 时，$NPV = 0$，故得 $IRR_A = 27.16\% > i_c$，方案可行，可以考虑接受方案。

同理得方案 B　$IRR_B = 24.26\% > i_c$，方案可行，可以考虑接受方案。

方案 C　$IRR_C = 18.86\% > i_c$，方案可行，可以考虑接受方案。

上述三个方案均可行，其中 IRR_A 最大，但是应该注意，内部收益率最大只反映了方案的获利能力，并没有反映方案的获利多少，所以方案 A 不一定是最优方案。

(2)选择最优方案。

方案 A 与方案 B 比较得到新的现金流量图，如图 3-14 所示，其中投资增量为

$$\Delta K = 63.0 - 50.4 = 12.6(\text{万元})$$

第 1 年的净效益增量为$(6.0 - 1.6) - (17 - 3.4) = -9.2$(万元)

第 2 年至第 25 年则为

效益增量　　$\Delta B = 22.0 - 17.0 = 5.0$(万元)

经营费用增量　　$\Delta C = 4.0 - 3.4 = 0.6$(万元)

于是得 $\Delta NPV = -9.2(P/F, i, 1) + (5.0 - 0.6)(P/A, i, 24)(P/F, i, 1) - 12.6$

经试算求得当 $i = 17.94\%$ 时，$\Delta NPV = 0$，故 $\Delta IRR = 17.94\%$。

ΔIRR 是投资、年效益、年经营费用由方案 A 增大到方案 B 后，构成的新现金流量图所对应的差额内部收益率，其经济含义与内部收益率相同，只不过其现金流量是根据方案间投资、年效益、年经营费用的增量绘制出来的。

由上述分析可知，方案 B 与方案 A 相互比较后，差额内部收益率 $\Delta IRR = 17.94\% >$

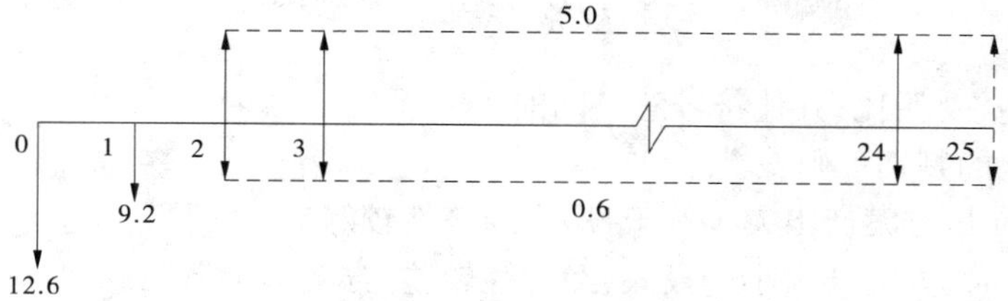

图3-14　方案A与方案B增量现金流量图

i_c，故方案B优于方案A。

同理，方案B与方案C何者为优，仍需相互比较并计算差额内部收益率，于是得现金流量图，如图3-15所示。

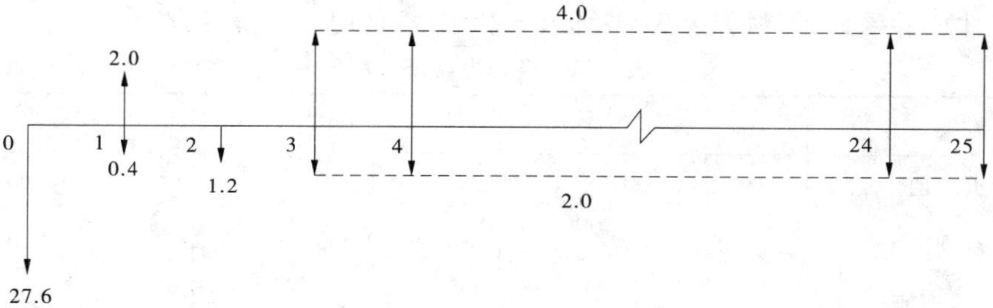

图3-15　方案B与方案C增量现金流量图

经计算得相应的差额内部收益率 $\Delta IRR=4.10\%<i_c$，故方案B优于方案C。

综上所述，在A、B、C三个方案中，方案B为最优方案。

若用基准收益率为10%计算上述各方案的净现值，得 $NPV_A=73.04$ 万元，$NPV_B=88.02$ 万元，$NPV_C=75.56$ 万元，其中 NPV_B 为最大，方案B为最优方案，与差额内部收益率法的评价结果一致。

3.5　效益费用比

效益费用比是效率型指标，可以作为评价指标用来判别项目或方案是否可行，差额效益费用比可以作为评价方法用来进行项目或方案的优选和排序。

3.5.1　效益费用比

效益费用比是指工程项目在经济分析期内的效益现值与费用现值的比值，也可以是折算年效益与折算年费用的比值。效益费用比反映了工程项目投入和产出的关系，通过效益费用比的计算可以求出单位费用产生的效益为最大的方案。其计算公式为

$$BCR=\sum_{t=0}^{n}\left(\frac{CI}{CO}\right)_t(P/F,i,t) \tag{3-27}$$

或者

$$BCR=\frac{B_P}{K_P+C_P} \tag{3-28}$$

或者
$$BCR = \frac{\overline{B}}{\overline{K + C}} \tag{3-29}$$

式中,BCR 为效益费用比;其他符号意义同前。

效益费用比的判别准则:

当 $BCR \geqslant 1$ 时,方案产出大于等于投入,经济性较好,方案可行;

当 $BCR < 1$ 时,方案产出小于投入,经济性较差,方案不可行。

效益费用比反映了单位费用所取得的效益,只要产出大于投入的方案就是可行的,但是在现实生活中,往往出现投入产出关系比较合理,但净现值未必最大的现象,这种现象体现了价值型指标和效率型指标的差别。所以,效益费用比 $BCR \geqslant 1$ 只是方案合理可行的基本条件,并不是赚钱多少的评价标准。

【例 3-19】 某工程项目有下列三个方案可以选择,经济分析期均为 10 年,且各方案都是当年建成并受益,资料如表 3-11 所示,试用效益费用比评价各方案。

表 3-11 各方案经济资料 (单位:万元)

方案	A	B	C
投资现值	1 100	1 300	1 600
效益现值	2 200	2 600	2 800
运行费现值	100	130	160

解 由式(3-28)得各方案的效益费用比分别为

$$BCR_{A} = \frac{2\ 200}{1\ 100 + 100} = 1.83$$

$$BCR_{B} = \frac{2\ 600}{1\ 300 + 130} = 1.82$$

$$BCR_{C} = \frac{2\ 800}{1\ 600 + 160} = 1.59$$

从效益费用比法的计算结果可以看出,三个方案的效益费用比均大于 1,都是可行方案,均可以考虑接受。

为了了解效益费用比和净现值在评价结果上的区别,下面不妨计算各方案的净现值。根据式(3-17)知

$$NPV_{A} = 2\ 200 - 1\ 100 - 100 = 1\ 000$$
$$NPV_{B} = 2\ 600 - 1\ 300 - 130 = 1\ 170$$
$$NPV_{C} = 2\ 800 - 1\ 600 - 160 = 1\ 040$$

由上述结果知,在上述三个方案中,虽然方案 A 效益费用比最大,但净现值并不是最大。

【例 3-20】 某工程项目费用现值为 5 万元,年平均效益为 1.2 万元,经济使用期 20 年,当经济报酬率为 15% 时,试用效益费用比评价其可行性。

解

$$B_{P} = 1.2\ (P/A,15\%,20) = 1.2 \times 6.259\ 3 = 7.51(\text{万元})$$

由式(3-28)可知

$BCR = \frac{B_P}{K_P + C_P} = \frac{7.51}{5} = 1.50 > 1$，该方案可行，可以考虑接受该方案。

由式(3-29)可知

$$BCR = \frac{\overline{B}}{\overline{K} + \overline{C}}$$

其中　$\overline{K} + \overline{C} = 5(A/P, 15\%, 20) = 5 \times 0.1598 = 0.799$(万元)

$BCR = \frac{1.2}{0.799} = 1.50 > 1$，该方案可行，可以考虑接受该方案。

由本例得知，在计算方案的效益费用比时，既可以采用效益现值与费用现值之比来计算，也可以用折算年效益与折算年费用之比来计算，其计算结果是完全一致的。

3.5.2　差额效益费用比

利用差额效益费用比法进行方案比选本质上是效益费用比的增量分析，其步骤是：

(1)把比选方案按费用现值由小到大排列。

(2)计算相邻方案的投资现值增量 ΔK、经营费用现值增量 ΔC、效益现值增量 ΔB。

(3)计算差额效益费用比$\left(\Delta BCR = \frac{\Delta B}{\Delta K + \Delta C}\right)$。

(4)根据差额效益费用比 ΔBCR 值的大小来分析判断方案的优劣，判别准则为：

如果差额效益费用比 $\Delta BCR > 1$，则表示费用大的方案在经济上可行，可以考虑接受；

如果增值效益费用比 $\Delta BCR < 1$，则表示费用大的方案在经济上不可行，可以考虑接受费用小的方案；

如果差额效益费用比 $\Delta BCR = 1$，则表明 $\Delta B - (\Delta K + \Delta C) = 0$，此时的净现值达到最大，有时也称这种状态为资源利用程度达到经济上限。

【例 3-21】　某工程项目有下列 6 个方案供选择，经济分析期均相同，各方案经济数据如表 3-12 所示，试用差额效益费用比法选择方案。

表 3-12　各方案经济数据　(单位：万元)

方案	A	B	C	D	E	F
费用现值($K_P + C_P$)	2 000	1 000	3 000	500	4 500	5 000
效益现值(B_P)	3 665	2 350	4 365	670	4 500	4 750

解　(1)评价各方案本身的可行性。

各方案效益费用比分别为：

$BCR_A = 1.83$；$BCR_B = 2.35$；$BCR_C = 1.46$；$BCR_D = 1.34$；$BCR_E = 1.00$；$BCR_F = 0.95$

由于方案 F 的效益费用比 $BCR < 1$，故该方案不可行，其他 5 个方案的效益费用比 $BCR > 1$，均为可行方案。

(2)从方案 A、B、C、D、E 中选择最佳方案。

按各方案的费用由小到大排列，并计算相邻方案的费用增量和效益增量，并计算差额

效益费用比 ΔBCR 值，如表 3-13 所示。

表 3-13　方案间增量分析计算　（单位：万元）

<table>
<tr><td>方案</td><td colspan="2">D</td><td colspan="2">B</td><td colspan="2">A</td><td colspan="2">C</td><td colspan="2">E</td></tr>
<tr><td>费用现值（$K_P + C_P$）</td><td colspan="2">500</td><td colspan="2">1 000</td><td colspan="2">2 000</td><td colspan="2">3 000</td><td colspan="2">4 500</td></tr>
<tr><td>效益现值（B_P）</td><td colspan="2">670</td><td colspan="2">2 350</td><td colspan="2">3 665</td><td colspan="2">4 365</td><td colspan="2">4 500</td></tr>
<tr><td colspan="2">费用现值增量 $\Delta(K_P + C_P)$</td><td colspan="2">500</td><td colspan="2">1 000</td><td colspan="2">1 000</td><td colspan="3">2 500</td></tr>
<tr><td colspan="2">效益现值增量 ΔB_P</td><td colspan="2">1 680</td><td colspan="2">1 315</td><td colspan="2">700</td><td colspan="3">835</td></tr>
<tr><td colspan="2">差额效益费用比 ΔBCR</td><td colspan="2">3.36</td><td colspan="2">1.32</td><td colspan="2">0.70</td><td colspan="3">0.33</td></tr>
</table>

注：方案 A、C 比较后，$\Delta BCR < 1$，方案 A 优于方案 C，淘汰方案 C，故需要在方案 A、E 间进行比较，即表中 2 500、835 两个数据为方案 A、E 比较时的计算结果。

从表 3-13 可知：

方案 D、B 相比较，$\Delta BCR = 3.36 > 1$，故方案 B 优于方案 D。

方案 B、A 相比较，$\Delta BCR = 1.32 > 1$，故方案 A 优于方案 B。

方案 A、C 相比较，$\Delta BCR = 0.70 < 1$，故方案 A 优于方案 C。

方案 A、E 相比较，$\Delta BCR = 0.33 < 1$，故方案 A 优于方案 E。

综上所述，6 个方案中方案 A 为最优方案。

下面不妨用净现值法予以比较验证：

$$NPV_A = 1\ 665 \text{ 万元}；NPV_B = 1\ 350 \text{ 万元}；NPV_C = 1\ 365 \text{ 万元}；$$

$$NPV_D = 170 \text{ 万元}；NPV_E = 0；NPV_F = -250 \text{ 万元}。$$

由上述结果可知，方案 A 的净现值最大，根据净现值最大原则，方案 A 为最优方案，而采用差额效益费用比法进行选择时，同样也选择了方案 A，可见，差额效益费用比法选择结果与净现值法的选择结果完全一致。

3.6　评价指标与方法的应用举例

【例 3-22】　某建筑工程项目有 3 个设计方案供选择，各方案投资、效益和经营费用如表 3-14 所示，经济分析期均为 25 年，若基准收益率为 7%，基准投资回收期为 8 年，试分析各方案的经济合理性，并从中选择最优方案。

解　(1)净现值法。

方案 A

$$\begin{aligned} NPV_A &= B_P - (K_P + C_P) \\ &= 8.5(P/A,7\%,25) - [25.2 + 1.7(P/A,7\%,25)] \\ &= 8.5 \times 11.653\ 6 - (25.2 + 1.7 \times 11.653\ 6) \\ &= 54.04(\text{万元}) \end{aligned}$$

表 3-14　设计方案的经济数据　（单位：万元）

项目		年份					
		0	1	2	3	…	25
方案 A	效益		8.5	8.5	8.5	…	8.5
	费用	25.2	1.7	1.7	1.7	…	1.7
	净流量	-25.2	6.8	6.8	6.8	…	6.8
方案 B	效益		3	11	11	…	11
	费用	31.5	0.8	2	2	…	2
	净流量	-31.5	2.2	9	9	…	9
方案 C	效益		4	10	13	…	13
	费用	45.3	1	1.6	3	…	3
	净流量	-45.3	3	8.4	10	…	10

同理可得

$NPV_B = 67.02$ 万元

$NPV_C = 63.29$ 万元

经计算，3 个方案的净现值均大于零，故 3 个方案在经济上均可行，且方案 B 净现值为最大，为最优方案。

（2）净年值法。

$$NAV_A = NPV(A/P,7\%,25) = 54.04 \times 0.0858 = 4.64(\text{万元})$$

$$NAV_B = 5.75 \text{ 万元}$$

$$NAV_C = 5.43 \text{ 万元}$$

3 个方案的净年值均大于零，故 3 个方案均可行，且方案 B 净年值为最大。

（3）效益费用比。

$$BCR_A = \frac{B_P}{K_P + C_P} = \frac{99.06}{25.2 + 19.81} = 2.20$$

$$BCR_B = \frac{120.71}{31.5 + 22.19} = 2.25$$

$$BCR_C = \frac{140.46}{45.3 + 31.87} = 1.82$$

经计算，3 个方案的效益费用比均大于 1，故 3 个方案均可行，因为效益费用比最大的方案并不一定是最优方案，要判断 3 个方案的优劣，还需要进行差额效益费用比的计算，即要对 3 个方案进行增量分析，于是得

$$\Delta BCR_{B-A} = \frac{\Delta B_P}{\Delta K_P + \Delta C_P} = \frac{120.71 - 99.06}{(31.5 - 25.2) + (22.19 - 19.81)} = 2.49$$

因为方案 A、B 间的增值效益费用比 ΔBCR_{B-A} 大于 1，故方案 B 较方案 A 优。

同理，在方案 B、C 间仍有

$$\Delta BCR_{C-B} = \frac{140.46 - 120.71}{(45.3 - 31.5) + (31.87 - 22.19)} = 0.84$$

可见,方案 B、C 间的增值效益费用比 ΔBCR_{C-B} 小于 1,故方案 C 不及方案 B,所以方案 B 较优。

(4)内部收益率。

方案 A　$NPV = (8.5 - 1.7)(P/A, i, 25) - 25.2 = 0$

当 $i_1 = 25\%$ 时,$NPV_1 = 1.90$ 万元

当 $i_2 = 30\%$ 时,$NPV_2 = -2.57$ 万元

所以,通过式(3-23)线性插值计算得

$$IRR = 25\% + \frac{1.90}{1.90 + 2.57} \times (30\% - 25\%) = 27.13\%$$

同理得

方案 B　　$IRR = 24.24\%$

方案 C　　$IRR = 18.86\%$

计算得,3 个方案的内部收益率均大于基准收益率,故 3 个方案均可行,另外,由于内部收益率最大的方案净现值不一定最大,所以仍需对 3 个方案作内部收益率的增量分析,于是当 $\Delta NPV = 0$ 时求得的 i 值,即为所求的差额内部收益率(ΔIRR)。

$$\begin{aligned}\Delta NPV_{B-A} &= (2.2 - 6.8)(P/F, i, 1) + (9.0 - 6.8)(P/A, i, 24)(P/F, i, 1) - (31.5 - 25.2) \\ &= -4.6(P/F, i, 1) + 2.2(P/A, i, 24)(P/F, i, 1) - 6.3\end{aligned}$$

当 $i = 15\%$ 时,$\Delta NPV_{B-A} = 2.00$ 万元;

当 $i = 20\%$ 时,$\Delta NPV_{B-A} = -1.08$ 万元。

利用式(3-23)线性插值计算得

$$\Delta IRR = 17.94\%$$

因为所求的差额内部收益率大于基准收益率,故方案 B 优于方案 A。

同理得,方案 B、C 间的增值内部收益率为 4.10%,由于方案 B、C 间的差额内部收益率小于基准收益率,所以方案 B 优于方案 C。

(5)投资回收期法。

①静态投资回收期。静态投资回收期计算结果见表 3-15。

表 3-15　静态投资回收期计算结果　　(单位:万元)

年数		0	1	2	3	4	5	6	7～25
各方案净现金流量	A	-25.2	6.8	6.8	6.8	6.8	6.8	6.8	…
	B	-31.5	2.2	9	9	9	9	9	…
	C	-45.3	3	8.4	10	10	10	10	…
各方案累计净现金流量	A	-25.2	-18.4	-11.6	-4.8	2	8.8	15.6	…
	B	-31.5	-29.3	-20.3	-11.3	-2.3	6.7	15.7	…
	C	-45.3	-42.3	-33.9	-23.9	-13.9	-3.9	6.1	…

由于 P_t = 累计净现金流量开始出现正值的年数 $-1+\dfrac{\text{上年累计净现金流量绝对值}}{\text{当年净现金流量}}$

所以　$P_t^A=4-1+\dfrac{|-4.8|}{6.8}=3.71$

$P_t^B=4.26$

$P_t^C=5.39$

可以看出,3 个方案的投资回收期小于基准投资回收期,所以 3 个方案均可行。

②动态投资回收期。动态投资回收期计算结果见表 3-16。

表 3-16　动态投资回收期计算结果　（单位:万元）

年数		0	1	2	3	4	5	6	7	8～25
各方案净现金流量	A	−25.2	6.4	5.9	5.6	5.2	4.8	4.5	4.2	…
	B	−31.5	2.1	7.9	7.3	6.9	6.4	6.0	5.6	…
	C	−45.3	2.8	7.3	8.2	7.6	7.1	6.7	6.2	…
各方案累计净现金流量	A	−25.2	−18.8	−12.9	−7.4	−2.2	2.7	7.2	11.4	…
	B	−31.5	−29.4	−21.6	−14.2	−7.4	−1.0	5.0	10.6	…
	C	−45.3	−42.5	−35.2	−27.0	−19.4	−12.2	−5.6	0.7	…

类似静态投资回收期计算过程,得 3 个方案的动态投资回收期分别为 4.46 年、5.17 年和 6.90 年,可以看出 3 个方案均可行。

(6)差额投资回收期法。

①静态差额投资回收期。

方案 B 比方案 A 增加的投资为　$\Delta K_{B-A}=31.5-25.2=6.3$(万元)

方案 B 比方案 A 增加的年净效益累计值列于表 3-17。

表 3-17　年净效益增量累计计算结果　（单位:万元）

年数	1	2	3	4	5	6
年净效益增量累计值	−4.6	−2.4	−0.2	2.0	4.2	6.4

用内插法求得, $P_D=5.95$ 年,方案 B 优于方案 A;同理对于方案 B 和方案 C,$P_D=15.60$ 年,方案 B 优于方案 C,所以方案 B 为最优方案。

②动态差额投资回收期。

计算步骤与静态差额投资回收期相同,结果见表 3-18,同样可得出方案 B 为最优方案。

(7)所用评价指标与评价方法计算结果汇总,见表 3-18。

表 3-18 计算结果汇总 (单位:万元)

方案		方案 A	方案 B	方案 C
净现值 *NPV*		54.04	67.02	63.29
净年值 *NAV*		4.64	5.75	5.43
效益费用比 *BCR*		2.2	2.25	1.82
差额效益费用比 Δ*BCR*		2.49		0.84
内部收益率 *IRR*		27.13%	24.24%	18.86%
差额内部收益率 Δ*IRR*		17.94%		4.10%
投资回收期	静态 P_t	3.71 年	4.26 年	5.39 年
	动态 P_D	4.46 年	5.17 年	6.90 年
差额投资回收期	静态 P_d	5.95 年		15.6
	动态 P_B	7.62 年		计算期内不能抵偿

本例应用所学的各种评价指标和评价方法,对工程项目进行了综合分析,主要目的是对各种评价方法有更为全面和深刻的理解。

3.7 方案群的选优

在现实的生产活动中,往往面临的是由不同的多个子项目和多个项目方案构成的比较与选优的问题,所追求的目标是整个项目系统的最优化。在多项目方案的经济性比较与选择中,通常把经济上和技术上相互关联的一组项目和方案称做项目方案群。项目方案群的选优不仅要考虑单方案的经济可行性,还要考虑项目群的整体最优。项目方案群的比较与选择是在由项目群所组成的方案中从多个满足国家政策、法律和企业条件等各方面要求的项目方案中,通过比较,择取一个技术上先进、经济上合理的最佳方案或方案群。

在经济实践中,对于任何投资决策,鉴于项目方案的复杂性和决策条件的复杂性,不能简单地采用前述经济评价指标和方法来决定项目的取舍,需要采用正确的方法与步骤分析、评价和选择项目方案群中的最佳方案。因此,本节主要讨论如何正确地运用前面讲过的各种评价指标进行项目方案群的评价与选择。

3.7.1 投资方案的分类

由于在项目方案群的决策问题中,考察的对象不是一个方案,而是一个由多个方案组成的方案集合,所追求的目标不是单个方案的局部最优,而是整个方案集合的整体最优。项目方案群不像单个项目方案的评价,运用价值型指标、效率型指标及时间型指标得出的结论必然是一致的,对于多项目方案的决策采用不同类型的指标,取得的评价结果不一定会一致。因此,应明确方案间的相互关系和分类,然后才能采用合适的评价指标和方法进行方案的比较与选择。

现实中的备选方案之间可能存在多种多样的不同关系，如有的方案间是相关的，有的是不相关的，有的方案是相互排斥的，有的具有从属关系，有的方案具有资金或收入相关关系等。通过分析方案群的复杂关系，主要把方案分为三类：独立方案、互斥方案和混合方案，这也是目前比较常用的方案分类方法，当然有时也可以包含相关方案。

开发目标不一定相同的若干个方案中，选择其中一个方案后，并不影响其他方案的入选，这一组方案被称做互相独立方案。例如，某工程项目为了实现工业供水的目标，既要考虑取水的水源工程，还要考虑取水后的供水方式。虽然水源工程和供水方式是该供水项目的组成内容，但两者在各自的方案选择中并没有矛盾，选择任何一种供水方式并不影响水源工程的选择。同样，选择任何一种水源工程并不影响供水方式的选择。独立方案的特点是方案之间具有相容性，只要条件允许，就可以任意选择项目方案群中的有利方案，这些方案可以共存，而且投资、经营成本及收益等都具有可加性。

开发目标相同的若干个方案中，选择其中一个方案后，其他方案不能再入选的一组方案被称为互斥方案。例如，修建一个水库，大坝的形式多种多样，有土坝、重力坝、拱坝等方案，虽然备选方案很多，但只能选择其中之一，只要选择其中一种形式后，其他形式的方案则不能再入选。互斥方案的特点是项目或方案之间具有互不相容性，在多方案中能够任选一个并且只能选一个，一旦选中任一个方案，其他方案必须放弃，不能同时选中多个方案。

如果若干方案中任一个方案的取舍会导致其他方案现金流量的变化，就说明这些方案之间存在着现金流量的相关性，这些方案被称为相关方案。例如，某个通过河道的工程项目有两个可行的方案，一个是在河上修建一座收费公路桥，另一个是在桥址附近修建轮渡码头，两个方案不完全排斥，任一个方案的实施或放弃都会影响另一个方案的收入，从而影响方案经济效果评价的结论。

当方案组合中既有独立方案，又有互斥方案时，就构成了混合方案。由于生产实际的多样性，混合方案的情况也是比较普遍的。因此，在生产实践中需要认真考虑各种决策之间的相互关系，避免决策的片面性。混合方案的分析特点就是在分别决策的基础上，研究项目内部各方案之间的相互关系，综合各种因素后从中选择最优的方案组合。混合方案在结构上又可分为四种形式：

(1)在一组独立方案中，每个独立方案又有若干个互斥方案。

(2)在一组互斥方案中，每个互斥方案又有若干个独立方案。

(3)在一组独立方案中，既有若干个独立方案，又有若干个互斥方案。

(4)在一组互斥方案中，既有若干个独立方案，又有若干个互斥方案。

以结构图的方式表示四种混合方案形式见图3-16。

从方案A、B选优，如果A、B为独立方案，$A_1,A_2,\cdots,A_n$ 具有互斥性，$B_1,B_2,\cdots,B_n$ 具有互斥性，则就是混合方案的第一种形式；如果A、B为互斥方案，$A_1,A_2,\cdots,A_n$ 具有独立性，$B_1,B_2,\cdots,B_n$ 具有独立性，则就是混合方案的第二种形式；如果A、B为独立方案，$A_1,A_2,\cdots,A_n$ 具有互斥性，$B_1,B_2,\cdots,B_n$ 具有独立性，则就是混合方案的第三种形式；如果A、B为互斥方案，$A_1,A_2,\cdots,A_n$ 具有互斥性，$B_1,B_2,\cdots,B_n$ 具有独立性，则就是混合方案

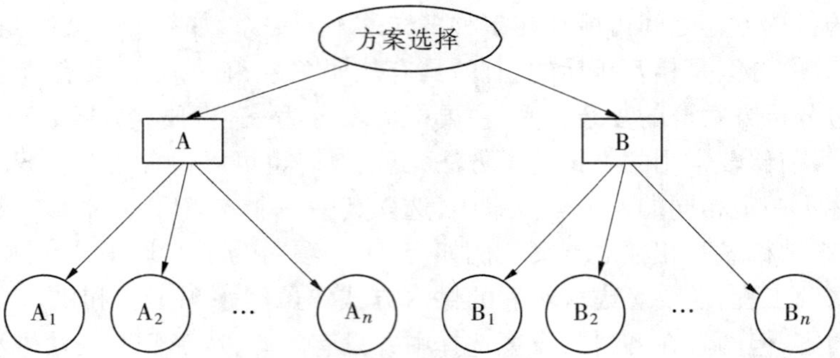

图 3-16　混合方案形式的结构图

的第四种形式。

需要指出的是，在本书中如果没有特殊说明，所有方案比选都是互斥方案的比选。

3.7.2　互斥方案的选优

在关于建设项目的工程技术方案的经济分析中，较多的是互斥方案的比较和选择问题。由于技术的进步，为实现某种目标可能形成众多的工程技术方案，当这些方案在技术上都是可行的，经济上也是合理的时候，项目经济评价的任务就是从中选择最好的方案。前面讲述的评价方法，如差额投资回收期法、净现（年）值法、差额效益费用比法以及差额内部收益率法等均可用于互斥方案的比较选优，详细过程在此不再赘述。

对于一组互斥方案，只要方案的投资额在规定的投资限额之内，均有资格参加评选。在方案互斥的条件下，方案群选优包含两部分内容：

(1) 考察各个方案自身的经济效果，即进行绝对经济效果检验，简言之就是判断方案的可行性，淘汰不可行方案。

(2) 考察哪个方案最优，即相对经济效果检验。

两种检验的目的和作用不同，通常缺一不可。

互斥方案经济效果评价和选优的特点是必须进行各方案之间的比较。因此，不论对项目寿命期相等的方案，还是对寿命期不等的方案，无论使用何种评价指标，都必须满足方案之间具有可比性的要求。

3.7.3　独立方案的选优

独立方案中的各个方案的现金流量是独立的，不具有相关性，且任一个方案采用与否不影响其他方案是否采用，若决策选优的对象是单一方案，则可以认为它是独立方案的特例。独立方案的采用与否，主要取决于方案自身的经济性，即检验它们能否通过评价指标的检验。因此，可以说多个独立方案与单一方案的评价过程是相同的。

独立方案的选择可以分为两种情况：一是无资金约束，二是有资金约束。

对于无资金约束条件下的独立方案，由于没有资金约束，根据独立方案的特点可知，只要方案具有可行性便可以选择，因此只要判断各独立方案的经济可行性，就可以决定方案的取舍。

对于资金约束条件下的独立方案,可行的方案不一定都会被采用,很可能只能选择部分可行的方案。方案选择的步骤可以归纳为:

(1)评价各方案的可行性,舍弃不可行的方案。

(2)对各种方案进行组合,以资金约束条件舍弃不可行的方案组合,剩余的方案组合具有互斥性,这种独立方案的组合过程被称为独立方案的互斥化。

(3)由于独立方案中的各个方案现金流量的独立性,因此可以采用互斥方案的选优方法来选优独立方案组合。

(4)选择出最优的方案组合,如总净现值最大的组合就是最优方案组合。

【例 3-23】　某工程项目有 3 个互相独立的投资方案,经济分析期均为 10 年,各方案的资料如表 3-19 所示。当投资限额是 1 600 万元时,基准收益率为 10%,试从中选择最佳方案组合。

表 3-19　方案基本数据　（单位:万元）

方案	投资	年净效益
A	700	124
B	400	78
C	840	152

解　由于 3 个方案的总投资合计为 1 940 万元,已超过了投资限额,因此 3 个方案不可能同时被选用。一般情况下,独立方案选优的分析步骤如下:

(1)判断方案的可行性。这里采用净现值法。

$NPV_A = 61.93 > 0$,方案 A 可行

$NPV_B = 79.28 > 0$,方案 B 可行

$NPV_C = 93.98 > 0$,方案 C 可行

(2)列出全部组合方案,m 个独立方案的组合数为 n,则 $n = 2^m - 1$,本例共有 3 个独立方案,故方案组合数为 7,且这些方案都具有排斥性,并构成一组互斥方案。组合结果如表 3-20 所示,在所有的组合方案中,除去不满足约束条件的方案组合,并且按投资额由小到大排列。

(3)采用净现值法,计算各方案组合的净现值。

(4)从表 3-20 所示的各种方案组合的净现值判断,最佳方案组合为 B、C 组合,投资 1 240万元,净现值 173.26 万元。

当方案的数量较多时,其组合方案数将增加很多,计算工作量很大,所以这种方法只适用于方案数比较少的情况。当方案数目较多时,可以建立数学优化模型借助计算机进行辅助决策。一般情况下,可以建立如下的线性规划模型

$$\text{Objective } \max Z = \sum_{i=1}^{m} Z_i X_i$$

$$\text{s.t.} \quad \begin{cases} \sum_{i=1}^{m} K_i \cdot X_i \leqslant K \\ X_i = 1 \quad 或 \quad 0 \quad (i = 1,2,\cdots,m) \end{cases} \tag{3-30}$$

式中,Z 为总经济效果值;Z_i 为第 i 个方案的经济效果值;m 为方案的总个数;K 为总投资限制额;K_i 为第 i 个方案的投资额;X_i 为决策变量。

表 3-20　组合方案的净现值计算结果　　(单位:万元)

序号	方案组合	总投资	净现值	说明
1	B	400	79.28	
2	A	700	61.93	
3	C	840	93.98	
4	B、A	1 100	141.2	
5	B、C	1 240	173.26	净现值判定最优
6	A、C	1 540	155.9	
7	A、B、C	1 940	235.18	以资金约束舍弃

【例 3-24】　构造例 3-23 中决策问题的线性规划模型。

解　$\max Z = 61.93X_1 + 79.28X_2 + 93.98X_3$

$$\text{s.t.}\quad \begin{cases} 700X_1 + 400X_2 + 840X_3 \leqslant 1\,600 \\ X_i = 1 \quad \text{或} \quad 0 \quad (i = 1,2,3) \end{cases}$$

通过规划求解可以获得 $X_1 = 0, X_2 = 1, X_3 = 1, \max Z = 173.26$ 万元,最优方案是 B、C 组合,结果与例 3-23 结果一致。

3.7.4　相关方案的选优

由于相关方案中各方案的现金流量之间具有相关性且方案之间不完全互斥,所以不能简单地按照独立方案或互斥方案的评价方法进行决策,而是应当用互斥方案组合法将各方案组合成互斥方案,计算各互斥方案组合的现金流量,再按互斥方案的评价方法进行评价选择。

【例 3-25】　甲、乙城市之间可以修建一条公路和一条铁路,以改善城市之间的交通运输能力,只修一条公路或铁路的现金流量如表 3-21 所示。若两个项目都上,由于客货运分流的影响,两项目都将减少净收益,其净现金流量如表 3-22 所示,如果基准收益率为 10%,如何决策获得最优收益?

表 3-21　例 3-25 表(一)　　(单位:万元)

年数	0	1	2	3～32
铁路	-600	-600	-600	300
公路	-300	-300	-300	180

表 3-22　例 3-25 表(二)　（单位:万元）

年数	0	1	2	3～32
铁路	－600	－600	－600	240
公路	－300	－300	－300	105
铁路＋公路	－900	－900	－900	345

解　两个相关方案通过互斥方案组合法合成 3 个互斥方案,分别计算净现值。

$$NPV_{铁路} = 697.74 \text{ 万元}$$

$$NPV_{公路} = 582.78 \text{ 万元}$$

$$NPV_{铁路+公路} = 227.94 \text{ 万元}$$

可以看出,3 个方案的净现值都大于 0,所以都可行,但是修铁路可以获得最多的收益。

3.7.5　混合方案的选优

混合方案的选择是实际工作中经常遇到的一类问题,选优的方法比较复杂。混合方案的选择与独立方案的选择一样,可以分为无资金约束和有资金约束两类。如果无资金约束,只要从各独立项目中选择互斥型方案中净现值(或净年值)最大的方案加以组合即可;当资金有约束时,选择方法比较复杂,一般使用混合方案群的互斥组合法。

对于无资金约束条件下混合方案的选择,由于各方案是相互独立的,又无资金约束,因此只要方案可行,就可以采用,从可行的方案组合中选择一个最优的方案组合。对于有资金约束条件下混合方案的选择,选择的思路与无资金约束混合方案的选择基本相同,只是在选择方案时考虑总投资额不超过资金总额。

【例 3-26】　某企业有两个不同的生产部门,其中一个部门提出的 2 个是互斥型方案,另一个部门提出的 4 个是独立型方案,基准收益率均为 10%,各方案投资、净现值如表 3-23所示,如果项目投资限额为 400 万元,试进行方案选择。

表 3-23　方案基本数据　（单位:万元）

方案		投资	净现值
互斥型	A	100	50
	B	200	60
独立型	C	100	40
	D	200	55
	E	100	35
	F	100	30

解　(1)由于各方案的净现值均大于零,所以方案 A、B、C、D、E 和 F 在经济上均是可行方案。

(2)进行方案组合,舍弃总投资额超过资金限额的方案组合,见表3-24。

表3-24　不同方案组合净现值计算结果

序号	方案组合	总投资	总净现值	说明
1	A、C	200	90	
2	A、D	300	105	
3	A、E	200	85	
4	A、F	200	80	
5	B、C	300	100	
6	B、D	400	115	
7	B、E	300	95	
8	B、F	300	90	
9	A、C、D	400	145	
10	A、C、E	300	125	
11	A、C、F	300	120	
12	A、D、E	400	140	
13	A、D、F	400	135	
14	A、E、F	300	115	
15	B、C、D	500	155	以资金约束舍弃
16	B、C、E	400	135	
17	B、C、F	400	130	
18	B、D、E	500	150	以资金约束舍弃
19	B、D、F	500	145	以资金约束舍弃
20	B、E、F	400	125	
21	A、C、D、E	500	180	以资金约束舍弃
22	A、C、E、F	400	155	净现值判定最优
23	A、D、E、F	500	170	以资金约束舍弃
24	B、C、D、E	600	190	以资金约束舍弃
25	B、C、E、F	500	165	以资金约束舍弃
26	B、D、E、F	600	180	以资金约束舍弃
27	A、C、D、E、F	600	210	以资金约束舍弃
28	B、C、D、E、F	700	220	以资金约束舍弃

(3)计算各种组合的总体经济效果值,见表3-24。

(4)选出最优方案组合,为A、C、E、F组合,$NPV_{ACEF} = 50 + 40 + 35 + 30 = 155$(万元)。

通过以上枚举法列出所有方案组合进行方案选优，过程比较烦琐，可以类似独立方案的选择过程，借助计算机求解优化模型来获取，从而简化计算过程。就该例来说，建立如下模型：

设方案A、B、C、D、E和F的决策变量依次为$X_1,X_2,\cdots,X_6$，建立如下线性规划模型。

(1)目标函数

净现值最大：$\max Z_1=50X_1+60X_2+40X_3+55X_4+35X_5+30X_6$

(2)约束条件

互斥方案约束：$X_1+X_2=1$

投资约束：$100X_1+200X_2+100X_3+200X_4+100X_5+100X_6\leqslant 400$

项目方案的整数约束：$X_i=0$ 或 1 $(i=1,2,\cdots,6)$

求解上述模型得：$Z_1=155$ 万元；$X_2=X_4=0$；其余为1。最优组合方案为A、C、E、F，总投资为400万元。

思考与练习

1. 基本概念

(1)什么是经济效果？如何表述？

(2)简述经济效果评价指标体系的分类方法。

(3)简述经济效果评价指标与评价方法的区别与联系。

(4)简述投资回收期与差额投资回收期的含义及关系。

(5)简述差额投资回收期与折算年费用的关系。

(6)简述净现值与净年值的含义及其关系。

(7)内部收益率的经济含义是什么？它的适用范围和局限性是什么？

(8)简述内部收益率与净现值的关系。

(9)简述内部收益率与外部收益率的区别。

(10)效益费用比最大的方案为什么净现值不一定最大？

(11)同一方案采用不同的评价指标分析时，评价结果总是一致的吗？

(12)简述独立方案、互斥方案和混合方案及其关系。

2. 分析计算

(1)某工程项目各年净现金流量如表3-25所示。

表3-25　净现金流量

年数	0	1	2~10
净现金流量(万元)	-500	-400	240

如果基准折现率为8%，试计算该项目的静态投资回收期、动态投资回收期。

(2)某工程项目有2个设计方案，第1个方案总投资为90万元，年经营费用为40万元；第2个方案总投资为120万元，年经营费用为20万元，2个方案的生产效益相同，若基准投资回收期为5年，问应该选择哪个方案？

(3)某高层住宅有4种设计方案，投入、支出如表3-26所示，房地产企业的行业基准收益率为15%，住宅的经济寿命至少为40年，试从4种设计方案中选择最优方案。

表3-26　投资方案数据　　（单位：万元）

方案（楼层总数）	A（12层）	B（14层）	C（16层）	D（18层）
投资	2 400	3 000	3 600	4 600
年效益	180	300	350	500
年经营费用	480	720	1 100	1 200

(4)现有可供选择的2种空气压缩机方案A和方案B，均能满足相同的工作要求。其中方案A投资1 500元，寿命期为6年，残值为200元，年运行费用1 000元；而方案B投资为2 000元，寿命期为9年，年运行费用800元，无残值。假定基准收益率为8%，试比较两方案的经济可行性。

(5)某工程项目，初始投资为2 000万元，第2年投资4 000万元，第3年再投资3 000万元，从第3年起连续10年每年年末可获得净效益1 500万元。若残值忽略不计，基准收益率为12%，试判断该项目经济上是否可行。

(6)某供水工程有2个方案供选择，其投资、经营费用、效益及其他经济数据如表3-27所示，若经济报酬率为7%，试计算两方案的净年值。

表3-27　经济数据　　（单位：万元）

<table>
<tr><th colspan="2">项目</th><th>A</th><th>B</th></tr>
<tr><td rowspan="3">投资 K_i</td><td>第1年</td><td>0</td><td>1 000</td></tr>
<tr><td>第2年</td><td>0</td><td>2 000</td></tr>
<tr><td>第3年</td><td>5 000</td><td>5 000</td></tr>
<tr><td colspan="2">年经营费用 $\overline{C}$</td><td>500</td><td>1 200</td></tr>
<tr><td colspan="2">年效益 $\overline{B}$</td><td>3 000</td><td>4 500</td></tr>
<tr><td colspan="2">工程使用期 n</td><td>25</td><td>35</td></tr>
<tr><td colspan="2">残余价值 L</td><td>0</td><td>800</td></tr>
</table>

注：投资中第1年、第2年、第3年表示建设期内投资发生的时间。

(7)某工程项目有下列4个方案供选择，各方案均可当年建成并受益，经济分析期均为20年，若基准折现率为10%，试用效益费用比法选择最优方案，并用净现值予以验证。基本数据如表3-28所示。

表3-28　基本数据　　（单位：万元）

方案	A	B	C	D
投资	2 500	3 500	4 000	7 000
年经营费用	10	40	30	50
年效益	400	450	700	900
残余价值	0	50	0	0

(8)某项目有 2 个效益相同的互斥方案,其费用和经济计算期如表 3-29 所示,基准收益率为 10%。试用最小公倍数法和净年值法比选方案。

表 3-29　费用和经济计算期基本数据　　(单位:万元)

方案	A	B
投资	150	100
年经营成本	15	20
计算期	15	10

(9)某工程项目有 2 个设计方案,设基准收益率为 15%,两方案的现金流量如表 3-30 所示,计算期均为 6 年,试用差额内部收益率法比选方案。

表 3-30　投资和年经营费用　　(单位:元)

方案	0	1	2	3	4	5	6	第 6 年残值
A	-5 000	-1 000	-1 000	-1 000	-1 200	-1 200	-1 200	1 500
B	-4 000	-1 100	-1 100	-1 100	-1 400	-1 400	-1 400	1 000

(10)某工程项目有 A、B、C、D 4 个投资方案,经济分析期相同,现金流量如表 3-31 所示。

表 3-31　各项目现金流量　　(单位:万元)

方案	0	1	2
A	-500	700	0
B	-1 000	1 000	350
C	-500	250	500
D	-1 000	150	1 300

①当基准折现率为 10% 时,请分别用内部收益率、效益费用比、净现值和净现值指数的大小对项目进行排序。

②如果 A、B、C、D 为互斥方案,选择哪个项目?

③如果 A、B、C、D 为独立方案,用净现值法选择项目。

条件如下:

①当无资金限制时;

②当资金限制为 1 000 万元时;

③当资金限制为 1 500 万元时;

④当资金限制为 2 000 万元时;

⑤当资金限制为 2 500 万元时。

第 4 章 工程项目的财务评价

财务评价是建设项目经济评价的重要组成部分，是项目投融资决策的重要依据。财务评价的目的是在工程技术研究的基础上，通过计算项目直接发生的效益和费用，对拟建项目的财务可行性进行分析论证。本章主要介绍财务评价的主要内容、基本原则、财务效益与费用的估算、财务评价指标和报表，以此进行盈利能力、偿债能力和财务生存能力的分析。

4.1 财务评价概述

4.1.1 财务评价的含义与目的

财务评价，又称财务分析，是根据国家现行财税制度、价格体系、官定汇率和基准收益率分析测算项目的效益和费用，编制财务报表，计算财务分析指标，考察和分析项目的盈利能力、偿债能力、财务生存能力及外汇效果等财务状况，以判别建设项目财务上的可行性，明确项目对财务主体的价值以及对投资者的贡献，为投融资决策以及银行审贷提供依据。财务评价是经济评价的重要组成部分，为国民经济评价提供了调整计算的基础。

项目的财务评价，无论是对项目投资主体，还是对为项目建设和生产提供资金的其他机构或个人，均具有十分重要的作用，主要表现如下。

(1) 衡量项目的财务盈利能力。

项目的财务盈利水平如何，能否达到国家规定的基准收益率，项目投资的主体能否取得预期的投资效益，项目的清偿能力如何，是否低于国家规定的投资回收期，项目债权人权益是否有保障等，是项目投资主体、债权人，以及国家、地方各级决策部门、财政部门共同关心的问题。因此，一个项目是否值得兴建，就必须通过财务评价来考察项目的财务盈利能力。

(2) 为项目制订适宜的资金规划。

确定项目实施所需资金的数额，根据资金的可能来源及资金的使用效益，安排恰当的用款计划及选择适宜的筹资方案，都是财务评价要解决的问题。项目资金的提供者据此安排各自的出资计划，以保证项目所需资金能及时到位。

(3) 为协调企业利益和国家利益提供依据。

有些投资项目是国计民生所急需的，其国民经济评价结论好，但财务评价不可行。为了使这些项目具有财务生存能力，国家需要用经济手段予以调节。财务分析可以通过考察有关经济参数（如价格、税收、利率等）变动对分析结果的影响，寻找经济调节的方式和幅度，使企业利益和国家利益趋于一致。

(4) 项目方案比选中起着重要作用。

项目经济评价的重要内容之一就是方案比选，在规模、技术、工程等方面都必须通过方案比选予以优化，使项目整体趋于合理，此时项目财务数据和财务指标往往是重要的比选依据。在投资机会不只一个的情况下，如何从多个备选方案中择优，往往是项目发起人、投资者甚至政府有关部门关心的事情，财务评价的结果在项目方案比选中所起的重要作用是不言而喻的。

(5)财务分析中的生存能力分析对项目特别是对非经营性项目的财务可持续性的考察起着重要作用。

4.1.2　财务评价的一般规定

4.1.2.1　财务分析的基本原则

(1)费用和效益计算口径的一致性原则。

为了正确评价项目的获利能力，必须遵循费用与效益计算范围的一致性原则，如果在投资估算中包括了某项工程，那么因建设了该工程而增加的效益就应该考虑，否则就低估了项目的效益；反之，如果考虑了该工程对项目效益的贡献，但投资却未计算进去，那么项目的效益就会被高估，只有将投入和产出的估算限定在同一范围内，计算的净效益才是投入的真实回报。

(2)费用与效益识别的有无对比原则。

有无对比是国际上项目评价中通用的费用与效益识别的基本原则。所谓有，是指实施项目后的将来状况；所谓无，是指不实施项目后的将来状况。在识别项目的效益和费用时，必须注意只有有无对比差额部分才是由于项目的建设增加的效益和费用，即增量效益和费用。采用有无对比的方法，就是为了识别那些真正应该算做项目效益的部分，即增量效益，排除那些由于其他原因产生的效益；同时，也要找出与增量效益相对应的增量费用，只有这样才能真正体现项目投资的净效益。

(3)动态分析与静态分析相结合，以动态分析为主的原则。

国际通行的财务分析都是以动态分析方法为主，即根据资金的时间价值原理，考虑项目整个计算期内各年的效益和费用，采用现金流量分析的方法，计算内部收益率指标和净现值指标。我国分别于 1987 年、1993 年和 2006 年由国家发展和改革委员会(国家计划委员会)和建设部发布施行了《建设项目经济评价方法与参数》(简称《方法与参数》)第 1 版、第 2 版以及第 3 版，以动态分析为主的原则制定出一整套项目经济评价方法与指标体系。

(4)基础数据确定的稳妥原则。

财务分析结果的准确性取决于基础数据的可靠性。财务分析中所需要的大量基础数据都来自预测和估计，难免有不确定性。为了使财务分析结果能提供较为可靠的信息，避免人为的主观估计所带来的风险，更好地满足投资决策需要，在基础数据的确定和选取中遵循稳妥原则是十分必要的。

4.1.2.2　财务分析的取价原则

财务评价涉及的价格体系有三种，即固定价格体系、实价体系和时价体系，同时涉及三种价格，即基价、实价、时价。

(1)财务分析应采用预测价格。

财务分析是估算拟建项目未来数年或更长年份的效益与费用,因投入物和产出物的未来价格会发生变化,为了合理反映项目的效益和财务状况,财务分析应采用预测价格。预测价格应在选定的年价格基础上测算,一般选择评价当年为基年。

(2)现金流量分析原则上采用实价体系。

采用实价计算净现值和内部收益率进行现金流量分析是国际上比较通行的做法,这样做便于投资者考察投资的实际盈利能力。因为实价排除了通货膨胀因素的影响,消除了因通货膨胀(物价总水平上涨)带来的“浮肿利润”,所以能够相对真实地反映投资的盈利能力,为投资决策提供较为可靠的依据。

(3)偿债能力分析原则上应采用时价体系。

进行偿债能力分析,预测计算期内可能存在较为严重的通货膨胀时,原则上应采用包括通货膨胀影响的变动价格计算偿债能力指标,反映通货膨胀因素对偿债能力的影响,即采用时价体系。采用时价体系进行财务预测,编制损益表、资金来源与运用表及资产负债表,有利于描述项目计算期内各年当时的财务状况,相对合理地进行偿债能力分析。

(4)财务评价所采用价格体系的简化。

在实践中,并不是所有项目或在所有情况下,都必须全部采用上述价格体系进行财务分析,多数情况下允许根据具体情况适当简化。

《方法与参数》(第3版)和2002年由国家发展计划委员会办公厅发文试行的《投资项目可行性研究指南》都各自提出了简化处理的办法,虽然表述不尽相同,但实际上两者对财务分析采用价格体系的简化处理基本上是一致的,可以归纳为以下几点:

①一般在建设期间既要考虑通货膨胀因素,又要考虑相对价格变化,包括对建设投资的估算和对运营期投入产出价格的预测。

②项目运营期内,一般情况下盈利能力分析和偿债能力分析可以采用同一套价格,即预测的运营期价格。

③项目运营期内,可根据项目和产出的具体情况,选用固定价格或考虑相对价格变化的变动价格。

④当通货膨胀严重时,项目偿债能力分析和财务生存能力分析要采用时价价格体系。

4.1.2.3　项目计算期的确定

项目计算期以建设开始之年作为起始年,包括建设期和生产期。建设期是从项目资金正式投入起到项目建成投产止所需的时间。建设期的具体年限根据项目实施计划确定,应综合考虑项目的建设规模、建设性质(新建、扩建和技术改造)、项目复杂程度、当地建设条件、管理水平和人员素质等因素。生产期的年限,可根据产品寿命、主体装置的经济寿命、技术水平及技术进步趋势等因素综合考虑确定。

项目计算期不宜定得太长,除某些采掘工业项目,由于受资源储量的限制,需要合理确定开采年限外,一般工业项目可按综合折旧寿命作为计算期。一般项目在15年左右,最长也不超过20年,个别行业的特殊项目,如水利交通等服务年限较长的项目,计算期可定为25年,甚至30年以上。

4.1.3　财务评价的内容

财务评价是在确定的建设方案、投资估算和融资方案的基础上进行财务可行性研究，财务分析的内容应根据项目的性质和目标确定。对于经营性项目，财务评价应通过编制财务分析报表，分析项目的盈利能力、偿债能力和财务生存能力；对于非经营项目内容，主要分析项目的财务生存能力。

财务分析可分为融资前分析和融资后分析，一般宜先进行融资前分析。

4.1.3.1　融资前分析

融资前分析是指在考虑融资方案前就开始进行的财务分析，即不考虑债务融资条件下进行的财务分析。在融资前分析结论满足要求的情况下，初步设定融资方案，再进行融资后分析。在项目的初期研究阶段，也可只进行融资前分析。

融资前分析只进行盈利能力分析；并以项目投资折现现金流量分析为主，计算项目投资内部收益率和净现值指标；以项目投资非折现现金流量分析为辅，计算投资回收期指标（静态）。

融资前分析的现金流量应与融资方案无关。从该原则出发，融资前项目投资现金流量分析的现金流量主要包括营业收入、建设投资、流动资金、经营成本、增值税，并考察整个计算期内现金流入和现金流出，编制项目投资现金流量表，利用资金的时间价值的原理进行折现，计算项目投资内部收益率和净现值等指标。融资前分析排除了融资方案变化的影响，从项目投资总获利能力的角度，考察项目方案设计的合理性，其计算的相关指标应作为初步投资决策与融资方案研究的依据和基础。

根据分析角度的不同，融资前分析可选择计算所得税前指标和（或）所得税后指标。融资前分析也可计算静态投资回收期指标，用以反映收回项目投资所需要的时间。

只有通过了融资前分析的检验，才有必要进一步进行融资后分析。

4.1.3.2　融资后分析

在融资前分析结果可以接受的前提下，可以开始考虑融资方案，即以设定的融资方案为基础进行的财务分析，进行融资后分析。融资后分析包括项目的盈利能力分析、偿债能力分析及财务生存能力分析，进而判断项目方案在融资条件下的合理性。融资后分析用于比选融资方案，帮助投资者做出融资决策。

（1）融资后的盈利能力分析。

融资后的盈利能力分析主要是考察项目投资的盈利水平，它直接关系到项目投产后能否生存和发展，是评价项目财务可行性的基本依据。盈利能力的大小是企业进行投资活动的原动力，也是企业进行投资决策时考虑的首要因素。

融资后的盈利能力分析包括动态分析（折现现金流量分析）和静态分析（非折现盈利能力分析）。

动态分析是通过编制财务现金流量表，根据资金的时间价值原理，计算财务内部收益率、财务净现值等指标，分析项目的获利能力。融资后的动态分析可分为两个层次：

一是项目资本金现金流量分析，应在拟订的融资方案下，从项目权益投资者整体的角度，确定其现金流入和现金流出，编制项目资本金现金流量表，计算项目资本金财务内部收益率指标,考察项目资本金可获得的收益水平。

二是投资各方现金流量分析,应从投资各方实际收入和支出的角度,确定其现金流入和现金流出,分别编制投资各方现金流量表,计算投资各方的财务内部收益率指标,考察投资各方可能获得的收益水平。

静态分析是依据利润与利润分配表计算项目资本金利润率和总投资利润率指标的。静态盈利能力分析可根据项目的具体情况选做。

(2)融资后的偿债能力分析。

融资后的偿债能力分析可以从两个方面考虑:一是考察项目偿还固定资产投资国内借款所需要的时间,即通过计算借款偿还期,考察项目的还款能力,判断项目是否满足贷款机构的要求;二是考察项目资金的流动性水平,即通过计算利息备付率、偿债备付率、流动比率、速动比率等各种财务比率指标,用以反映项目寿命期内各年的财务状况及资产结构的合理性,考察项目的风险程度、偿还流动负债的能力和速度。

(3)财务生存能力分析。

财务生存能力分析应在财务分析辅助表和利润与利润分配表的基础上编制财务计划现金流量表,通过考察项目计算期内的投资、融资和经营活动所产生的各项现金流入和流出,计算净现金流量和累计盈余资金,分析项目是否有足够的净现金流量维持正常运营,以实现财务的可持续性。

4.1.4 财务分析的步骤

根据财务评价的内容,确定财务评价的步骤如下:

(1)基础数据的准备。

根据项目市场研究和技术研究的结果、现行价格体系及财税制度进行财务预测,获得项目投资、销售收入、生产成本、利润、税金及项目计算期等一系列财务基础数据,并将所得数据编制成辅助财务报表。

(2)编制财务报表。

为分析项目的盈利能力需要编制的主要报表有:现金流量表、损益表及相应的辅助报表。为分析项目的清偿能力需要编制的主要报表有:资产负债表、资金来源与运用表及相应的辅助报表;为考察项目的外汇平衡情况,应对涉及外贸、外资及影响外汇流量的项目进行分析,并编制项目的财务外汇平衡表。

(3)财务评价指标的计算与分析。

根据前面所编制的财务报表,可以计算出各项财务评价指标,将计算的财务指标与对应的评价标准(基准值)进行对比,对项目的盈利能力、清偿能力及外汇平衡等财务状况做出评价,判别项目的财务可行性。盈利能力分析需要计算财务内部收益率、净现值、投资回收期等主要评价指标,根据实际需要也可以计算投资利润率、投资利税率、资本金利润率等指标。清偿能力分析需要计算资产负债率、借款偿还期、流动比率、速动比率等指标。

(4)进行不确定性分析。

不确定性分析用于估计项目可能承担的风险及项目的抗风险能力,进行项目在不确定情况下的财务可靠性分析。财务评价的不确定性分析通常包括盈亏平衡分析和敏感性分析,根据项目的特点和需要,有条件时还应进行概率分析。

(5)做出财务评价结论。

综合考虑财务指标的评价结果和不确定性分析的结果,做出项目财务评价的结论,综合评价投资项目在财务上的可行性。

财务效益与费用估算步骤及财务分析见图 4-1、图 4-2。

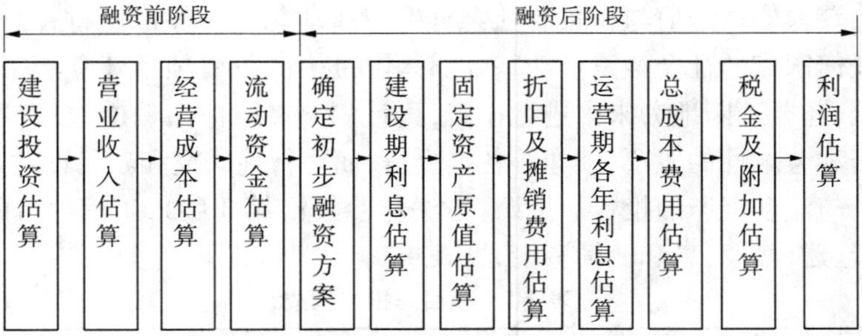

图 4-1　财务效益与费用估算步骤

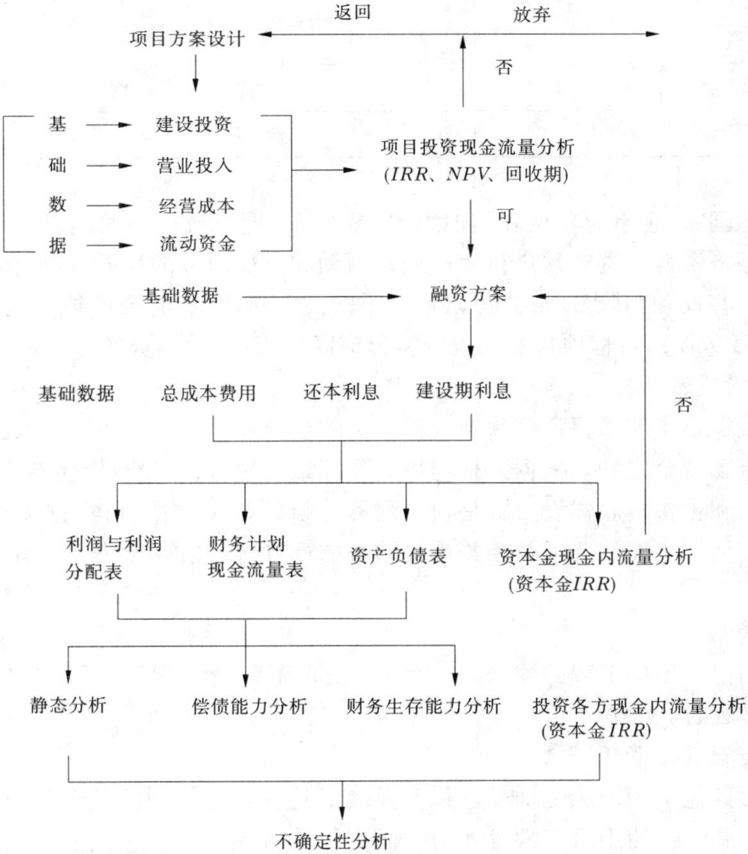

图 4-2　财务分析图

4.2　财务评价的现金流量要素

4.2.1　投资与资产

投资是货币形式的资产投入到社会再生产过程中的一种经济活动,以实现一定的社会、经济目的,获得资产增值与积累。社会再生产活动总是不停地进行,因而投资活动就始终存在。任何国家的社会经济活动基础都是由过去的投资项目建立起来的,而社会经济要不断发展,还要不断地为未来进行投资,再计划。在财务活动中,投资通常指生产性固定资产投资和金融性的股票、债券等各类投资,而可行性研究和项目评估中的投资是指包括固定资产与流动资产的投资。按照《方法与参数》(第3版),工程项目的总投资可以分为建设投资、建设期利息和流动资金,见表4-1。

表4-1　项目总投资构成

项目总投资	建设投资	工程费用 工程建设其他费用 预备费
	建设期利息	
	流动资金	

资产是指国家、企事业单位和其他组织(或个人)拥有或控制的能以货币计量的并能带来利益的经济资源。资产是进行生产经营活动和公益服务的物质基础,包括各种财产、债权和其他一些权利,其表现形式可以是货币的或非货币的,有形的或无形的。依据《方法与参数》(第3版),工程项目的总投资将形成固定资产、无形资产和递延资产。

4.2.1.1　建设投资

项目总投资是指使项目达到预期效益所需的全部建设费用支出,为建设投资、建设期利息和全部流动资金之和。依据工程项目概预算编制规范,建设投资包括工程费用、工程建设其他费用和预备费。建设投资是项目财务分析的基础数据,可根据项目前期研究不同阶段对投资估算进度的要求及相关规定选用估算方法。估算方法主要有概算法和形成资产法。

1)工程费用

工程费用由各单位工程的建筑工程费用、安装工程费用和设备购置费(含工具器具及生产家具购置费)构成。

2)工程建设其他费用

工程建设其他费用指从工程筹建到工程竣工验收交付使用的整个建设期间,为保证工程顺利进行和交付使用后正常发挥功能而支付的各项费用。包括三大内容:一是土地使用费;二是与项目建设有关的其他费用,如建设管理费、勘察设计费、工程监理费、工程保险费等;三是与未来生产经营准备有关的其他费用,如联合试运转费、生产准备费和生活家具费等。

3）预备费

预备费包括基本预备费和涨价预备费。

基本预备费指在项目实施过程中可能发生的难以预料的支出，又称为工程建设的不可预见费，如设计变更所导致的施工增加费、自然灾害带来的不可预见费等。

涨价预备费是指建设工期较长的项目为应付在建设期间可能发生的材料、机械、设备、人工等价格上涨，以及利率和汇率调整等情况而应事先预留的费用。

4.2.1.2　建设期利息

建设期利息包括银行借款和其他债务资金的利息，以及其他融资费用。建设期利息是指项目因使用债务资金在建设期应支付的并按规定允许在投产后计入固定资产原值的利息。其他融资费用是指某些债务资金发生的手续费、管理费、信贷保险费等。

4.2.1.3　流动资金

流动资金是指企业生产经营活动中，用于购置原材料、燃料、备品、备件和支付工资等的周转资金。当建设项目即将建成投产时，即须筹措流动资金。固定资产运行初期和正常运行期内多次的、不断循环周转使用的部分资金，其实物形态就是流动资产。流动资产在一年或超过一年的营业周期中会全部消耗掉，或改变原有实物形态，其价值随实物的消耗全部转移到新产品中去，并随产品的售出从销售收入中全部得到补偿。

按照行业或研究阶段的不同，流动资金的估算可采用扩大指标估算法和分项详细估算法。

1）扩大指标估算法

扩大指标估算法参照类似项目流动资金占销售收入、年运行费（经营成本）或固定资产投资的某一比率估算。在项目建议书阶段常采用此方法，某些行业在可行性研究阶段也可采用此方法。

2）分项详细估算法

这是国际上通行的流动资金估算方法，是利用流动资产与流动负债估算项目占用的流动资金。一般先对流动资产和流动负债主要构成要素进行分项估算，进而估算流动资金。流动资金等于流动资产与流动负债的差额。具体见表4-2。

表4-2　流动资金估算

序号	项目	估算方法
1	流动资产	(1)+(2)+(3)+(4)
(1)	应收账款	年经营成本/应收账款周转次数
(2)	存货	①+②+③+④+⑤
①	原材料	年外购原材料/材料周转次数
②	燃料	年外购原燃料/燃料周转次数
③	在产品	(年外购原材料、燃料动力费+年工资及福利费+年修理费=年其他制造费用)/在产品周转次数

续表 4-2

序号	项目	估算方法
④	产成品	(年经营成本 - 年营业费用)/产成品周转次数
⑤	年其他费用	制造费用 + 管理费用 + 营业费用 - (以上 2 项费用中所含的工资及福利费、折旧费、摊销费、修理费)
(3)	现金	(年工资及福利费 + 年其他费用)/周转次数
(4)	预付账款	外购商品或服务年费用金额/预付账款周转次数
2	流动负债	(1) + (2)
(1)	应付账款	年外购原材料、燃料动力费及其他材料年费用/应付账款周转次数
(2)	预收账款	预收的营业收入年金额/预收账款周转次数
3	流动资金	1 - 2
4	流动资金当期增加额	本年流动资金 - 上年流动资金

4.2.1.4　固定资产

固定资产是指使用期限超过一年,单项价值在规定限额以上并且在使用过程中保持原有实物形态的物质资料和劳动资料,包括房屋及建筑物、机械设备、运输设备、工具器具等。按照现行财务会计制度的规定,固定资产是指同时具有以下两个特征的有形资产:一是生产商品、提供劳务、出租或经营管理而持有的;二是使用寿命超过一个会计年度的。

在生产过程中,固定资产虽仍能保持原来的实物形态,但其价值逐年递减,随磨损程度以折旧形式逐渐地转移到产品的成本中去,并随着产品的销售而逐渐地获得补偿。因此,固定资产在使用过程中,一方面其实物形态上的价值是逐年递减的;另一方面以折旧基金形式所积存的价值则逐年递增,直到固定资产达到经济寿命,此时所积存的全部折旧基金便可用来更新固定资产,如此往复循环周转使用,其周转期较长。

4.2.1.5　无形资产

无形资产是指能长期使用并能带来收益但没有实物形态的资产,包括专利权、商标权、著作权、土地使用权、非专利技术和商誉等的投入。

无形资产在计价入账后,在一定期间内平均摊入期间费用的管理费用中,摊销时间按法定的该种资产有效期计,一般为 5 ~ 10 年,受益期难以确定的,一般不少于 10 年。在项目经济评价中,应在其受益期内按直线法计算其平均摊销费。

4.2.1.6　递延资产

递延资产指不能全部计入当年损益,应当在以后年度内分期摊销的各项费用,包括开办费(筹建期间人员工资、办公费、差旅费、培训费、注册登记费等)、土地(包括水域、岸线)开发费和以经营租赁方式租入的固定资产的改装、翻修、改建等改良费用支出。

递延资产年摊销费,与无形资产一样,在一定期间内平均摊入期间费用的管理费用中。

4.2.2　总成本费用

我国《企业会计准则》中规定:费用是生产经营过程中发生的各项消耗,以企业单元为计算对象,其目的是衡量企业在一定时期的耗费内容、规模水平,用以计算产品成本;而成本是指企业为生产商品和提供劳务所发生的各项费用的总和。应当指出,在工程经济分析中,对费用和成本的理解与企业财务会计中的理解不完全相同,两者主要体现在三个方面:一是财务会计是在生产和经营活动中实际发生各种耗费的真实记录,工程经济评价是在一定的假设条件下对未来情况的预测;二是财务会计针对特定会计期间,工程经济评价针对某一投资项目或技术方案的实施结果;三是工程经济分析强调对现金流量的考察分析。此时,费用和成本具有相同的性质,在本书中若无特殊说明,一般不严格区分费用和成本的概念。因此,对于工程项目而言,成本和费用统称为总成本费用。

总成本费用是指项目投入使用进入生产运营后,在运营期内为生产产品或提供服务所发生的全部费用。可采用两种方法估算总成本费用,即生产成本加期间费用估算法和生产要素估算法。

4.2.2.1　生产成本加期间费用估算法

总成本费用由生产成本和期间费用构成。

1)生产成本

生产成本也称制造成本,是指在生产经营过程中实际消耗的直接材料费、直接工资和制造费用等。其中:直接材料费是指在生产运行过程中实际消耗的原材料、辅助材料、设备零配件、燃料、动力、低值易耗品和其他直接材料费等。直接工资是指从事生产运行人员的工资、奖金、津贴和补贴等。其他直接支出是指从事生产运行人员的职工福利费等。制造费用指为生产产品和提供劳务而发生的各种间接费用,如管理人员工资、固定资产的折旧费、水电费、劳动保护费、设计制图费、试验检验费及其他制造费用等。

2)期间费用

期间费用是指在一定会计期间发生的与生产产品无直接联系的各项费用,包括管理费用、财务费用和营业费用。其中:管理费用是指该项目行政管理部分为组织和管理生产经营活动而发生的各项费用,包括管理人员工资、职工福利费、差旅费、折旧费、无形资产摊销、开办费摊销、职工教育经费、研究开发费及其他管理费等。财务费用是指为筹集所需要的资金所发生的各项费用,包括利息净支出、汇兑净损失、金融机构手续费和其他财务费用等。营业费用指为产品销售和提供劳务而发生的各种费用,包括运输费、保险费、广告费以及为销售本产品而专设销售机构的职工工资、福利费、业务费等。

4.2.2.2　生产要素估算法

这种方法是从估算各种生产要素的费用入手,汇总得到总成本费用,在进行分析时,将构成成本费用的原料、燃料及动力费,工资及福利费,修理费,折旧费,摊销费,利息支出以及其他费用等生产要素一一列出,逐项计算,具体计算见式(4-1)。

$$\text{年总成本费用}=\text{原料、燃料及动力费}+\text{工资及福利费}+\text{修理费}+\text{折旧费}+\text{摊销费}+\text{利息支出}+\text{其他费用} \tag{4-1}$$

1）原料、燃料及动力费

原料、燃料及动力费指项目及设施在正常运行中所耗用的各种材料以及油、煤、电、水等费用。可参照类似已建项目的实际资料分析后采用，也可根据具体情况，依据有关规定和市场调查数据进行估算。

2）工资及福利费

工资及福利费是指工程项目在运行经营过程中全部生产人员的工资、奖金、津贴和各种福利等。确定标准需要考虑项目性质、项目地点、行业特点、年平均工资标准计算或分档工资等。

3）修理费

修理费是指各工程、各类建筑物和设备的日常养护、维修、大修、事故处理等耗用的各种费用。在估算修理费时，一般无法确定修理费具体发生的时间和金额，可按固定资产原值或折旧费的一定百分比计算，该百分比可参照行业的经验数据加以确定。

4）折旧费

折旧费是指在固定资产的使用过程中，随着资产损耗而逐渐转移到产品成本费用中的部分价值。根据我国现行会计制度的有关规定，计提折旧的固定资产范围包括：房屋建筑物，在用的机械设备、仪器仪表、运输车辆、工具器具、季节性停用和在修理停用的设备，以经营租赁方式租出的固定资产，以融资方式租入的固定资产。我国现行的固定资产折旧方法有平均年限法、工作量法、双倍余额递减法和年数总和法。

（1）平均年限法。

平均年限法也称直线折旧法，指建设固定资产价值随使用年限的增加而按比例直线下降，每年的折旧费相同，计算公式见式（4-2）。

$$\begin{aligned}年折旧费 &= (固定资产原值 - 固定资产净残值) \div 固定资产折旧年限 \\ &= 固定资产原值 \times 年折旧率 \end{aligned} \tag{4-2}$$

其中

$$年折旧率 = (1 - 残值率) \div 固定资产折旧年限 \tag{4-3}$$

固定资产原值是指项目投产时按规定由投资形成固定资产的部分，包括部分建设投资和建设期利息。

固定资产净残值是指固定资产在经济寿命期末报废清理时可以回收的废旧材料、零部件等的价值在扣除清理费等费用后的剩余价值。

残值率是预计固定资产净残值与固定资产原值的比率，根据行业会计制度规定，一般按固定资产原值的3% ~5%计。

（2）工作量法。

工作量法是根据固定资产原值、规定的使用寿命期限内应完成的总工作量（如行驶里程、工作小时等）和预计报废的残值，按其实际完成的工作量计算折旧额。对于下列专用设备，可采用工作量法。

交通运输企业和其他企业专用车队的客货汽车，按行驶里程计算折旧费，其计算公式如下

$$年折旧费 = 单位里程折旧费 \times 年工作里程$$

大型专用设备，可根据工作小时计算折旧费，其计算公式如下

年折旧费 = 每工作小时折旧费 × 年工作小时

(3)双倍余额递减法。

双倍余额递减法属于加速折旧的一种,是在固定资产使用初期提取折旧费较多,后期提取折旧费较少,使固定资产价值在使用年限内尽早得到补偿的折旧计算方法。它是以平均年限确定的折旧率的双倍乘以固定资产在每一会计期间的期初账面净值,从而确定当期应提折旧的方法。其计算公式如下

年折旧率 =2 ÷ 折旧年限　(4-4)

年折旧额 = 固定资产净值 × 年折旧率　(4-5)

实行双倍余额递减法,应在折旧年限到期前两年内,将固定资产净值扣除预计净残值后的净额平均摊销。

(4)年数总和法。

年数总和法是计算折旧费的另一种加速折旧法,每年计提的折旧额是逐年减少的。其计算公式如下

年折旧率 =(折旧年限 − 已使用年数 +1) ×100%/
[折旧年限 ×(折旧年限 +1) ÷2]　(4-6)

年折旧额 =(固定资产原值 − 预计净残值) × 年折旧率　(4-7)

【例 4-1】　某项目资产原值为 50 000 元,预计使用年限为 5 年,预计净残值为 2 000 元,试分别用平均年限法、双倍余额递减法、年数总和法求其各年折旧费。

解　计算结果见表 4-3。

表 4-3　折旧额计算　(单位:元)

年限	平均年限法		双倍余额递减法			年数总和法	
	折旧率	年折旧额	折旧率	净值	年折旧额	折旧率	年折旧额
1	19.20%	9 600	40%	50 000	20 000	5/15	16 000
2	19.20%	9 600	40%	30 000	12 000	4/15	12 800
3	19.20%	9 600	40%	18 000	7 200	3/15	9 600
4	19.20%	9 600	40%	10 800	4 400	2/15	6 400
5	19.20%	9 600	40%	6 400	4 400	1/15	3 200
合计	—	48 000	—	—	48 000	—	48 000

从表 4-3 可以看出,三种方法计算的 5 年年折旧费虽然不同,但总额都为 48 000 元。

5)利息支出

按照会计法规,企业为筹集所需资金而发生的费用称为借款费用,又称财务费用,包括利息支出(减利息收入)、汇兑损失(减汇兑收益)以及相关的手续费等。在大多数项目的财务分析中,通常只考虑利息支出。利息支出的估算包括长期借款利息、流动资金借款利息和短期借款利息三部分。

长期借款利息是指对建设期间借款余额(含未支付的建设期利息)应在生产期支付的利息。项目评价中可以选择等额还本付息方式、等额还本利息照付方式和最大能力还

本付息方式来计算长期借款利息。

(1)等额还本付息方式。等额还本付息方式是在指定的还款期内每年还本付息的总额相同,随着本金的偿还,每年支付的利息逐年减少,同时每年偿还的本金逐年增多。还本付息计算公式如下

$$A = I_c \times \frac{i(1+i)^n}{(1+i)^n - 1} \tag{4-8}$$

式中,A 为每年还本付息额(等额年金);I_c 为还款起始年年初的借款余额(含未支付的建设期利息);i 为年利率;n 为预定的还款期。

其中 每年支付利息 = 年初借款余额 × 年利率

每年偿还本金 = A − 每年支付利息

年初借款余额 = I_c − 本年以前各年偿还的借款累计

【例 4-2】 某新建项目拟向银行贷款 5 000 万元,贷款期限为 5 年,没有宽限期,年利率为 6%,采用等额还本付息方式进行还本付息。试计算每年的还本额和利息支付额。

解 已知 I_c = 5 000 万元,i = 6%,n = 5,根据公式(4-8)计算可得

$$A = I_c \times \frac{i(1+i)^n}{(1+i)^n - 1} = 5\,000 \times \frac{6\% \times (1+6\%)^5}{(1+6\%)^5 - 1} = 1\,187(\text{万元})$$

每年的还本付息额计算见表 4-4。

表 4-4 等额还本付息方式偿还借款计算 (单位:万元)

年数	1	2	3	4	5
年初本金	5 000	4 113	3 173	2 176	1 120
年利率	6%	6%	6%	6%	6%
本年应计利息	300	247	190	131	67
本年应还本付息	1 187	1 187	1 187	1 187	1 187
本年应还本金	887	940	997	1 056	1 120
年末借款累计	4 113	3 173	2 176	1 120	0

(2)等额还本利息照付方式是将贷款本金分若干年等额摊还,并在每年年末支付该年利息。它的特点是贷款本金逐年减少,利息也随之减少,至贷款期满可以全部还清。它适用于盈利能力较强的项目。

设 A_t 为第 t 年的还本付息额,则有

$$A_t = \frac{I_c}{n} + I_c \times \left(1 - \frac{t-1}{n}\right) \times i \tag{4-9}$$

其中:每年支付利息 = 年初借款余额 × 年利率,即第 t 年支付的利息 = $I_c \times \left(1 - \frac{t-1}{n}\right) \times i$,每年偿还本金 = $\frac{I_c}{n}$。

【例 4-3】 仍以例 4-2 为例,采用等额还本利息照付方式进行还本付息。试计算每年

的还本额和利息支付额。

解　已知 $I_c=5\ 000$ 万元，$i=6\%$，$n=5$，根据公式(4-9)计算可得

$$每年偿还本金=I_c/n=1\ 000\ 万元$$

每年的还本付息额计算见表 4-5。

表 4-5　等额还本利息照付方式偿还借款计算　（单位：万元）

年数	1	2	3	4	5
年初本金	5 000	4 000	3 000	2 000	1 000
年利率	6%	6%	6%	6%	6%
本年应计利息	300	240	180	120	60
本年应还本付息	1 000	1 000	1 000	1 000	1 000
本年应还本金	1 300	1 240	1 180	1 120	1 060
年末借款累计	4 000	3 000	2 000	1 000	0

(3)最大能力还本付息方式是指项目投产运营后，将获得盈利中可用于还贷的资金全部用于还贷，以最大限度地减少企业债务，使贷款偿还期缩至最短。每年偿还本金的数额按最大偿还能力计算，偿还能力主要包括可以用于还款的折旧费、摊销费及未分配利润。它适用于贷款利率较高的项目。该方法需要综合考虑借款还本付息计划表、总成本费用表和利润与利润分配表三表联用，具体见图 4-3。

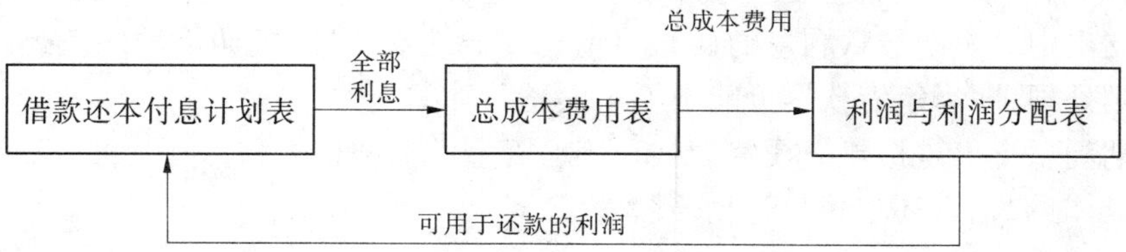

图 4-3　形成回路的三表联用

$$每年支付利息=年初本金累计\times年利率$$

【例 4-4】　某新建项目建设期期末的银行贷款本利和为 2 205 万元，贷款年利率为 10%，运营期为 8 年，每年的折旧费、摊销费和税后利润见表 4-6。试用最大能力还本付息方式计算该公司的借款偿还期。

解　每年最大还本能力 = 折旧费 + 摊销费 + 税后利润

$$第\ 1\ 年的最大还款能力=363.66+75+93.8=532.46(万元)$$

$$第\ 1\ 年支付利息=2\ 205\times10\%=220.50(万元)$$

其余年份最大还本能力及每年支付利息计算见表 4-6。

表 4-6 每年最大还本能力及每年支付利息计算 （单位:万元）

年数	1	2	3	4	5	6	7	8
建设期贷款本利余额	2 205	1 672. 54	1 112. 65	538. 52	0	0	0	0
折旧费	363. 66	363. 66	363. 66	363. 66	363. 66	363. 66	363. 66	363. 66
摊销费	75	75	75	75	75	75	75	75
税后利润	93. 8	121. 23	135. 47	136. 47	135. 09	134	134	134
最大还款能力	532. 46	559. 89	574. 13	575. 13	573. 75	572. 66	572. 66	572. 66
本年应还本金	532. 46	559. 89	574. 13	538. 52	0	0	0	0
本年应还利息	220. 50	167. 25	111. 27	53. 85	0	0	0	0

$$借款偿还期 = 4 - 1 + \frac{538.52}{363.66 + 75 + 136.47} = 3.94(年)$$

流动资金借款利息。项目评价中估算的流动资金借款从本质上应归类为长期借款，但目前企业往往有可能与银行达成共识，按“期末偿还、期初再借”的方式处理，并按一年期利息计息。流动资金借款利息可以按下式计算

年流动资金借款利息 = 年初流动资金借款余额 × 流动资金借款年利率

财务分析中对流动资金的借款可以在计算期最后一年偿还，也可在还完长期借款后安排。

短期借款利息。项目评价中的短期借款是指运营期间由于资金的临时需要而发生的短期借款，短期借款的数额应在财务计划现金流量表中得到反映，其利息计入总成本费用表的利息支出中。短期借款利息的计算同流动资金借款利息，短期借款的偿还按照随借随还的原则处理，即当年借款尽可能于下年偿还。

运营期利息支出是指建设投资借款和流动资金借款利息之和，为此，可以编制贷款偿还计划。具体见“借款还本付息计划表”。

4. 2. 3 经营成本

经营成本，即年运行费，是工程经济学特有的概念，是指项目竣工投产后每年需要支出的各种经常性费用，包括原料、燃料及动力费、工资及福利费以及其他费用等。其计算公式如下

经营成本 = 总成本费用 − 折旧费 − 无形资产和递延资产摊销费 − 财务费用 (4-10)

或 经营成本 = 外购原材料费 + 燃料动力费 + 工资及福利费 + 修理费 + 其他费用 (4-11)

经营成本与融资方案无关，因此在完成建设投资和营业收入估算后，就可以估算经营成本，为项目融资前的现金流量分析提供数据。

4.2.4　营业收入和税金

4.2.4.1　营业收入

根据我国《企业会计准则》的定义，收入是指企业在销售商品、提供劳务及他人使用本企业资产等日常活动中所形成的经济利益的总流入。

4.2.4.2　税金

税金是指国家根据法律规定向纳税人(单位或个人)无偿征收的货币或实物，具有强制性、无偿性和固定性等特征。

过去，我国的税收制度是不完备的，实行统收统支、高度集中管理的体制，严重影响企业的主动性与积极性，形成企业吃国家大锅饭，责、权、利严重不分的局面，阻碍了经济建设的发展。党的十一届三中全会后，曾在一部分企业中试行利改税的试点，把原来的全部上缴利润改为利润分成、税金包干上缴等办法。1983 年起在全国推行利改税的改革，全面实行以税代利(润)后，国营企业不再向国家上缴利润，只按国家规定的税种、税率，缴纳税金，税后利润完全归企业支配，这样有利于充分发挥企业的积极性，又为国家提供更多的财政收入。

我国水利水电工程管理单位，根据国家规定应缴纳产品税、增值税、地方税和所得税、调节税等。此外，还要缴纳国家能源交通重点建设基金和国家预算调节基金。地方税一般按产品税的税额计征。国营企业所得税按销售利润总额的 25% 计征。其他部门如城镇供水、水运、港口等有实际收入的水利企业，都应根据国家有关规定纳税。防洪、治涝工程属公益性水利工程，可以免税。小水电和农业灌溉用水可以按规定减税或免税。各水利管理单位应根据当地规定，缴纳房产税和土地使用税等。

税金一般是按应纳税额乘以税率计算的，不同税目、不同征税对象具有不同税率。在我国，税种分为六大类：流转税(增值税、消费税、关税等)，所得税，财产税，行为税(房产税、车船使用税、印花税等)，资源税(水资源税、矿产税、城镇土地使用税等)，农业税和特定项目税(城乡维护建设税、教育费附加、土地增值税)。

营业收入、总成本费用、税金和利润的关系如图 4-4 所示。

4.2.5　利润及利润分配

利润是指在一定会计期间的经营成果，是用货币形式反映的企业生产经营活动的效率和效益的最终体现。对于工程项目来说，利润可分为销售利润和税后利润两个层次。销售利润是销售收入扣除总成本费用和销售税金及附加之后的剩余，销售税金及附加是指消费税、资源税等；税后利润是销售利润减去所得税后的余额。现行财务会计制度规定实现年利润总额的具体分配办法如下所述。

当期实现的净利润加上年初未分配利润和其他转入后的余额为可供分配的利润，其分配顺序如下：

(1)弥补以前年度亏损。

(2)提取盈余公积金，可分为法定盈余公积金和任意盈余公积金两种。法定盈余公积金按照所得税后利润扣除第(1)项后的 10% 提取，已达到注册资本金的 50% 时可不再

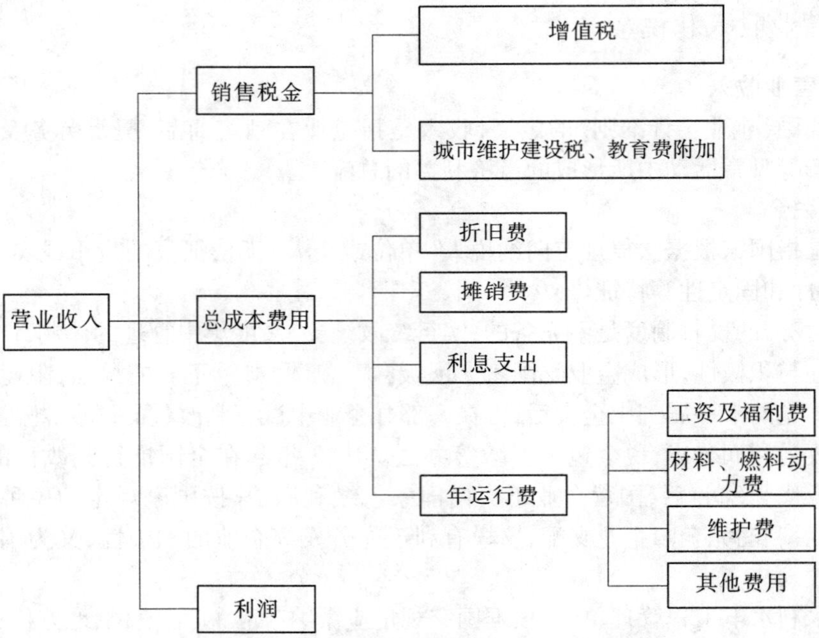

图 4-4　营业收入、总成本费用、税金和利润的关系

提取;任意盈余公积金的提取由股东会根据需要决定。

(3)向投资者分配利润。

(4)利润用于上述分配后剩余部分为未分配利润。

销售收入与利润的关系见图 4-5。

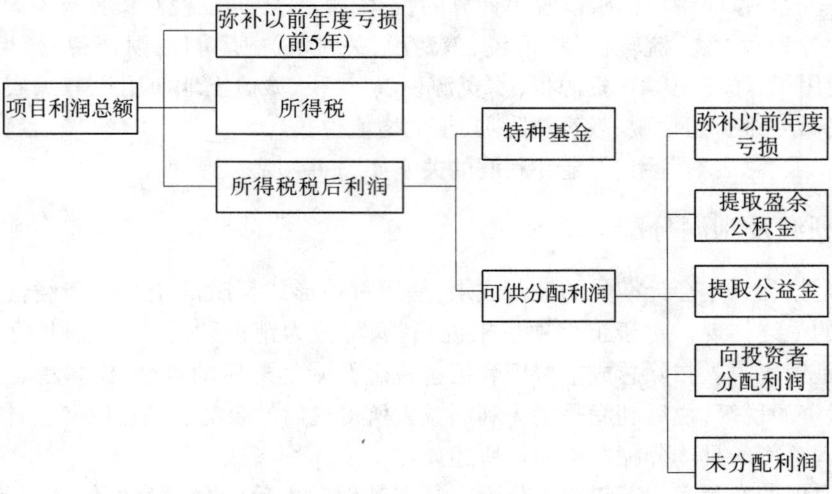

图 4-5　销售收入与利润的关系

4.3　财务评价指标与报表

4.3.1　财务盈利能力分析指标

财务盈利能力分析是通过一定财务评价指标反映的，计算财务净现值、财务内部收益率、投资回收期、总投资收益率和项目资本金净利润率等主要指标。根据项目特点和实际需要，也可计算投资利润率、投资利税率和资本金利润率等指标。

4.3.1.1　财务净现值（*FNPV*）

财务净现值是按行业的基准收益率或设定的折现率，将项目计算期内各年净现金流量折现到建设期初的现值之和。它是考虑项目在计算期内盈利能力的动态评价指标，其表达式为

$$FNPV = \sum_{t=1}^{n}(CI - CO)_t(1 + i_c)^{-t} \tag{4-12}$$

式中，CI 为现金流入量；CO 为现金流出量；$(CI - CO)_t$ 为第 t 年的净现金流量；n 为计算期。

财务净现值可根据财务现金流量表计算求得，财务净现值大于或等于零的项目可以接受。

4.3.1.2　财务内部收益率（*FIRR*）

财务内部收益率是指项目在整个计算期内各年净现金流量现值累计等于零时的折现率。它反映项目所占用资金的盈利率，是考察项目盈利能力的主要动态指标，其表达式为

$$\sum_{t=1}^{n}(CI - CO)_t(1 + FIRR)^{-t} = 0 \tag{4-13}$$

财务内部收益率可根据财务现金流量表中净现金流量用试算法计算求得，在财务评价中，将求出的全部投资或自有资金的财务内部收益率（$FIRR$）与行业的基准收益率（i_c）或设定的折现率进行比较。当 $FIRR \geqslant i_c$ 时，即认为盈利能力已满足最低要求，在财务上是可以考虑接受的。

4.3.1.3　投资回收期

投资回收期是指以项目的净收益抵偿全部投资（固定资产投资、投资方向调节税和流动资金）所需要的时间。它是考察项目在财务上的投资回收能力的主要评价指标。一般从建设开始年算起，如果从投产年算起，应予以注明。计算方法见 3.2 节 3.2.1 和 3.2.2 部分，《方法与参数》（第 3 版）中主要指静态投资回收期。

在财务评价中，投资回收期短，表明项目投资回收快，抗风险能力强。将求出的投资回收期 P_t 与行业的基准投资回收期 P_c 进行比较，当 $P_t \leqslant P_c$ 时，表明投资在规定的时间回收，该指标仅反映投资回收能力，但不能反映投资回收后的盈利能力。

4.3.1.4 总投资收益率(*ROI*)

总投资收益率(*ROI*)是指项目达到设计生产能力后正常生产年份的年息税前利润或运营期内年平均息税前利润(*EBIT*)与项目总投资(*TI*)的比率。其计算公式为

$$总投资收益率(ROI)=\frac{年平均息税前利润(EBIT)}{项目总投资(TI)}\times 100\% \tag{4-14}$$

$$年息税前利润总额=年产品销售(营业)收入-年产品销售税金及附加-年总成本费用+利息 \tag{4-15}$$

$$年产品销售税金及附加=年产品税+年增值税+年资源税 \tag{4-16}$$

投资利润率可根据损益表中的有关数据计算求得。在项目财务评价中,总投资收益率高于同行业的收益率参考值,项目投资盈利能力满足要求。

4.3.1.5 项目资本金净利润率(*ROE*)

项目资本金净利润率(*ROE*)是指项目达到设计生产能力后的正常生产年份的年净利润或运营期内年平均净利润(*NP*)与项目资本金(*EC*)的比率。其计算公式为

$$项目资本金净利润率(ROE)=\frac{年平均净利润(NP)}{项目资本金(EC)}\times 100\% \tag{4-17}$$

$$年净利润=年销售收入-年产品销售税金及附加-年总成本费用+年补贴收入-年所得税 \tag{4-18}$$

项目资本金净利润率可根据损益表中的有关数据计算求得。在财务评价中,项目资本金净利润率高于同行业的净利润率参考值,表明用项目资本金净利润率表示的盈利能力满足要求。

4.3.2 清偿能力分析指标

项目清偿能力分析主要是考察计算期内各年的财务状况及偿债能力,要计算资产负债率、借款偿还期、流动比率、速动比率等指标。相应指标的计算依据资产负债表、借款还本付息计算表、资金来源与运用表进行。

4.3.2.1 资产负债率(*LOAR*)

资产负债率(*LOAR*)是指各期末负债总额(*TL*)同资产总额(*TA*)的比率,反映项目各年所面临的财务风险程度及偿债能力的指标。

$$资产负债率(LOAR)=负债总额(TL)\div 资产总额(TA)\times 100\% \tag{4-19}$$

4.3.2.2 固定资产投资国内借款偿还期

固定资产投资国内借款偿还期是指在国家财政规定及项目具体财务条件下,以项目投产后可用于还款的资金偿还固定资产投资国内借款本金和建设期利息(不包括已用自有资金支付的建设期利息)所需要的时间。其表达式为

$$\sum_{t=1}^{P_d}(R_t-I_d)=0 \tag{4-20}$$

式中,I_d 为固定资产投资国内借款本金和建设期利息(不包括已用自有资金支付的建设

期利息）之和；P_d 为固定资产投资国内借款偿还期（从借款开始年计算，当从投产年算起时，应予注明）；R_t 为第 t 年可用于还款的资金，包括利润、折旧、摊销及其他还款资金。计算公式为

$$借款偿还期 = 借款偿还后出现盈余的年份 - 1 + \frac{当年应偿还借款额}{当年可用于还款的收益额} \tag{4-21}$$

借款偿还期可由资金来源与运用表及国内借款还本付息计算表直接推算，以年表示。当借款偿还期满足贷款机构的要求期限时，即认为项目是有清偿能力的。

4.3.2.3　流动比率

流动比率是流动资产与流动负债之比，是反映项目各年偿付流动负债能力的指标。

$$流动比率 = 流动资产总额 \div 流动负债总额 \times 100\% \tag{4-22}$$

4.3.2.4　速动比率

速动比率是速动资产与流动负债之比，是反映项目快速偿还流动负债能力的指标。

$$速动比率 = 速动资产 \div 流动负债总额 \times 100\% \tag{4-23}$$

其中，速动资产 = 流动资产总额 - 存货。

4.3.2.5　利息备付率（*ICR*）

利息备付率（*ICR*）是指在借款偿还期内的息税前利润（*EBIT*）与应付利息（*PI*）的比值，它从付息资金来源的充裕上反映项目偿付债务利息的保障程度，其计算公式为

$$利息备付率(ICR) = \frac{息税前利润(EBIT)}{应付利息(PI)} \tag{4-24}$$

利息备付率高表明利息偿付的保障程度高，利息备付率应分年计算而且应当大于 1，并结合债权人的要求确定。

4.3.2.6　偿债备付率（*DSCR*）

偿债备付率（*DSCR*）是指在借款偿还期内，用于计算还本付息的资金（$EBITDA - T_{AX}$）与应还本付息额（*PD*）的比值，它从还本付息资金来源的充裕性角度反映项目偿付债务的保障程度和支付能力。其计算公式为

$$偿债备付率(DSCR) = \frac{还本付息资金(EBITDA - T_{AX})}{应还本付息额(P_D)} \tag{4-25}$$

式中，*EBITDA* 为息税前利润加折旧和摊销；T_{AX} 为企业所得税；P_D 为应还本付息金额，包括还本金额、计入总成本费用的全部利息。

参考国际经验和国内行业的具体情况，根据我国企业历史数据统计分析，一般情况下，利息备付率不宜低于 2，偿债备付率不宜低于 1.3。

财务评价内容与评价指标之间的关系见表 4-7。

表 4-7 财务评价内容与评价指标的关系

评价内容	基本报表	财务评价指标	
		静态指标	动态指标
盈利能力分析	项目投资现金流量表	项目投资静态投资回收期	财务内部收益率 财务净现值 动态投资回收期
	资本金现金流量表	资本金静态投资回收期	财务内部收益率 财务净现值 动态投资回收期
	投资各方现金流量表		投资各方财务内部收益率
	利润及利润分配表	总投资收益率 项目资本金净利润率	
偿债能力分析	资产负债表 利润及利润分配表 借款还本付息计划表	资产负债率 偿债备付率 利息备付率 流动比率 速动比率 借款偿还期	
财务生存能力分析	财务计划现金流量表	借款偿还期	
不确定性分析	盈亏平衡分析	盈亏平衡点 生产能力利用率	
	敏感性分析		敏感度系数 财务内部收益率 财务净现值
风险分析	风险识别 风险估计 风险评价 风险应对		财务净现值期望值 财务内部收益率大于等于基准折现率的累计概率 财务净现值大于等于零的累计概率
其他		价值指标或实物指标	

4.3.3 财务报表

在财务评价之前,必须进行财务预测,即事先收集、估算和测算一系列财务资料,财务预测的结果主要汇集于辅助报表中,有了这些辅助报表,就可以编制财务评价的基本报表和计算一系列财务评价指标，以此考察项目的盈利能力、偿债能力以及抗风险能力等财务状况。

4.3.3.1　财务评价辅助报表

辅助报表 1——建设投资估算表（概算法、形成资产法）。

建设投资估算表（见表 4-8）反映了工程项目的建设投资组成、各项目固定投资数额及其构成。

表 4-8　建设投资估算表（概算法）　（单位：万元）

序号	工程或费用名称	建筑工程费	设备购置费	安装工程费	其他费用	合计
1	工程费用					
1.1	主体工程					
1.1.1	×××					
	⋮					
1.2	辅助工程					
1.2.1	×××					
	⋮					
1.3	公用工程					
1.3.1	×××					
	⋮					
1.4	服务性工程					
1.4.1	×××					
	⋮					
2	工程建设其他费用					
2.1	×××					
	⋮					
3	预备费					
3.1	基本预备费					
3.2	涨价预备费					
4	建设投资合计					

注：工程或费用名称一栏可依不同行业的要求调整。

辅助报表 2——建设期利息估算表。

建设期利息估算表（见表 4-9）反映了计算期内各年借款支用情况以及利息支付

情况。

表 4-9　建设期利息估算表　　（单位：万元）

序号	项目	合计	计算期					
			1	2	3	4	…	n
1	借款							
1.1	建设期利息							
1.1.1	期初借款余额							
1.1.2	当期借款							
1.1.3	当期应计利息							
1.1.4	期末借款余额							
1.2	其他融资费用							
1.3	小计(1.1+1.2)							
2	债券							
2.1	建设期利息							
2.1.1	期初债务余额							
2.1.2	当期债务余额							
2.1.3	当期应计利息							
2.1.4	期末债务余额							
2.2	其他融资费用							
2.3	小计(2.1+2.2)							
3	合计(1.3+2.3)							
3.1	建设期利息合计(1.1+2.1)							
3.2	其他融资费用合计(1.2+2.2)							

注：本表与表 4-17 可二表合一。

辅助报表 3——流动资金估算表(见表 4-2)。

辅助报表 4——项目总投资使用计划与资金筹措表。

项目总投资使用计划与资金筹措表(见表 4-10)反映项目投资的分年度计划及资金的来源构成(包括外币和人民币)。

表 4-10　项目总投资使用计划与资金筹措表　（单位：万元）

序号	项目	合计			1			⋮		
		人民币	外币	小计	人民币	外币	小计	人民币	外币	小计
1	总投资									
1.1	建设投资									
1.2	建设期利息									
1.3	流动资金									
2	资金筹措									
2.1	项目资本金									
2.1.1	用于建设投资									
	××方									
	⋮									
2.1.2	用于流动资金									
	××方									
	⋮									
2.1.3	用于建设期利息									
	××方									
	⋮									
2.2	债务资金									
2.2.1	用于建设投资									
	××借款									
	××债务									
	⋮									
2.2.2	用于建设期利息									
	××借款									
	××债务									
	⋮									
2.3	其他资金									
	×××									
	⋮									

辅助报表 5——营业收入和增值税估算表。

营业收入、营业税金及附加和增值税估算表（见表 4-11）反映项目建成投产后其产品销售或提供劳务所得全部收入的构成,以及增值税、营业税金及附加的缴纳情况,是衡量项目财务效益和经济效益的决定因素。

表 4-11 营业收入和增值税估算表 (单位:万元)

序号	项目	合计	计算期					
			1	2	3	4	…	n
1	营业收入							
1.1	产品 A 营业收入							
	单价							
	数量							
	销项税税额							
1.2	产品 B 营业收入							
	单价							
	数量							
	销项税税额							
	⋮							
2	增值税							
	销项税额							
	进项税额							

注:根据行业或产业的不同可增减相应税收科目。

辅助报表 6——总成本费用估算表(生产要素法)。

总成本费用估算表(见表 4-12)综合反映了不同生产负荷下总成本费用的估算值和构成,以便于计算出经营成本、可变成本和固定成本。

4.3.3.2 财务评价的基本报表

财务评价的基本报表主要有五类,即财务现金流量表(包括项目投资现金流量表、项目资本金现金流量表、投资各方财务现金流量表)、利润与利润分配表、借款还本付息计划表、资产负债表和财务计划现金流量表。

基本报表 1——财务现金流量表。

财务现金流量表是反映项目计算期内各年的现金流入、现金流出和净现金流量,从现金支付能力和投资回收角度反映项目的盈利能力。按投资主体的不同,现金流量表又分为项目投资现金流量表、项目资本金现金流量表、投资各方的现金流量表。

表4-12　总成本费用估算表　（单位:万元）

序号	项目	合计	计算期					
			1	2	3	4	…	n
1	外购原材料							
2	外购燃料及动力费							
3	工资及福利费							
4	修理费							
5	其他费用							
6	经营成本(1+2+3+4+5)							
7	折旧费							
8	摊销费							
9	利息支出							
10	总成本费用合计(6+7+8+9)							
	其中:可变成本							
	固定成本							

(1)项目投资现金流量表。

项目投资现金流量表(见表4-13)不分投资资金来源,不考虑资金借贷、利息偿还等财务条件,投入项目的资金均视为"自有资金",以全部投资(包括自有资金和借贷资金)作为计算基础,计算税前和税后的全部投资净现值(*FNPV*)、财务内部收益率(*FIRR*)和投资回收期等评价指标,考察项目全部投资的盈利能力。

(2)项目资本金现金流量表。

项目资本金现金流量表(见表4-14)从投资者角度出发,以投资者自有资金作为计算基础,把国内外借款本金偿还和利息支付作为现金流出,用以计算自有资金财务净现值、财务内部收益率等评价指标,考察项目自有资金的盈利能力。

表4-14与全部投资现金流量表的区别为:一是现金流入各项和资料来源与全部投资现金流量表相同,二是现金流出增加了用自有资金支付借款利息以及偿还借款本金。借款本金偿还由两部分组成,一部分来自于借款还本付息计算中,一部分为流动资金借款本金支出项。现金流出中其他各项与项目投资现金流量表中相同。

表 4-13　项目投资现金流量表　　（单位：万元）

序号	项目	合计	计算期						
			1	2	3	4	5	…	*n*
	生产负荷(%)								
1	现金流入								
1.1	产品销售收入								
1.2	回收固定资产余值								
1.3	回收流动资金								
2	现金流出								
2.1	建设投资								
2.2	流动资金								
2.3	经营成本								
2.4	维持运营投资								
3	所得税前净现金流量(1－2)								
4	累计所得税前净现金流量								
5	调整所得税								
6	所得税后净现金流量(1－2)								
7	累计所得税后净现金流量								
计算指标		投资回收期、净现值、内部收益率							

表 4-14　项目资本金现金流量表　　（单位：万元）

序号	项目	计算期							
		0	1	2	3	4	5	…	*n*
1	现金流入								
1.1	产品销售收入								
1.2	回收固定资产余值								
1.3	回收流动资金								
2	现金流出								
2.1	项目资本金								
2.2	借款本金偿还								
2.3	借款利息支付								
2.4	经营成本								
2.5	所得税								
3	净现金流量(1－2)								
计算指标		资本金财务内部收益率(%)							

(3)投资各方财务现金流量表(见表 4-15)。

表 4-15　投资各方财务现金流量表　(单位:万元)

序号	项目	计算期							
		1	2	3	4	5	6	…	n
1	现金流入								
1.1	实分利润								
1.2	资产处置收益分配								
1.3	租赁费收入								
1.4	技术转让收入								
1.5	其他现金收入								
2	现金流出								
2.1	实缴资本								
2.2	租赁资产支出								
2.3	其他现金流出								
3	净现金流量(1－2)								
计算指标		投资各方财务内部收益率(%)							

基本报表 2——利润与利润分配表。

利润与利润分配表(见表 4-16)反映项目计算期内各年的利润总额、所得税及税后利润的分配情况,用以计算项目投资利润率、投资利税率等财务盈利能力指标。

表 4-16 的编制需要依据总成本费用估算表、营业收入和增值税估算表及表中各项目之间的关系进行。

基本报表 3——借款还本付息计划表。

借款还本付息计划表(见表 4-17)反映项目计算期内各年借款本金偿还和利息支付情况,用于计算偿债备付率和利息备付率指标。

基本报表 4——资产负债表。

资产负债表(见表 4-18)用于反映项目计算期内各年年末资产、负债和所有者权益的增减变化及对应关系,用以计算资产负债率、流动比率等比率指标,进行偿债能力分析和资金流动性分析。资产负债表依据流动资金估算表、固定资产投资估算表、投资计划与资金筹措表、资金来源与运用表、损益表等财务报表的有关数据编制。

表 4-16 利润与利润分配表

序号	项目	计算期								
		1	2	3	4	5	6	7	…	n
1	产品销售(营业)收入									
2	总成本费用									
3	补贴收入									
4	利润总额(1－2－3＋4)									
5	弥补以前年亏损									
6	应纳税所得额(5－6)									
7	所得税									
8	净利润(5－8)									
9	期初未分配利润									
10	可供分配的利润(9＋10)									
11	提取法定盈余公积金									
12	可供投资者分配的利润(11－12)									
13	应付优先股股利									
14	提取任意盈余公积金									
15	应付普通股股利(13－14－15)									
16	应付利润									
17	未分配利润(13－14－15－17)									
18	息税前利润(利润总额＋利息支出)									
19	息税折旧摊销前利润(息税前利润＋折旧＋摊销)									

注:法定盈余公积金按净利润计提。

表 4-17　借款还本付息计划表　　（单位：万元）

序号	项目	计算期								
		1	2	3	4	5	6	7	…	n
1	借款									
1.1	年初本息余额									
1.2	本年借款									
1.3	本年应计利息									
1.4	本年还本利息									
	其中：还本									
	付息									
1.5	年末本息余额									
2	还本资金来源									
2.1	当年可用于还本的未分配利润									
2.2	当年可用于还本的折旧和摊销									
2.3	以前年度结余可用于还本资金									
2.4	可用于还款的其他资金									
计算指标		资本金利润率、利息备付率、偿债备付率								

资产负债表和前面介绍的现金流量表（包括利润与利润分配表、资金来源与运用表）的一个本质区别在于前者记录的是存量而后者是流量；所谓存量，是指某一时刻的累计值，流量反映的是某一时段发生的资金流量值。编制资产负债表时应特别注意是否遵循会计恒等式，即资产 = 负债 + 所有者权益。

基本报表 5——财务计划现金流量表。

财务计划现金流量表（见表 4-19）反映建设项目计算期内各年资金的盈余或短缺情况，用于选择资金的筹措方案，制订适宜的借款及还款计划。

表4-18　资产负债表　　（单位：万元）

序号	项目	计算期							
		1	2	3	4	5	6	…	*n*
1	资产								
1.1	流动资产总额								
1.1.1	应收账款								
1.1.2	存货								
1.1.3	现金								
1.1.4	预付账款								
1.1.5	其他								
1.2	在建工程								
1.3	固定资产净值								
1.4	无形及其他资产净值								
2	负债及所有者权益								
2.1	流动负债总额								
2.1.1	应付账款								
2.1.2	流动资金借款								
2.1.3	其他短期借款								
2.1.4	预收账款								
2.1.5	其他								
2.2	长期负债								
	负债小计（2.1+2.2）								
2.3	所有者权益								
2.3.1	资本金								
2.3.2	资本公积金								
2.3.3	累计盈余公积金								
2.3.4	累计未分配利润								
计算指标		资产负债率（%）							

表 4-19　财务计划现金流量表　　　　　　　　　　　　　　　　　　　　　　　　　　　　　　　（单位:万元）

序号	项目	计算期					
		1	2	3	4	…	n
1	经营活动净现金流量(1.1－1.2)						
1.1	现金流入						
1.1.1	营业收入						
1.1.2	增值税销项税额						
1.1.3	补贴收入						
1.1.4	其他流入						
1.2	现金流出						
1.2.1	经营成本						
1.2.2	增值税进项税额						
1.2.3	增值税						
1.2.4	所得税						
1.2.5	其他流出						
2	投资活动净现金流量(2.1－2.2)						
2.1	现金流入						
2.2	现金流出						
2.2.1	建设投资						
2.2.2	维持运营投资						
2.2.3	流动资金						
2.2.4	其他流出						
3	筹资活动净现金流量(3.1－3.2)						
3.1	现金流入						
3.1.1	项目资本金投入						
3.1.2	建设投资借款						
3.1.3	流动资金借款						
3.1.4	债券						
3.1.5	短期借款						
3.1.6	其他流入						
3.2	现金流出						
3.2.1	各种利息支出						
3.2.2	偿还债务本金						
3.2.3	应付利润						
3.2.4	其他流出						
4	净现金流量(1+2+3)						
5	累计盈余资金						

上述各财务报表可根据建设项目的具体情况进行增减,各财务报表之间的关系见图4-6。

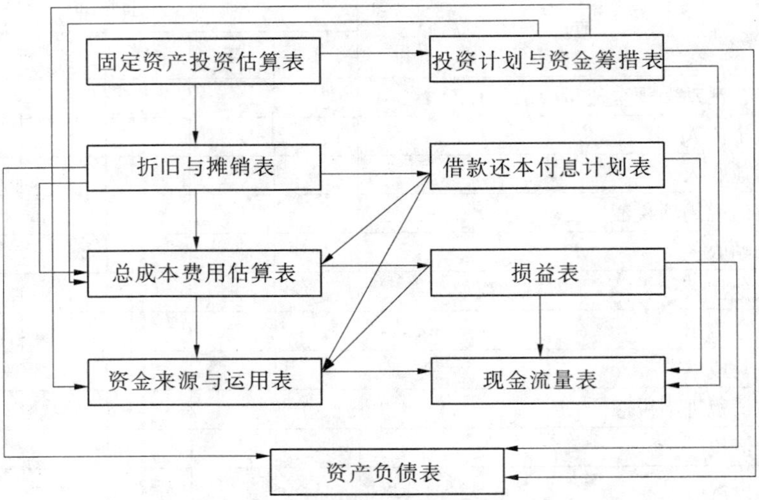

图4-6　各财务报表之间的关系

思考与练习

1. 简述建设项目财务评价的概念。

2. 建设项目财务评价的内容与步骤有哪些?

3. 建设项目财务评价的报表包括哪些? 各有什么作用?

4. 反映项目盈利能力的财务指标有哪些?

5. 反映项目清偿能力的财务指标有哪些?

6. 项目的总投资都形成何种资产? 每种资产各有何特点?

7. 一般情况下,项目的资产负债率不应过高,否则可能出现资不抵债的情况。这是否意味着,项目的资产负债率越低越好? 为什么?

8. 某工程项目总投资2 000万元,其中流动资金400万元;固定资产投资中自有资金900万元;项目建设期3年,每年用款比例为3:5:2;项目建成后第1年即达到设计生产能力,生产期间,每年销售收入1 350万元,销售税金及附加60万元,经营成本600万元,总成本800万元;项目寿命期12年,寿命期末回收固定资产余值为固定资产原值的8%,假设项目的固定资产投资全部形成固定资产原值。若行业基准收益率为8%,试计算所得税前后项目的财务内部收益率、财务净现值、投资回收期、投资利润率、投资利税率和资本金利润率。

9. 某项目建设期为2年,生产期为8年。项目建设投资(含工程费、其他费用、预备费)3 100万元,预计全部形成固定资产。固定资产折旧年限为8年,按平均年限法计算折旧,残值率为5%,在生产期末回收固定资产残值。

建设期第1年投入建设资金的60%,第2年投入40%,其中每年投资的50%为自有资金,50% 由银行贷款,贷款年利率为 7%,建设期只计息不还款。生产期第 1 年投入流动资金 300 万元,全部为自有资金。流动资金在计算期末全部回收。

建设单位与银行约定:从生产期开始的 6 年间,按照每年等额本金偿还法进行偿还,同时偿还当年发生的利息。

预计生产期各年的经营成本均为 2 600 万元,销售收入在计算期第 3 年为 3 800 万元,第 4 年为 4 320 万元,第 5 ~ 10 年均为 5 400 万元。假定销售税金及附加的税率为 6%,所得税税率为 33%。行业基准投资回收期为 8 年,财务基准收益率为 10%。

问题:

(1)编制项目还本付息表。

(2)编制项目全部投资现金流量表。

(3)评价本项目是否可行。

10. 某建设项目有关数据资料如下:

(1)建设期 2 年,运营期 8 年,固定资产投资总额 5 000 万元(不含建设期贷款利息),其中包括无形资产 600 万元。项目固定资产投资资金来源为自有资金和贷款,贷款总额 2 200 万元,在建设期每年借入 1 100 万元,贷款年利率为 5.85%(按季计息)。流动资金为 900 万元,全部为自有资金。

(2)无形资产在运营期 8 年中,均匀摊入成本。固定资产使用年限 10 年,残值为 200 万元,按照平均年限法折旧。

(3)固定资产投资贷款在运营期前 3 年按照等额还本付息法偿还。

问题:

(1)计算建设期贷款利息、运营期固定资产折旧费和期末固定资产余值。

(2)编制还本付息表和总成本费用表。

第 5 章　工程项目的国民经济评价

国民经济评价是工程项目经济评价的核心部分，是决策部门考虑建设项目取舍的主要依据。对工程项目进行国民经济评价有利于引导投资方向，控制投资规模，提高国民经济计划质量。本章主要介绍国民经济评价的基本理论和方法，如国民经济评价的概念、费用与效益、评价指标、评价参数和评价报表等内容。

5.1　国民经济评价概述

5.1.1　国民经济评价的概念与意义

5.1.1.1　国民经济评价的概念

国民经济评价是从全社会或国民经济整体利益出发，采用影子价格、影子工资、影子汇率和社会折现率等参数，分析项目对国民经济的影响，分析计算项目给国民经济带来的净贡献，以评价项目经济上的合理性和宏观可行性。

5.1.1.2　国民经济评价的意义

国民经济评价从形式上看与财务评价相类似，都是对项目盈利状况的评价，但是财务评价是站在项目经营者的角度进行分析的，而国民经济评价是站在国家和全社会的角度考察项目对整个国民经济的贡献。国民经济评价的意义主要体现在以下几个方面：

(1)可以真实全面地反映工程项目对国民经济的净贡献。

国民经济评价能够客观地估算出投资项目为社会做出的贡献和社会为项目付出的代价。我国同大多数发展中国家一样，不少商品的价格不能反映价值，也不能反映供求关系，在商品价格严重失真的条件下，按现行价格计算项目的投入与产出，不能确切地反映项目建设给国民经济带来的效益和费用。国民经济评价运用反映项目投入物和产出物真实价值的影子价格计算建设项目的费用和效益，可以真实地反映项目对国民经济的贡献以及社会为项目付出的代价。

(2)可以从宏观上起到合理配置资源的作用。

对于不断增长的人口及其消费趋势来说，国家资源总是有限的，有些甚至是稀缺的，比如土地、各种自然资源、劳动力和资金等，仅仅从企业财务角度评判项目的得失，无法正确反映资源的利用是否合理；而国民经济评价则在宏观上对资源流动进行跟踪，引导资源配置合理化，结合产业政策和地区政策，鼓励和促进某些有前途的产业和某类项目的发展，相应抑制和淘汰某些不适应的产业和某类项目的发展。

(3)可以达到统一标准的目的。

由于国民经济评价中采用统一的评价参数，包括影子价格、社会折现率、影子汇率、影子工资、贸易费用率等，这些参数的运用，就使不同地区、不同行业的投资项目在经济评价中都站在同一标准上，使效益和费用更具可比性。

(4)国民经济评价使投资决策更加科学化。

由于财务评价只关心企业自身的得失，不涉及项目以外的问题，因此结论可能是片面的，例如有的项目也许自身盈利丰厚，但是对环境污染严重，从长远看为治理环境需付出沉重的代价，最终得不偿失，这样的项目不能靠财务评价来进行决策，而只能通过国民经济评价来做出决策。相反，有些项目公益性强，为社会所必需，但直接经济效益却很低，甚至亏损，这样的项目若只做财务评价肯定通不过，也只能通过国民经济评价的结果来做决策。另外，由于财务评价中包含了税收、补贴和贷款及还本付息等转移支付，使不同项目的财务盈利效果失去了公正比较的基础，而国民经济评价则消除了这些外在的不平等性，使决策更趋科学化。

5.1.2　国民经济评价的范围与内容

5.1.2.1　国民经济评价的范围

从狭义上来说，国民经济评价应与社会评价分开，国民经济评价仅仅分析和评价项目对国家经济产生的影响，而项目对就业、消费、文化教育、文学艺术、生态环境、科学技术等社会生活的其他方面产生的影响放在社会评价中去分析和评价。

从广义上来说，社会评价包含在国民经济评价之中，认为可以将费用和效益的比较方法用于项目影响的各个方面，可以将各种影响的费用和效益都用统一的计量单位、统一的费用与效益相比较及分析的方法，以确定项目各种影响的总费用和总效益。

我国现在采用的《方法与参数》(第3版)基本上采用了狭义的国民经济评价概念，要求用统一量纲(货币)将项目对国民经济产生的各种影响，用统一的费用与效益分析方法进行分析比较和评价。考虑到我国的实际情况，采用了比较简便的处理方法。

5.1.2.2　国民经济评价的内容

国民经济评价的内容主要是项目的盈利能力分析和外汇平衡分析，它通过识别项目的效益和费用，计算和选取影子价格，编制国民经济评价报表，计算国民经济评价指标并进行方案比选。它主要包括以下三大部分。

(1)国民经济中效益和费用的识别。

与财务评价相比，国民经济评价中的效益和费用从含义到范围都有很大的区别，它不仅包括投资项目建设和运营过程中直接发生的、在财务账面上直接显现的直接效益和费用，还包括那些因项目建设和运营对外部造成的、不在财务账面上直接显现的间接效益和费用。这就需要对这些效益和费用进行一一识别、归类，并尽量予以定量处理，难以定量处理的，也可以进行定性分析。

(2)影子价格的确定与基础数据的调整。

正确拟定项目投入物和产出物的影子价格是保障国民经济评价科学性的关键。在进行国民经济评价时，应选择既能够反映资源的真实经济价值，又能够反映市场供求关系，并且符合国家经济政策的影子价格，在此前提条件下，将项目的各项经济基础数据按照影子价格进行调整，计算各项国民经济中的效益和费用。

(3)国民经济效果分析是根据以上各项国民经济效益和费用，编制项目的国民经济效益费用流量表,结合社会折现率等经济参数,计算项目的各项国民经济评价指标,并进行不确定性分析,最终对投资项目的经济合理性进行综合评价。

5.1.3 财务评价与国民经济评价的关系

在工程项目经济评价中,财务评价和国民经济评价是项目经济评价的主要内容。由于财务评价与国民经济评价的对象是同一个工程项目,因此它们之间的关系是非常密切的,二者之间既有相似之处,又有着本质的区别。

5.1.3.1 财务评价与国民经济评价的共性

1)评价的目的相同

财务评价和国民经济评价都属于经济评价的范畴,其目的都是寻求经济效益最有利的投资项目和建设方案,即寻求以最小的投入获得最大的产出的项目和方案。

2)评价的基础相同

财务评价和国民经济评价都是项目可行性研究的组成部分,都需在完成项目的市场分析、市场需求预测、方案构思、投资估算及资金规划等步骤的基础上进行计算和论证。

3)评价的基本方法和基本指标相同

财务评价和国民经济评价都是在经济效果评价与方案比选的基本理论的指导下,采用基本相同的分析方法,都要考虑资金的时间价值,采用净现值、净年值、内部收益率等基本评价指标,通过编制相关报表对项目进行分析与比较。

4)计算期相同

财务评价和国民经济评价的计算期是一致的,都包括项目的建设期和生产期。

5.1.3.2 财务评价与国民经济评价的区别

1)评价的角度不同

财务评价是从项目财务核算单位的角度出发,分析测算项目的财务收入和支出,考察项目的盈利能力和清偿能力,进而评价项目的财务可行性;而国民经济评价则是站在国家整体的立场上,从全社会的宏观角度出发,考察项目对国民经济的贡献,进而评价项目经济上的合理性。

2)费用与效益的计算范围不同

财务评价的效益是指项目实施后财务核算单位的实际财务收入,其费用是指财务核算单位的实际财务支出。国民经济评价是站在国家的立场上,研究项目实施后国家所能获得的效益(包括直接效益、间接效益、有形效益、无形效益)和国家为此付出的代价(耗费的资源),为此,属于国民经济内部转移的税金、利润、国内借款利息以及各种补贴等,均不应计入项目的费用或效益。

3)使用的价格体系不同

财务评价采用的是财务价格,而国民经济评价采用的是影子价格。财务评价采用的财务价格,是指以现行几个体系为基础的预测价格。当前,国内现行价格包括现行商品价格和收费标准,主要有国家定价、国家指导价和市场价格三种价格形式,在各种价格并存的情况下,项目的财务价格应该是预测的最有可能发生的价格。国民经济评价中,由于要求不同地区、不同行业的投资项目具有可比性,因此采用一个统一的价格标准——影子价格。

4)评价中使用的参数不同

财务评价通常采用实际支付的汇率和行业财务基准收益率,而国民经济评价采用国家统一测定的影子汇率和社会折现率。

5)评价的组成内容不同

财务评价的组成内容包括盈利能力分析、清偿能力分析、外汇平衡分析三个方面,而国民经济评价的组成内容则只包括盈利能力分析、外汇效果分析两个方面。对于只使用国内资金的项目,财务评价的内容主要是盈利能力和清偿能力的分析,而国民经济评价的内容则主要是项目盈利能力的分析。

6)考察和跟踪的对象不同

财务评价考察的是项目财务生存能力,跟踪的是与项目直接相关的货币流动;国民经济评价考察的是项目对国民经济的净贡献,跟踪的是围绕项目发生的资源流动。

由于上述区别,两种评价有时可能得出相反的结论。一般情况下,财务评价和国民经济评价都合理可行的方案才能被通过。国民经济评价结论不可行的项目,一般应予否定。对某些国计民生急需的项目,如果国民经济评价合理,而财务评价不可行,应重新考虑替代方案,必要时也可向主管部门提出维持项目正常运行需由国家补贴的资金数额和需要采用的优惠措施或政策,使项目既能满足国民经济发展的需要,又具有财务生存能力。

财务评价和国民经济评价的比较可以用表5-1来描述。

表5-1　财务评价和国民经济评价的比较

项目	财务评价	国民经济评价
评价目的	寻求以最小的投入获得最大的产出的项目和方案	
评价基础	在完成项目的市场分析、市场需求预测、方案构思、投资估算及资金规划等步骤的基础上进行计算和论证	
评价的基本方法	在经济效果评价与方案比选的基本理论的指导下,采用基本相同的分析方法	
评价的基本指标	考虑资金的时间价值,采用净现值、净年值、内部收益率等基本评价指标	
计算期	包括项目的建设期和生产期	
评价角度	项目财务核算单位(企业)	国家和全社会
效益费用的划分	直接效益和费用	直接效益和费用及间接效益和费用
价格体系	财务价格(市场价格)	影子价格
评价标准	财务基准收益率	社会折现率
评价内容	盈利能力、清偿能力、外汇平衡	盈利能力、外汇效果
考察对象	自身财务生存能力	对国民经济的净贡献
跟踪对象	货币流动	资源流动
主要报表	总成本费用表、利润表、损益表、财务现金流量表、资产负债表、资金来源与运用表、借款还本付息表	国民经济效益费用流量表
税收和补贴	考虑	不考虑
沉没费用	考虑	不考虑
固定资产折旧	考虑	不考虑
贷款及归还	考虑	不考虑

5.2　国民经济评价的效益和费用

5.2.1　国民经济评价效益和费用的识别原则

确定建设项目经济合理性的基本途径是将建设项目的费用与效益进行比较,也就是要认清所评价的项目在哪些方面对整个国民经济产生费用,又在哪些方面产生效益,进而计算对国民经济的净贡献。因此,正确地识别费用与效益,是保证国民经济评价正确性的重要条件和必要前提。

项目的国民经济效益是指项目为国民经济做出的全部贡献,包括项目的直接效益和间接效益;国民经济为项目付出的代价均为项目的国民经济费用,包括直接费用和间接费用,但是属于国民经济内部转移支付的部分不计为项目的费用或效益。

在辨识和分析计算项目的费用和效益时应按有无分析法(即有投资和无投资情况的费用和效益)计算其增量,按效益与费用计算口径对应的原则确定费用与效益的计算范围。

5.2.2　国民经济评价效益和费用的分类

5.2.2.1　直接效益

直接效益是指由项目产生物产生并在项目范围内计算的经济效益。一般表现为增加该产出物数量满足国内需求的效益;替代其他相同或类似企业和产出物,使被替代企业减产以减少国家有用资源耗费(或损失)的效益;增加出口(或减少进口)所增收(或节支)的国家外汇等。

5.2.2.2　直接费用

直接费用是指项目使用投入物所产生并在项目范围内计算的经济费用。一般表现为其他部门为供应本项目投入物而扩大生产规模所耗用的资源费用,减少对其他项目(或最终消费投入物)的供应而放弃的效益,增加进口(减少出口)所耗用(或减少)的外汇等。如灌区工程资金的投入等。

5.2.2.3　间接效益与间接费用

间接效益又称为外部效益,是指项目对社会作了贡献,由项目引起而在直接效益中没有得到反映的效益。比如水库的建设,使得上下游的居民收益;企业污染的治理,使周围居民收益。

间接费用又称为外部费用,是指国民经济为项目付出了代价,而项目本身并不实际支付的费用。外部费用的计算范围应考虑环境及生态影响效果、技术扩散效果和产业关联效果,为防止外部效果计算扩大化,项目的外部效果一般只计算一次相关效果,不应连续计算。

对于显著的间接效益和间接费用应作定量分析,计入项目的总收益和总费用,不能定量的,应尽可能作定性描述。

5.2.2.4 转移支付

在项目费用和效益的识别过程中,经常会遇到国内借款利息、税金、折旧以及财政补贴等问题的处理,从国民经济总体的角度看,并没有造成资源的实际增加和减少,仅仅是资源使用权在不同的社会实体之间的一种转移,称之为转移支付。在国民经济评价中,转移支付不能计入项目的费用或效益。

1)利息

利息是利润的转化形式,是企业和银行之间的一种资金转移,并不涉及资源的增减变化,所以利息也不能作为社会成本。

2)税金

税金包括产品税金、增值税、资源税、关税等。税金从拟建项目来说是一项支出,从国家财政来说是一项收入,但是对于国民经济评价来说,它仅仅表示项目对国民经济的贡献有一部分转移到政府手中,由政府再分配。项目对国民经济的贡献大小并不随税金的多少而变化,因而它属于国民经济内部的转移支付。

3)折旧

会计上的折旧基金是从收入里提出的一部分,换个名称,留在账上,和实际资源的消耗无关,在评价项目时,主要目的是观察投资用于这个项目所得到的收益是多少。在经济效益分析时已把固定资产投资所消耗的资源作为项目的投资成本,所以这部分固定资产在会计上提取的折旧,就不能作为社会资本。

4)补贴

补贴包括出口补贴、价格补贴等。补贴虽然增加了拟建项目的财务收益,但是这部分收入,企业并没有为社会提供等值的资源,而是国家从国民收入中批出一部分资金转给了企业,所以国家以各种形式给予的补贴都不能算是社会收益。

5.3 国民经济评价的参数与指标

国民经济评价的参数是指计算、衡量项目的经济费用与效益的各类计算参数和判定项目合理性的判据参数。国民经济评价的参数体系有两类:一类是通用参数,如社会折现率、影子汇率和影子工资等,这些参数由有关专门机构组织测算和发布;另一类是各种货物、服务、土地、自然资源等影子价格,由行业或者项目评价人员测定。

5.3.1 社会折现率

社会折现率是指建设项目国民经济评价中衡量经济内部收益率的基准值,也是计算项目经济净现值的折现率,是项目经济可行性和方案比选的主要判据。

社会折现率应根据国家的社会经济发展目标、发展战略、发展优先顺序、发展水平、宏观调控意图、社会成员的费用时间偏好、社会投资收益水平、资金供给状况、资金机会成本等因素综合确定。社会折现率的大小对工程项目的国民经济评价结果有重要影响,在其他条件相同的情况下,社会折现率越高,所计算出来的国民经济评价指标中净现值和效益费用比越小,投资回收期越长,经济效果越差。社会折现率确定的合理性,有助于合理分配建设资金，引导资金投向对国民经济贡献大的项目，还有助于调控投资规模，促进资金在长、短期项目之间合理配置，因此科学地确定社会折现率对搞好国民经济评价工作是很重要的。在实际中，《方法与参数》(第3版)设定社会折现率为8%；对于受益期长的建设项目，如果远期效益较大，效益实现的风险较小，社会折现率可适当降低，但不应低于6%。

社会折现率作为国民经济评价中的一项重要参数，是国家评价和调控投资活动的重要经济杠杆之一。在项目国民经济评价中，只有经济内部收益率大于社会折现率的项目才可行。

5.3.2 影子价格

影子价格又称最优计划价格或效率价格，指有限资源在最优分配、合理利用条件下，对社会目标的边际贡献或边际效益，即指在社会经济处于某种最优状态时，供应与需求达到均衡时的产品与资源的价格。它是在20世纪30年代末、40年代初分别由苏联经济学家康德洛维奇和荷兰经济学家丁伯根提出并进行研究的。把资源和价格联系起来是影子价格的主要特征。在完全自由竞争市场中，产品的市场价格就是它的影子价格，因而影子价格实际上也是供求价格，它受供求变化的影响。当产品或资源极端缺乏时，它的影子价格就很高；反之，当产品或资源充分供应时，它的影子价格就很低，过剩资源的影子价格为零。

国民经济评价采用影子价格的主要原因是我国市场经济不发达及经济管理体制、经济贸易政策和历史原因使价格扭曲变形严重，市场价格偏离价值的现象普遍存在。因此，现行不合理的市场价格不能作为资源配置的正确标准。影子价格的作用，就是对扭曲的市场价格进行调整和纠正，从而显示项目经济费用的真实性，以实现社会资源的最优配置和有效利用，同时也有利于按政府的投资政策和国情对项目方案做出选择。

从理论上说，影子价格是可通过数学规划的方法计算出来的最优价格。根据《方法与参数》(第3版)规定，通常将项目的投入物和产出物区分为外贸货物、非外贸货物和特殊投入物等三种类型，应按照使用范围和特点分别确定其影子价格。

5.3.2.1 外贸货物影子价格

外贸货物是指项目使用或生产的，将直接或间接影响国家对这种货物的进口或出口的货物，包括项目产出物中直接出口、间接出口和替代进口的产品，以及直接进口、间接进口和减少出口的项目投入物。外贸货物的影子价格以口岸价为基础确定。

1）产出物

(1)直接出口。

项目的产出物直接出口是指项目的产品通过国内或国外的外贸公司或由项目(企业)直接或间接出口。

$$\text{影子价格} = \text{产品出口离岸价} \times \text{影子汇率} - \text{国内运杂费} - \text{贸易费用} \tag{5-1}$$

(2)间接出口。

项目的间接出口是指项目的产品并不出口，而是在国内销售，但是可以替代其他企业的产品供应国内消费，使其他企业的产品得以出口，从而导致国家增加这类产品的出口。

影子价格＝同类产品离岸价×影子汇率－原供应厂到口岸的运杂费和贸易费用＋原供应厂到用户的运杂费和贸易费用－项目地点到用户的运杂费和贸易费用 (5-2)

(3)替代进口。

项目产出物替代进口是指项目的产品并不出口,而是在国内销售,但是这种产品原来国家是大量进口的,项目的产品供给国内使用后,使国家同类产品的进口量减少。

影子价格＝被替代进口货物的到岸价×影子汇率＋被替代进口货物从口岸到用户的运杂费和贸易费用－项目产品出厂到用户的运杂费和贸易费用 (5-3)

2)投入物

(1)直接进口。

直接进口指项目的产品通过国内或国外的外贸公司或由项目(企业)直接或间接进口。

影子价格 ＝ 产品进口到岸价 × 影子汇率 ＋ 国内运杂费 ＋ 贸易费用 (5-4)

(2)间接进口。

项目的间接进口是指项目的投入物并不是进口产品,项目使用国内产品,但挤占其他用户,使得国家的进口量增加。

影子价格＝产品进口到岸价×影子汇率－国内生产供应厂到原用户的运杂费和贸易费用＋间接进口投入物从口岸到原用户的运杂费和贸易费用＋国内生产供应厂到项目地点的运杂费和贸易费用 (5-5)

(3)减少出口。

减少出口是指项目的投入物由国内生产,但由于项目的使用而使国家减少了该产品的出口。

影子价格＝投入物的出口离岸价×影子汇率－投入物原来出口由生产厂到项目地点的运杂费和贸易费用＋投入物由生产厂到项目点的运杂费和贸易费用 (5-6)

其中:贸易费用是指外经贸机构为进出口货物所耗用的、用影子价格计算的流通费用,包括货物的储运、再包装、短途运输、装卸、保险、检验等环节的费用支出,以及资金占用的机会成本,还包括工厂与口岸之间的长途运输费用。

贸易费用 ＝ 货物的口岸价 × 贸易费率 (5-7)

5.3.2.2 非外贸货物影子价格

非外贸货物是指项目以某种产品作为投入物使用或作为产品生产,将不影响国家对这种货物的进、出口量。

1)产出物

(1)项目的产品增加国内供应量、增加新的消费量的,如果市场供求均衡,按市场价计算;如果市场供求不均衡,要考虑市场变化的趋势进行定价,但不应高于相同质量产品的进口价格。

(2)市场上已经或将要供过于求的产品,项目的产品不增加国内的总消费量,只是替代其他相同或类似企业的同类产品,导致被替代企业停产或减产。其质量与被替代产品相同的,应按被替代企业相应的可变分解成本定价;提高产品质量的按被替代产品的可变分解成本加提高产品质量而带来的国民经济效益定价,其中,提高产品质量带来的效益可近似地按照国际市场价格与被替代产品的国内市场价格之差计算。

非外贸货物产出物按上述原则计算影子价格如下

$$产出物影子价格(出厂价) = 市场价格 - 国内运杂费 \tag{5-8}$$

2)投入物

(1)能通过原有企业利用原有生产能力挖潜增加供应的,按照可变分解成本定价。

(2)需通过增加投资扩大生产规模满足项目的投入需要的,按投入物的全部分解成本(包括可变成本和固定成本的分解成本)定价。当难以获得成本分解所需要的资料时,可参照国内市场价格定价。

(3)无法通过增加生产满足项目投入需要,从而使项目挤占了其他用户对投入物的使用的,以国内市场价、国家统一定价加补贴(若有补贴)中较高者定价。

投入物按照上述原则计算出价格后,其影子价格为

$$投入物影子价格(到厂价) = 市场价格 + 国内运杂费 \tag{5-9}$$

3)政府调控价格货物的影子价格

有些货物或者服务不完全由市场机制形成价格,而是由政府调控价格,例如由政府发布指导价、最高限价和最低限价等,这些货物或者服务的价格不能完全反映其真实价值。在进行国民经济评价时,应对这些货物或者服务的影子价格采用特殊方法确定。确定影子价格的原则:投入物按机会成本分解定价,产出物按消费者支付意愿定价。

(1)电价作为项目投入物的影子价格,一般按完全成本分解定价,电力过剩时按可变成本分解定价。电价作为项目产出物的影子价格,可按电力对当地经济边际贡献率定价。

(2)铁路运价作为项目投入物的影子价格,一般按完全成本分解定价,运输量富余的地区,按可变成本分解定价。

(3)水价作为项目投入物的影子价格,按后备水源的边际成本分解定价,或者按恢复水功能的成本计算水价作为项目产出物的影子价格;按消费者支付意愿或者按消费者承受能力加政府补贴计算。

5.3.2.3 特殊投入物影子价格

特殊投入物是指项目在建设及生产运营中使用的劳动力、土地和自然资源等。项目使用特殊投入物所发生的国民经济费用,应分别采用下列方法确定其影子价格。

1)影子工资

影子工资是指建设项目使用劳动力资源而使社会付出的代价。建设项目国民经济评价中以影子工资计算劳动力费用。

$$影子工资 = 劳动力机会成本 + 新增资源消耗 \tag{5-10}$$

式中,劳动力机会成本是指劳动力在本项目被使用,不能在其他项目中使用而被迫放弃的劳动收益;新增资源消耗指劳动力在本项目新就业或由其他就业岗位转移来项目而发生的社会资源消耗,这些资源的消耗并没有提高劳动力的生活水平。

影子工资一般是通过影子工资换算系数计算的。影子工资换算系数是指影子工资与项目财务评价中劳动力的工资和福利费比值。对于技术劳动力,影子工资等于财务工资,

即影子工资换算系数为1。对于非技术劳动力，推荐在一般情况下采取财务工资的0.25～0.8倍作为影子工资。

2）土地影子价格

土地使用权可以自由地在土地批租市场流动，那么土地的影子价格可以近似地用市场价格来表示。只是在确定土地影子价格时，需要从土地市场价格中剔除政府对土地使用权买卖征收的税款部分，因为这部分是转移支付。如果土地市场不健全，土地的使用价格因政府的干预存在扭曲，则需要利用机会成本的概念，对当时当地土地可能使用的各种现实用途进行计算，以土地得到最大净收益的机会为计算对象，测算出土地的影子价格。土地影子价格反映土地用于该拟建项目后，不能再用于其他目的所放弃的国民经济效益，以及国民经济为其增加的资源消耗。

$$土地影子价格 = 土地机会成本 + 占用该土地而引起的新增资源消耗 \quad (5\text{-}11)$$

建设项目实际征地费用可分为三部分，分别按照不同的方法调整：①属于机会成本性质的费用，按照在"有项目"情况下土地的占用造成原有地上附属物财产的损失及其他资源耗费来计算，如土地补偿费、青苗补偿费等，按照机会成本计算方法调整计算；②属于新增资源消耗费用，如拆迁费用、剩余劳动力安置费和地上附着物补偿费等，按影子价格计算；③属于转移支付，如粮食开发基金、耕地占用税等。

3）自然资源影子价格

各种自然资源是一种特殊的投入物，项目使用的矿产资源、水资源、森林资源等都是对国家资源的占用和消耗。

不可再生（矿产等）自然资源的影子价格按资源的机会成本计算，可再生（水和森林等）自然资源的影子价格按资源再生费用计算。

5.3.3　影子汇率

影子汇率是指能正确反映国家外汇经济价值的汇率。建设项目国民经济评价中，项目的进口投入物与出口产出物，应采用影子汇率换算系数调整计算进出口外汇收支的价值。

影子汇率可通过影子汇率换算系数得出。影子汇率换算系数是指影子汇率与外汇牌价之间的比值。影子汇率应按下式计算

$$影子汇率 = 外汇牌价 \times 影子汇率换算系数 \quad (5\text{-}12)$$

根据目前我国外汇收支状况、主要进出口商品的国内价格与国外价格比较、出口换汇成本及进出口关税等因素的综合分析，目前我国的影子汇率换算系数取值为1.08。

5.3.4　国民经济评价指标

国民经济评价主要是进行经济盈利能力分析，其基本评价指标有经济内部收益率、经济净现值和经济效益费用比。

5.3.4.1　经济内部收益率（*EIRR*）

经济内部收益率是反映项目对国民经济所作净贡献的相对指标，它是使项目计算期内的经济净效益流量的折现值累计等于零时的折现率。其表达式为

$$ENPV = \sum_{t=1}^{n} (B - C)_t (1 + EIRR)^{-t} = 0 \tag{5-13}$$

式中,B 为经济效益流量;C 为经济费用流量;$(B - C)_t$ 为第 t 期的经济净效益流量;n 为项目计算期。

一般情况下,经济内部收益率大于或等于社会折现率 i_s 的项目,表明其对国民经济的净贡献能力超过或达到要求的水平,应认为是可以考虑接受的。

5.3.4.2 经济净现值 (*ENPV*)

经济净现值是反映项目对国民经济所作贡献的绝对指标,它是用社会折现率将项目计算期内各年的净效益流量折算到建设期初的现值之和。当经济净现值大于零时,表示国家为拟建项目付出代价后,除得到符合社会折现率的社会盈余外,还可以得到以现值计算的超额社会盈余。其表达式为

$$ENPV = \sum_{t=1}^{n} (B - C)_t (1 + i_s)^{-t} \tag{5-14}$$

式中,i_s 为社会折现率;其他符号意义同前。

一般情况下,经济净现值大于或等于零的项目,应认为是可以考虑接受的。

5.3.4.3 经济效益费用比(*EBCR*)

经济效益费用比是指在计算期内效益流量的现值与费用流量的现值之比,其表达式为

$$EBCR = \frac{\sum_{t=1}^{n} B_t (1 + i_s)^{-t}}{\sum_{t=1}^{n} C_t (1 + i_s)^{-t}} \tag{5-15}$$

如果经济效益费用比大于 1,表明项目资源配置的经济效率达到了可以被接受的水平。

5.4 国民经济评价的方法与步骤

国民经济评价分两种情形:一种是直接对项目进行国民经济评价,另一种是在项目财务评价的基础上进行国民经济评价,它们的评价步骤也不尽相同。

5.4.1 直接进行项目国民经济评价的步骤

(1)识别和计算项目的直接效益。

对那些为国民经济提供产出物的项目,首先应根据产出物的性质确定是否属于外贸货物,再根据定价原则确定产出物的影子价格。按照项目产出物的种类、数量及其逐年的增减情况和产出物的影子价格计算项目的直接效益。对那些为国民经济提供服务的项目,应根据服务的数量和用户的收益计算项目的直接效益。

(2)估算投资费用。

用货物的影子价格、土地的影子费用、影子工资、影子汇率等参数直接进行项目的投

资估算和流动资金估算，根据生产经营的实物消耗计算经营费用。

(3)识别项目的间接效益和间接费用。

对能定量的间接效益和间接费用进行定量计算，不能(或难以)定量的进行定性分析。

(4)编制有关报表，计算相应的评价指标。

(5)进行不确定性分析，分析投资项目的抗风险能力。

(6)国民经济评价结论。

综合考虑评价指标的评价结果和不确定性分析的结果，做出项目国民经济评价的结论，综合评价投资项目在经济上的合理性。

5.4.2　在项目财务评价基础上进行国民经济评价的步骤

(1)效益和费用范围的调整。

剔除已经计入财务效益和费用中的转移支付，识别项目的间接效益和间接费用，对能定量的应进行定量计算，不能(或难以)定量的进行定性分析。

(2)效益和费用数值的调整。

①固定资产投资的调整。剔除属于国民经济内部转移支付的引进设备、材料的关税和增值税，并用影子汇率、影子运费和贸易费用对引进设备价值进行调整；对于国内设备价值，则用其影子价格、影子运费和贸易费用进行调整。

②流动资金的调整。调整由于流动资金估算基础的变动而引起的流动资金占用量的变动。

③经营费用的调整。先用货物的影子价格、影子工资等参数调整人工及材料等的费用，然后汇总得到调整后的经营费用。

④销售收入的调整。先确定项目产出物的影子价格，然后重新计算调整销售收入。

⑤在涉及外汇借款时，用影子汇率计算外汇借款本金与利息的偿还额。

(3)编制项目的国民经济效益费用流量表，计算相应的评价指标。

(4)进行不确定性分析，分析投资项目的抗风险能力。

(5)国民经济评价结论。

5.5　国民经济评价报表

国民经济评价应编制基本报表(项目投资经济费用效益流量表)和辅助报表(经济费用效益分析投资费用估算调整表、经济费用效益分析经营费用估算调整表、项目直接效益估算调整表、项目间接费用估算表、项目间接效益估算表)。

(1)基本报表——项目投资经济费用效益流量表。

该表是考察项目投资对国民经济的净贡献，衡量项目的盈利能力，并据此判别项目的经济合理性，如表 5-2 所示。

表 5-2　项目投资经济费用效益流量表　（单位：万元）

序号	项目	合计	建设期		运营期				
			1	2	3	4	5	…	*n*
1	效益流量								
1.1	项目直接效益								
1.2	回收固定资产余值								
1.3	项目间接效益								
2	费用流量								
2.1	建设投资								
2.2	维持运营投资								
2.3	流动资金								
2.4	经营费用								
2.5	项目间接费用								
3	净现金流量（1－2）								
计算指标		经济内部收益率（％）、经济净现值、经济效益费用比							

（2）辅助报表1——经济费用效益分析投资费用估算调整表（见表5-3）。

表 5-3　经济费用效益分析投资费用估算调整表　（单位：万元）

序号	项目	财务分析			经济费用效益分析			经济费用效益分析比财务分析增减
		外币	人民币	合计	外币	人民币	合计	
1	建设投资							
1.1	建筑工程费							
1.2	设备购置费							
1.3	安装工程费							
2	其他费用							
2.1	其中：土地费用专利及专有技术费							
2.2	基本预备费							
2.3	涨价预备费							
2.4	建设期利息							
3	流动资金							
	合计（1＋2＋3）							

注：若投资费用是通过直接估算得到的，本表应略去财务分析的相关栏目。

（3）辅助报表2——经济费用效益分析经营费用估算调整表（见表5-4）。

表 5-4　经济费用效益分析经营费用估算调整表

序号	项目	单位	投入量	财务分析		经济费用效益分析	
				单价(元)	成本	单价(元)	费用
1	外购原材料						
1.1	原材料 A						
1.2	原材料 B						
1.3	原材料 C						
1.4	⋮						
2	外购燃料及动力						
2.1	煤						
2.2	水						
2.3	电						
2.4	⋮						
3	工资及福利费						
4	修理费						
5	其他费用						
	合计						

注:若投资费用是通过直接估算得到的,本表应略去财务分析的相关栏目。

(4)辅助报表 3——项目直接效益估算调整表(见表 5-5)。

表 5-5　项目直接效益估算调整表

产出物名称			投产第一期负荷(%)				投产第二期负荷(%)				…	正常生产年份(%)			
			A 产品	B 产品	…	小计	A 产品	B 产品	…	小计	…	A 产品	B 产品	…	小计
年产出量		计算单位													
		国内													
		国际													
		合计													
财务分析	国内市场	单价(元)													
		现金收入													
	国际市场	单价(美元)													
		现金收入													
经济费用效益分析	国内市场	单价(元)													
		直接效益													
	国际市场	单价(美元)													
		直接效益													
合计(万元)															

注:若投资费用是通过直接估算得到的,本表应略去财务分析的相关栏目。

(5)辅助报表 4——项目间接费用估算表(见表 5-6)。

表 5-6　项目间接费用估算表

序号	项目	合计	建设期		运营期				
			1	2	3	4	5	…	n

(6)辅助报表 5——项目间接效益估算表(见表 5-7)。

表 5-7　项目间接效益估算表

序号	项目	合计	建设期		运营期				
			1	2	3	4	5	…	n

思考与练习

1. 国民经济评价的含义及意义是什么?
2. 简述国民经济评价的范围。
3. 简述项目的财务评价和国民经济评价的区别与联系。
4. 国民经济评价的参数与指标分别有哪些?
5. 社会折现率的作用是什么? 它与财务评价中采用的基准收益率有何区别与联系?
6. 影子价格的作用是什么? 如何确定项目投入物和产出物的影子价格?
7. 什么是影子价格? 为什么国民经济评价中要使用影子价格?
8. 简述国民经济评价的方法与步骤。
9. 当项目的财务评价、国民经济评价结论出现不一致的情况时,项目应如何决策?
10. 在国民经济评价的费用与效益中,哪些项目属于转移支付? 如何认识转移支付?

第 6 章　工程项目经济评价的不确定性分析

作为投资决策依据的经济分析是建立在分析人员对未来事件所作的预测与判断基础之上的。由于影响各种方案经济效果的政治经济形势、资源条件、技术发展情况等因素，未来的变化带有不确定性，加上预测方法和工作条件的局限性，对方案经济效果评价中使用的投资、成本、产量、价格等基础数据的估算与预测结果不可避免地会有误差，从而可能使一个投资项目达不到预期的经济效果，甚至发生亏损。工程项目不确定性分析，就是寻求和计算分析各种不确定因素的变化对项目经济效益的影响，估算项目可能承担的风险，以便确定项目在财务上、经济上的可靠性，提高项目投资决策的科学性。

6.1　盈亏平衡分析

所谓盈亏平衡分析，就是将影响工程项目经济效果的因素作为分析对象，计算项目的盈亏平衡点，分析项目可以承受的风险程度。一般来讲，盈亏平衡分析只适用于项目的财务评价。

盈亏平衡分析按分析的方法，可以分为图解法和代数法；按分析要素之间的函数关系，可分为线性盈亏平衡分析和非线性盈亏平衡分析；按是否考虑资金的时间价值，可分为静态盈亏平衡分析和动态盈亏平衡分析。

6.1.1　盈亏平衡点

盈亏平衡点是指项目盈利与亏损的转折点。盈亏平衡点表示了项目销售收入和总成本之间的一种状态关系，在盈亏平衡点上，项目既无盈利又无亏损。在不确定性分析中，投资者需要确定这一平衡点处于何种水平上，据以判断项目的可行性。

6.1.1.1　销售收入与产品产量的关系

项目的销售收入与产品销售量（如果按销售量组织生产，产品销售量等于产品产量）的关系有两种情况。

第一种情况：该项目的生产销售活动不会明显地影响市场供求情况。假定其他市场条件不变，产品价格不会随着该项目的销售量变化而变化，可以看做是一个常数。销售收入与销售量是线性关系，即

$$R = P \times Q \tag{6-1}$$

式中，R 为销售收入；P 为单位产品价格；Q 为产品销售量。

第二种情况：该项目的生产销售活动将明显影响市场供求状况，随着该项目产品销售量的增加，产品价格有所下降，这时销售收入与销售量之间不再是线性关系，对应于销售量 Q_0 的销售收入为

$$R = \int_0^{Q_0} PQ\mathrm{d}Q \tag{6-2}$$

6.1.1.2　总成本与产品产量的关系

企业的总成本一般可分为固定成本和可变成本。可变成本是随着产量的增减而变化的；相对地，固定成本则可视为一个常量，与产量没有关系。

固定成本，一般包括行政管理费、设备折旧费、债务或投资偿还费用等。严格地说，不论什么费用都不可能完全地、绝对地与产量无关。但是，在一定的时间内，企业或生产部门不可能马上更换或增加设备，改变投资回收计划或改组管理机构等，所以上述费用在一定的时间内可以认为是相对固定的。可变成本，又称为产品的直接费用，是指企业或工厂设备没有变化的情况下，生产单位产品所需消耗的直接劳务及原材料等费用。显然，可变成本是随产品产量的增加而增长的。

固定成本与企业年内生产全部产品的可变成本之和称总成本。如以 F 表示固定成本，V 表示单位产品的可变成本，Q 表示该产品的数量，则总成本 C 可用式(6-3)或图 6-1 表示。

$$C = F + VQ \tag{6-3}$$

在正常生产条件下，总成本 C 与产量 Q 是呈线性关系的，但是在正常条件遇到破坏时(如产量增长需要工人加班加点，原料不足需要从外地进货等)，则单位产品总成本的增长就不是一条直线，而是由若干条斜率不同的直线组成的，这时有可能用一条非线性曲线近似表示。总成本与产量的关系可以写成式(6-4)，可用图 6-2 表示。

$$C(Q) = a_1Q + a_2Q^2 + a \tag{6-4}$$

式中，a、a_1、a_2 均为常数，一般可通过对生产过程的抽样测量得到三个不同的单位产量及相应的总成本，代入公式解出三个常数。

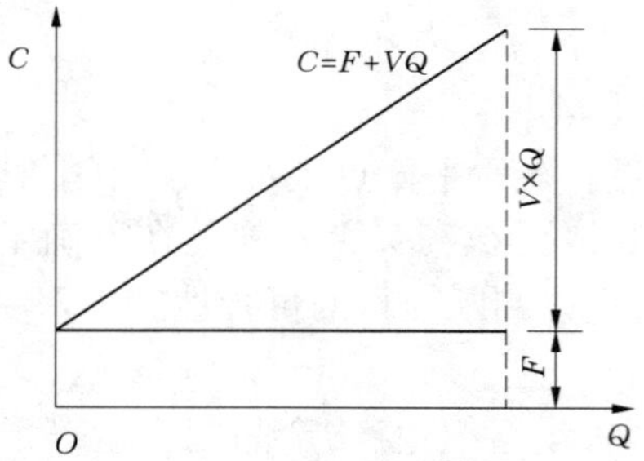

图 6-1　产品产量与总成本关系曲线

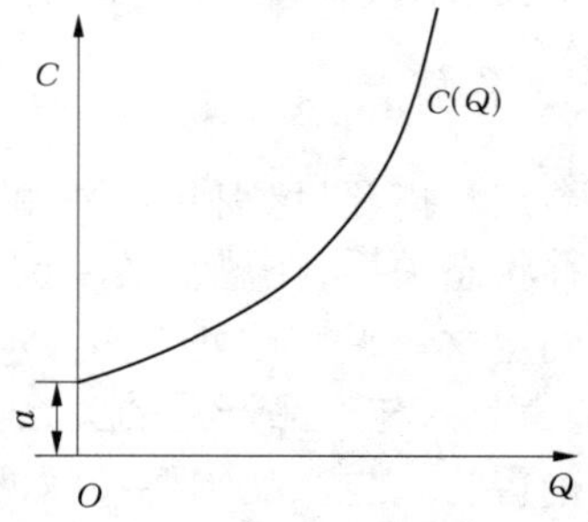

图 6-2　非线性成本函数曲线

6.1.1.3　盈亏平衡点

项目的盈亏平衡点是指根据项目正常生产年份的产量、成本、产品售价和税金等数据计算分析销售总收入和生产总成本，是销售总收入等于生产总成本的点，即销售利润为零的点。

企业或经营单位的销售利润可以表示为下式

$$M = R - C \tag{6-5}$$

式中，M 为企业或经营单位的销售利润，如果为负值表示该企业处于亏损状态，如果等于 0 表示盈亏达到平衡。

由于销售收入和总成本是产品产量的函数，如果销售收入和总成本是产量的线性关系，则可以通过数学计算求出盈亏平衡点时的产量。但如果是非线性关系，求解盈亏平衡点比较困难，这时可以通过图解法求解。即以产量作为横坐标，在同一张图上绘出销售收入和总成本的曲线，两条曲线的交点即为盈亏平衡点，如图 6-3、图 6-4 所示。

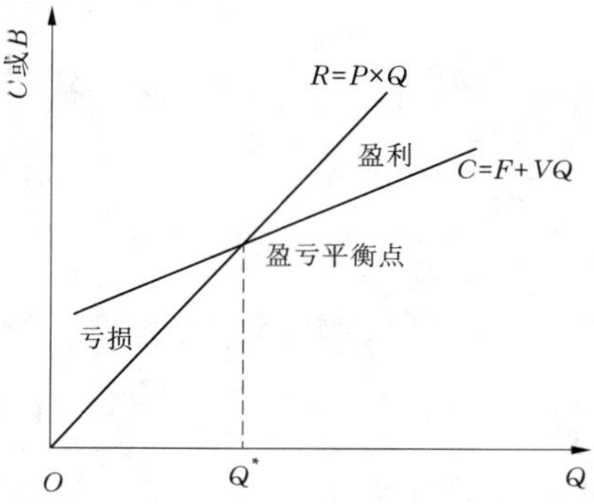

图 6-3　**线性盈亏平衡点**

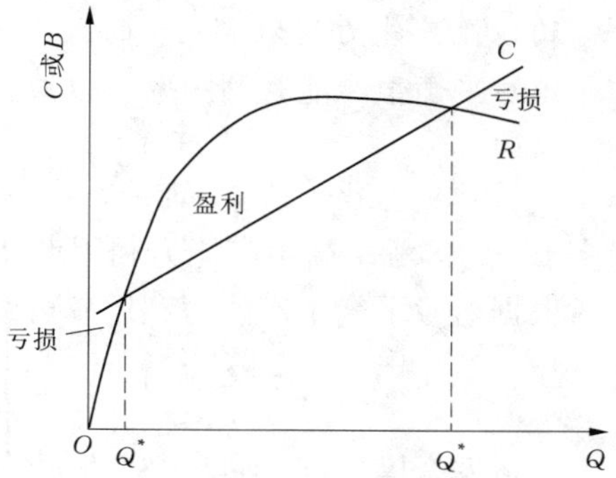

图 6-4　**非线性盈亏平衡点**

6.1.2　线性盈亏平衡分析

进行线性盈亏平衡分析，应满足下列假定条件：一是生产量等于销售量；二是生产量变化，单位可变成本不变，从而使总生产成本为生产量的线性函数；三是生产量变化，销售单价不变，从而使销售收入成为销售量的线性函数；四是只生产单一产品，或者生产多种产品，但可以换算为单一产品计算。

线性盈亏平衡分析通常采用数学计算法和图解法，下面分别介绍。

6.1.2.1　**数学计算法**

数学计算法是利用数学方程式来反映产量、成本和利润之间的关系，它涉及的关键变量有四个，即产销量、产品单价、成本和税收，这四个变量的关系如下：

销售净收入方程　　$TR = (P - T) \times Q$

生产总成本方程　　$TC = F + V \times Q$

利润方程　　$M = TR - TC$

式中，P 为单位产品的销售价格；T 为单位产品的销售税金；V 为单位产品的可变成本；其他符号意义同前。

1）以产销量表示的盈亏平衡点

由盈亏平衡点定义，$TR = TC$，$M = 0$，求得盈亏平衡产销量 Q^*，即

$$Q^* = \frac{F}{P - V - T} \tag{6-6}$$

当实际产销量大于盈亏平衡产销量时，可盈利；当实际产销量小于盈亏平衡产销量时，则会发生亏损。

2）以销售净收入表示的盈亏平衡点

由于产品销售单价假定为常数，因此盈亏平衡销售净收入可根据盈亏平衡产销量和产品销售单价计算，即

$$TR = Q^* \times P$$

或
$$TR^* = \frac{F}{P - V - T} \times P = \frac{F}{1 - V/P - T/P} \tag{6-7}$$

式中，TR^* 为盈亏平衡销售净收入；V/P 为变动成本率；T/P 为销售税率。

3）*以生产能力利用率表示的盈亏平衡点*

盈亏平衡生产能力利用率可以根据盈亏平衡产销量和项目设计生产能力来计算。

$$E^* = \frac{Q^*}{Q_0} \times 100\% = \frac{F}{(P - V - T) \times Q_0} \times 100\% \tag{6-8}$$

式中，E^* 为盈亏平衡生产能力利用率；Q_0 为项目设计生产能力。

根据盈亏平衡生产能力利用率可以计算出项目产品产量的安全度 K。

$$K = 1 - E^* = 1 - \frac{Q^*}{Q_0} \tag{6-9}$$

产量安全度越高，项目盈利的机会就越大，项目承担风险能力越强，产量安全度与盈亏平衡生产能力利用率呈互补关系。

4）*以产品销售单价表示的盈亏平衡点*

根据 $TR = TC$，盈亏平衡产品销售单价为

$$P^* = \frac{F}{Q_0} + V + T \tag{6-10}$$

式中，P^* 为盈亏平衡销售单价。

价格安全度 w 为

$$w = 1 - \frac{P^*}{P_0} \tag{6-11}$$

式中，P_0 为项目拟定产品销售价格。

价格安全度越高，项目产品盈利的可能性就越大，抵抗价格风险的能力越强。价格安全度与盈亏平衡销售单价呈反方向变化，提高价格安全度，必须降低盈亏平衡销售价格。

5）*以单位产品可变成本表示的盈亏平衡点*

根据 $TR = TC$，盈亏平衡单位产品可变成本为

$$V^* = P - \frac{F}{Q_0} - T \tag{6-12}$$

【例 6-1】 设某混凝土预制构件厂设计生产能力为 50 万件，每件售价 14 元，单位产品的可变成本为 10 元/件，固定成本 60 万元。试求用产销量、销售收入、生产能力利用率、产品价格等表示的盈亏平衡点和产销量安全度、价格安全度。

解 $Q^* = F/(P - V) = 600\,000/(14 - 10) = 15$（万件）

$TR^* = Q^* P = 15 \times 14 = 210$（万元）

$E^* = Q^*/Q_0 \times 100\% = 15/50 \times 100\% = 30\%$

$P^* = F/Q_0 + V = 60/50 + 10 = 11.2$（元）

产销量安全度 $= 1 - E^* = 1 - 30\% = 70\%$

价格安全度 $= 1 - P^*/P_0 = 1 - 11.2/14 = 20\%$

$$V^* = P - \frac{F}{Q_0} = 14 - 60/50 = 12.8(\text{元})$$

通过计算盈亏平衡点，结合市场预测，可以对投资方案发生亏损的可能性做出大致判断。在上例中，如果未来产品销售价格及生产成本与预期值相同，项目不发生亏损的条件是年销售量不低于 210 万元，生产能力利用率不低于 30%；如果按设计能力进行生产并能全部销售，生产成本与预期值相同，项目不发生亏损的条件是产品价格不低于 11.2 元；如果销售量、产品价格与预期值相同，项目不发生亏损的条件是单位产品变动成本不高于 12.8 元。

6.1.2.2 图解法

图解法是一种通过绘制盈亏平衡图直观反映产量、成本和盈利间的关系，确定盈亏平衡点的分析方法。下面以例 6-1 为例介绍盈亏平衡图的绘制方法。

以横轴表示产销量 Q，以纵轴表示销售收入 TR 和生产成本 TC，在直角坐标系上先绘出固定成本线 $F=60$ 万元，再绘出销售收入线 $TR=PQ=14\times Q$ 和生产总成本线 $TC=F+VQ=60+10\times Q$；销售收入线与生产总成本线相交于 A 点，即盈亏平衡点，在此点销售收入等于生产总成本；以 A 点作垂直于横轴的直线并与之相交于 Q^* 点，此点即为以产销量表示的盈亏平衡点；以 A 点作垂直于纵轴的直线并与之相交于 B 点，此点即为以销售收入表示的盈亏平衡点。

从图 6-5 可知，销售收入线与总成本线的交点是盈亏平衡点，表明企业在此产销量下，总收入扣除销售税金后与总成本相等，既没有利润，也不发生亏损。在此基础上，增加销售量，销售收入超过总成本，收入线与成本线之间的距离为利润值，形成盈利区；反之，形成亏损区。

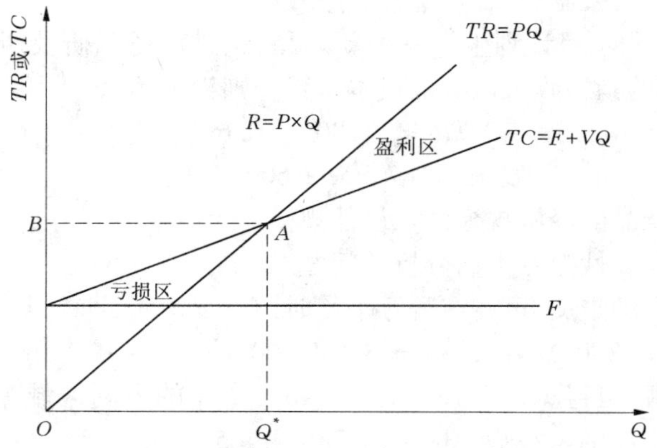

图 6-5 盈亏平衡分析图解法示意

盈亏平衡图能清晰地显示企业不盈利也不亏损时应达到的产销量，形象直观，一目了然，容易理解。

6.1.3 非线性盈亏平衡分析

在实际生产经营过程中，产品的销售收入与销售量之间，成本费用与产量之间，并不一定呈现出线性的关系。例如,当项目产品在产量市场中占有较大的份额时,其产量的高低可能会明显影响该产品的市场供求关系,从而使得生产发生变化;再如根据边际报酬递减规律,可变成本随着生产规模的不同而与产量呈非线性关系,在生产中还有一些辅助性的生产费用,如半可变成本随着产量的变化呈梯形分布。由于这些原因,使得产品的销售收入和总成本与产量之间存在着非线性的关系,在这种情况下进行的盈亏平衡分析被称为非线性盈亏平衡分析。

设定销售收入是产量的非线性函数(二次函数),即

$$TR(x) = a_1x + a_2x^2 + a$$

式中,$a_2<0$,通常 a_2 很小。

设定总成本是产量的非线性函数(二次函数),即

$$TC(x) = b_1x + b_2x^2 + F$$

式中,$b_2<0$;F 为固定成本;x 为产量;a_1、a_2、b_1、b_2 为常数,主要源于市场预测或经验数据。

这时利润函数为

$$P(x) = TR(x) - TC(x)$$

根据盈亏平衡的定义,代入整理后,得到

$$(a_2 - b_2)x^2 + (a_1 - b_1)x + (a - F) = 0$$

解此二次方程,得到 x_1 和 x_2 两个解,即项目的两个盈亏平衡点。当产量 $x \in [x_1, x_2]$ 时,项目是盈利的;当产量 $x \notin [x_1, x_2]$ 时,项目是亏损的。

另外,通过对 $P(x)$ 求导,可求得项目的最大盈利点,即

$$P'(x) = 2(a_2 - b_2)x + (a_1 - b_1) = 0 \tag{6-13}$$

式中的 x 就是项目的最大盈利点。

【例 6-2】 某工程项目计划生产一种新产品,经过市场调研及历年来的历史数据分析,预计生产该产品的销售收入函数及成本函数分别为

$$TR = 3\,100x - 0.6x^2$$

$$TC = 3\,187\,500 + 600x - 0.2x^2$$

试确定该项目生产产品的经济规模区及最佳规模。

解 这是一个非线性盈亏平衡分析的问题。

根据盈亏平衡点的定义,可知在盈亏平衡时,有 $TR = TC$,即

$$3\,100x - 0.6x^2 = 3\,187\,500 + 600x - 0.2x^2$$

对上述方程求解,可得 $x_1 = 1\,785$,$x_2 = 4\,465$,产品的盈利区域为产量介于 1 785 到 4 465 之间,即生产产品的经济规模区为[1 785,4 465]。

根据最大盈利点的含义,当产量水平达到最大盈利点时,应有

$$P'(x) = 0.4x^2 - 2\,500x + 3\,187\,500 = 0$$

解得 $x = 3\,125$,即当产量水平达到 3 125 时,该产品将获得最大的利润,这也是项目的最佳生产规模。

6.1.4 盈亏平衡分析的局限性

通过盈亏平衡分析,可以看到产量、成本、销售收入三者的关系,得出盈亏平衡点,使

决策的外部条件简单地表现出来。根据盈亏平衡点的高低,预测经济形势变化带来的影响,可以大致了解项目抗风险的能力,从而为投资方案的优劣分析与决策提供重要的科学依据。这种分析方法简便,所以被广泛地应用于项目的评价分析中,但它也有一定的局限性,如对于线性盈亏平衡分析必须满足其基本假定,而其产量等于销售量的假定在实际工作中并不都是如此,因此难以全面反映项目未来的实际情况;另外,其产品单一的假定,并把所有不同的收入和不同的成本都集中在两条线上表现出来,难以精确地描述实际工作可能出现的各种具体情况,从而影响到分析的精确性;此外,盈亏平衡分析是一种静态分析,没有考虑货币的时间价值和项目计算期内现金流量的变化,其计算结果和结论是比较粗略的。因此,要获得项目较为精确的评价结果,还需配合其他方法进行深入分析。

6.2　敏感性分析

敏感性分析就是在项目确定性分析的基础上,通过进一步分析,预测项目主要不确定因素的变化对项目评价指标(如财务内部收益率、财务净现值等)的影响,从中找出敏感因素,确定评价指标对该因素的敏感程度和项目对其变化的承受能力。敏感性分析有单因素敏感性分析和多因素敏感性分析两种。

6.2.1　敏感性和敏感因素

项目方案的经济性总是受到各种不确定因素的影响,如产品产量、产品价格、固定成本、可变成本、总投资、主要原材料及燃料、动力价格和项目建设工期等。各因素的变化对经济指标的影响程度不同,有些因素可能仅发生较小幅度的变化就能引起经济评价指标发生较大的变动;而另一些因素即使发生了较大幅度的变化,对经济评价指标的影响也不是太大,一般将前一类因素称为敏感因素,后一类因素称为非敏感因素。

不确定因素对经济评价指标影响程度的大小被称为敏感性。项目敏感性越大,稳定性就越差,对决策的影响也越大;反之敏感性越小,稳定性越好,风险也就越小。因此,可以通过敏感性分析判断已选定方案在经济上或财务效益方面的稳定程度,也可检验不同基本数据情况对方案经济和财务方面的影响,从而有助于决策者做出正确的选择。

项目敏感性的大小可以用相对衡量法和绝对衡量法来衡量。相对衡量法就是以确定性经济分析中所采用的各因素的数值为基数,且各因素每次变动的幅度相同,从而比较在相同的变动幅度下,经济效果指标的变化程度。绝对衡量法是设定各个因素都向对方案不利的方向变化,并取其有可能出现的对方案最不利的数值,据此计算方案的经济指标,判别在这样的条件下方案是否可以接受。如果某一因素可能出现的最不利数据值可使方案变得不能接受,表明该因素是方案的敏感性因素。运用绝对衡量法,也可以先设定拟考察的经济效益指标为其临界值,例如令净现值等于零,计算在此条件下分析因素的最大允许变动范围,并与其可能的最大变动范围进行比较,若某因素可能出现的最大变动范围超出最大允许变动幅度,则表示该方案是敏感因素。

6.2.2　单因素敏感性分析

单因素敏感性分析是就单一不确定因素变化对方案经济效果的影响进行分析，即假设各个不确定因素之间相互独立，每次只考察一个因素，其他因素保持不变，以分析这个可变因素对经济评价指标的影响程度和敏感程度。

敏感性分析中的关键问题：

(1) 不确定因素的选取。

不确定因素是指那些在投资项目评估过程中，对项目效益有一定影响的基本因素。敏感性分析不可能也没必要对项目涉及的全部因素进行分析，只需对那些可能对项目效益影响较大的、重要的不确定因素进行分析。具体地，在影响投资项目效益的多个不确定因素中，可以根据以下两条原则选择主要的因素进行敏感性分析：一是预计在可能的变动范围内，该因素的变动将会极大地影响项目投资效益；二是对在确定性分析中所采用的该因素的数据来源的可靠性、准确性把握不大。对于一般的工程项目来说，敏感性分析的因素常从投资额、产品价格、产品产销量、经营成本、项目寿命期、寿命期内资产残值和折现率等因素中选定。不确定因素的选取也可以结合行业和项目特点，根据经验数据加以判断。

(2) 经济效果指标的选取。

由于敏感性分析是在确定性分析的基础上进行的，因此一般敏感性分析指标应与确定性分析所使用的指标相一致。投资项目有一整套的指标体系，敏感性分析可选取其中一个或者几个主要指标进行。最基本的分析指标是内部收益率(*IRR*)，根据项目的实际情况不同，也可选择净现值(*NPV*)和投资回收期(P_t)等指标。

(3) 不确定因素变动范围的设定。

敏感性分析通常是针对不确定因素的不利变化进行的，为绘制敏感性分析图的需要也可考虑分析不确定因素的有利变化。一般选择不确定因素按照一定的变化幅度(如5%、10%和20%等)发生变化，通常选择10%，对于那些不便用百分数表示的因素，例如建设期，可采用延长一段时间表示，通常延长一年。

(4) 敏感性分析的计算指标。

敏感性分析的计算指标包括敏感度系数和临界值。

①敏感度系数。敏感度系数也称灵敏度，是指项目效益指标变化的百分率与不确定因素变化的百分率之比。敏感度系数高，表示项目效益对该不确定因素敏感程度高，提示应重视该不确定因素对项目效益的影响。敏感度系数计算公式如下

$$\text{敏感度系数} = \frac{\text{评价指标相对基本方案的变化率}}{\text{该不确定因素变化率}} \times 100\% \tag{6-14}$$

敏感度系数的计算结果可能受到不确定因素变化率取值不同的影响，即随着不确定因素变化率取值的不同，敏感度系数的数值会有所变化，但其数值大小并不是计算该项指标的目的，重要的是各不确定因素敏感度系数的相对值，借此了解各不确定因素的相对影响程度，以选出敏感度较大的不确定因素。

②临界值。临界值也称临界点，是指不确定因素的极限变化值。以财务内部收益率

为例，即该不确定因素使项目内部收益率等于基准收益率或净现值变为零时的变化百分率，临界值也可用该百分率对应的具体数值表示。当不确定因素的变化超过了临界点所表示的不确定因素的极限变化时，项目内部收益率指标将会转而低于基准收益率，表明项目由可行变为不可行。临界点可以通过敏感性分析图求得。

(5)单因素敏感性分析图的绘制。

单因素敏感性分析图是通过在坐标图上做出各个不确定因素的敏感性曲线，进而确定各个因素敏感程度的一种图解方法。其基本过程如下：

第一，以纵坐标表示项目的经济评价指标，横坐标表示各个变量因素的变化幅度(以百分数表示)。

第二，根据敏感性分析的计算结果绘出各个变量因素的变化曲线，其中与横坐标相交所成锐角的、角度较大的变化曲线所对应的因素就是敏感因素。

第三，在坐标图上做出项目经济评价指标的临界曲线(如 $NPV=0$，$IRR=i_c$ 等)，求出变量因素的变化曲线与临界曲线的交点，则交点处的横坐标就表示该变量因素允许变化的最大幅度，即项目由盈到亏的极限变化值。

【例 6-3】　某项目设计年生产能力为 10 万 t，计划总投资为 1 800 万元，建设期 1 年，投资期初一次性投入，产品销售价格为 63 元/t，年经营成本为 250 万元，项目生产期为 10 年，期末预计设备残值收入为 60 万元，基准收益率为 10%。试就投资额、产品价格(营业收入)和经营成本等影响因素对该投资方案进行敏感性分析。

解　选择净现值为经济效果评价指标，项目的净现值为

$$NPV=-1\ 800+(63\times10-250)(P/A,10\%,10)+60(P/F,10\%,10)$$
$$=558.08(万元)$$

由于 $NPV>0$，从财务分析角度，该项目是可行的。

以下进行的是敏感性分析：

第一步，选定三个不确定因素，即投资额、产品价格和经营成本。

第二步，选定 NPV 作为经济效果评价指标。

第三步，确定不确定因素的变动范围为 -10% 和 $+10\%$。

第四步，分别计算相对应的财务净现值的变化情况。

第五步，绘制敏感性分析图，计算临界值和敏感度系数。

从表 6-1 可以看出，当其他因素均不发生变化时，产品营业收入每下降 10%，净现值下降 6.94%；当其他因素均不发生变化时，投资每增加 10%，净现值将下降 32.25%；在其他因素均不发生变化的情况下经营成本每上升 10%，净现值下降 27.53%。因此，在各个变量因素变化率相同的情况下，产品营业收入的变动对净现值的影响程度最大，营业收入是最敏感的因素，其次是投资，最不敏感的因素是经营成本。从下面的单因素敏感性分析图能够更加直观地看出来。单因素敏感性分析见图 6-6。

由图 6-6 可以看出，当产品营业收入下降幅度超 14.42% 时，净现值由正变负，也即项目由可行变为不可行；当投资额增加的幅度超过 31% 时，净现值由正变负，项目变为不可行；当经营成本上升幅度超过 36.33% 时，净现值由正变负，项目变为不可行。因此，通过图 6-6 的敏感性分析就可以计算出允许变量因素变动的临界值，即产品营业收入的下降

不能超过 14. 42%，投资的增加不能超过 31%，经营成本的增加不能超过 36. 33%。如果这三个变量的变化超过上述极限，项目就不可行。

表 6-1　单因素敏感性分析计算

序号	调整项目			分析结果	
	投资额	营业收入	经营成本	*NPV*(万元)	*NPV* 变幅(%)
0				558.08	
1	+10%			378.08	-32.25
2	-10%			738.08	+32.25
3		+10%		945.19	+69.36
4		-10%		170.97	-69.36
5			+10%	404.46	-27.53
6			-10%	711.69	+27.53

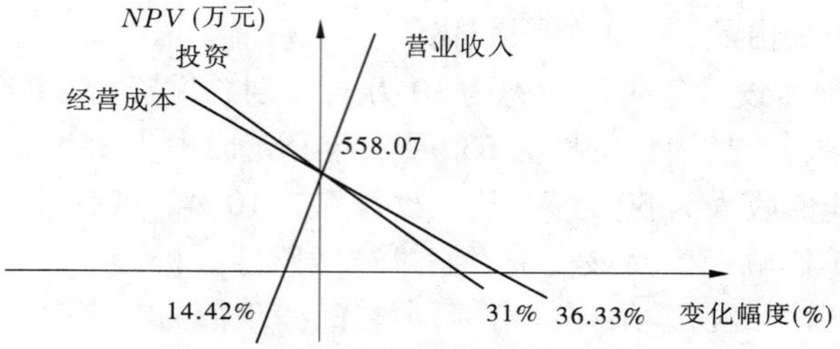

图 6-6　单因素敏感性分析

第六步，根据敏感性分析的结果，提出建议。

根据敏感性分析得知，营业收入是最敏感的因素，因此从项目决策的角度来讲，应当对产品价格作进一步、更准确的测算。因为从项目风险的角度来讲，如果未来产品营业收入发生变化的可能性较大，则意味着这一投资项目的风险性也较大。

6. 2. 3　多因素敏感性分析

多因素敏感性分析是在单因素敏感性分析的基础上发展起来的，是假设两个或两个以上互相独立的不确定因素同时变化时，分析这些变化的因素对经济评价指标的影响程度和敏感程度。多因素敏感性分析考虑因素之间的相关性，因此较单因素敏感性分析更准确些，常用的有双因素敏感性分析和三因素敏感性分析。

6. 2. 3. 1　双因素敏感性分析

同时考虑两个因素变化对项目技术经济指标的影响，其他因素保持不变的敏感性分析方法就是双因素敏感性分析。单因素敏感性分析图为敏感曲线，双因素敏感性分析图中则是敏感曲面。

【例 6-4】　某投资方案初始投资为 100 万元，预计项目寿命为 5 年，每年可提供净收益 28 万元，基准收益率为 8%，项目期末残值为 20 万元。试分析初始投资额和年净收益额同时变化时净年值的变化情况。

解　设初始投资额的变化率为 x，年净收益变化率为 y，则净年值为

$$NAV(x,y)=28(1+y)+20(A/F,8\%,5)-100(1+x)(A/P,8\%,5)$$
$$=6.36+28y-25.05x$$

为使项目盈利，应有 $NAV \geqslant 0$，即 $y \geqslant 0.8946x-0.2271$

盈亏平衡时：$NAV=0$，即 $y=0.8946x-0.2271$，为一直线方程，如图 6-7 所示。

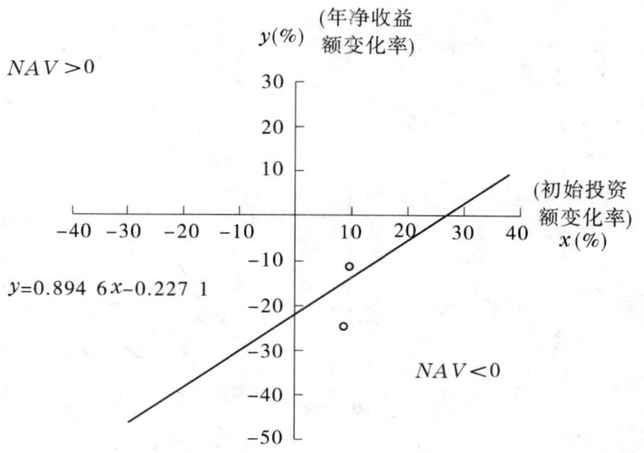

图 6-7　例 6-4 图

可以看出，当初始投资、年净收益同时变化范围位于斜线上方区域时，$NAV>0$；当处于直线下方区域时，$NAV<0$。此外，还可看出，NAV 对年净收益额的敏感性高于初始投资额。为了更直观地看到双因素敏感性分析的过程，做出敏感性分析的立体图，如图 6-8 所示。

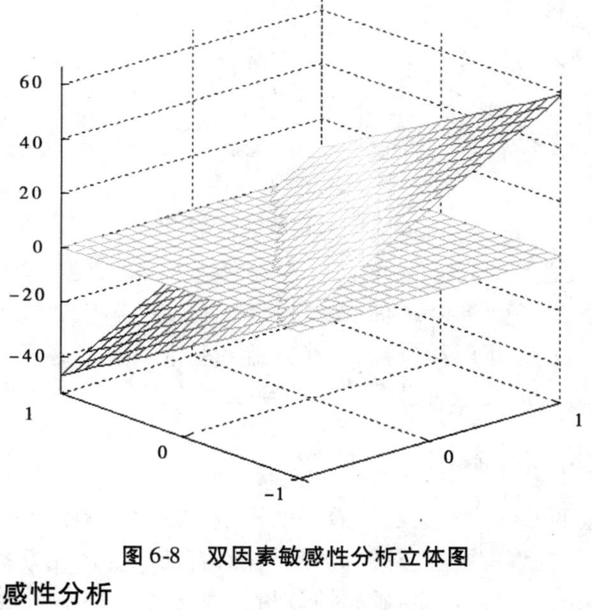

图 6-8　双因素敏感性分析立体图

6.2.3.2　三因素敏感性分析

对于三因素，可以表示为一组临界曲线族。

【例 6-5】　对于例 6-4，若同时考虑基准收益率 i 为可变因素，试分析这三个因素对净年值的影响。

解　根据题意,净年值为

$$NAV = 28(1 + y) + 20(A/F,i,5) - 100(1 + x)(A/P,i,5)$$

分别写出 $i = 6\%$、8%、10%、12%、15% 和 20% 时的临界曲线,并画在一张图上,如图 6-9 所示。

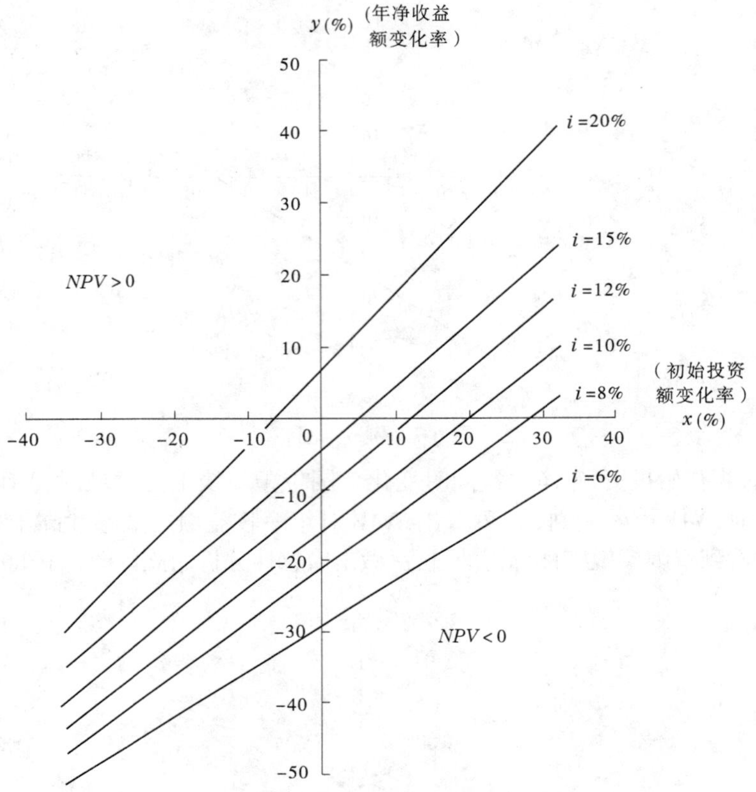

图 6-9　三因素敏感性分析图

可以看出,基准收益率 i 上升,将导致临界线向上方移动,使净年值 $NAV>0$ 的区域缩小;反之,基准收益率 i 下降,将导致临界线向下移动,使净年值 $NAV>0$ 的区域扩大。通过三因素分析,可以直观地了解投资额、年净收益和基准收益率这三个因素同时变化对项目经济效益的影响,以帮助决策者做出正确的判断。

6.2.4　敏感性分析的局限性

各种不确定因素的变动对方案经济效果的影响,在一定程度上可以用敏感性分析做出定量描述,这有助于决策者了解方案的风险情况,有助于确定在方案决策及实施过程中需要重点研究与控制的因素。但是,敏感性分析没有考虑各种不确定因素在未来发生变动的概率,这可能会影响分析结论的准确性。实际上,各种不确定因素在未来发生某一幅度变动的概率一般是不同的,可能有这样的情况,通过敏感性分析找出的某一敏感因素未来发生不利变动的概率很小,因而实际上所带来的风险并不大,以至于可以忽略不计,而另一不太敏感的因素未来发生不利变动的概率却很大,实际上所带来的风险比前一个敏感因素更大,这种问题是敏感性分析所无法解决的,因此必须借助于概率分析。

6.3　概率分析

盈亏平衡分析和敏感性分析仍然是一种确定性条件下的分析,没有考虑事件发生的概率,事实上,不同事件发生的概率是不同的,对经济项目的影响也不同。概率分析就是利用概率的方法来分析和预测不确定因素影响投资项目经济效益可能性的大小,或确定某些不确定因素发生的概率值,为项目的风险分析和决策提供更全面的依据。

一般情况下,概率分析是计算项目净现值的期望值及净现值大于或等于零时的累计概率,累计概率越大,说明项目承担的风险越小。也可通过模拟法测算项目评价指标(如内部收益率)的概率分布,为项目决策提供依据。由于进行概率分析需要大量的历史资料和出现的概率值,目前我国这方面的资料尚不足,因此项目评价应根据项目的特点和实际需要,有条件时可进行概率分析。

概率分析的方法有很多,这些方法大多是以项目经济评价指标(主要是 *NPV*)的期望值的计算过程和计算结果为基础的。这里仅介绍项目净现值的期望值法和决策树法,通过计算项目净现值的期望值及净现值大于或等于零时的累计概率,以判断项目承担风险的能力。

6.3.1　随机现金流的概率描述

严格来说,影响方案经济效果的大多数因素(如投资额、成本、销售量、产品价格、项目寿命期等)都是随机变量,可以预测其未来可能的取值范围,估计各种取值或值域发生的概率,但不可能肯定地预知它们是什么值。投资方案的现金流量是由这些因素的取值决定的,所以实际上方案的现金流量序列也是随机变量。为了与确定性分析中使用的现金流量有所区别,这里称概率分析中的现金流量为随机现金流。

完整地描述一个随机变量,需要确定其概率分布的类型和参数,常见的概率分布类型有均匀分布、二项分布、泊松分布、指数分布和正态分布等。在经济分析与决策中使用最普遍的是均匀分布与正态分布,关于这些概率分布类型的条件、特征及其参数的计算方法,可以参考有关文献。

描述随机变量的主要参数是期望值与方差。期望值是在大量的重复事件中随机变量取值的平均值,换句话说,期望值是随机变量所有可能取值的加权平均值,权重为各种可能取值出现的概率。方差是反映随机变量取值离散程度的参数。

假定某方案的寿命期为 n 个周期。净现金流序列为 $y_0, y_1, y_2, \cdots, y_n$,周期数 n 和各周期的净现金流 $y_t(t=0,1,\cdots,n)$ 都是随机变量。为便于分析,设 n 为常数。从理论上讲,某一特定周期的净现金流可能出现的数值有无限多个,将其简化为若干离散数值,这些离散数值有的出现的概率要大一些,有的出现的概率要小一些,设与各离散数值对应的发生概率分别为 $P_1, P_2, \cdots, P_m$, $\sum_{j=1}^{m} P_j = 1$,则第 t 周期净现金流 y_t 的期望值为

$$E(y_t) = \sum_{j=1}^{m} y_t^{(j)} \times P_j \tag{6-15}$$

第 t 周期净现金流 y_t 的方差为

$$D(y_t) = \sum_{j=1}^{m} [y_t^{(j)} - E(y_t)]^2 \times P_j \tag{6-16}$$

6.3.2　方案净现值的期望值与方差

由于各个周期的净现金流都是随机变量，所以把各个周期的净现金值相加得到的方案净现金值必然也是一个随机变量，称之为随机净现值。在多数情况下，可以认为随机净现值近似地服从正态分布。设各周期的随机现金流为 $y_t(t=0,1,\cdots,n)$，随机净现值的计算公式为

$$NPV = \sum_{t=0}^{m} y_t(1+i_0)^{-t} \tag{6-17}$$

设方案寿命周期的周期数 n 为一个常数，根据各周期随机现金流的期望值 $E(y_t)$ $(t=0,1,\cdots,n)$，可以求出方案净现值的期望值

$$E(NPV) = \sum_{t=0}^{n} E(y_t) \times (1+i_0)^{-t} \tag{6-18}$$

方案净现值方差的大小与各周期随机现金流之间是否存在相关关系有关，如果方案寿命期内任意两个随机现金流之间不存在相关关系，或者不考虑随机现金流之间的相关关系，则方案净现值的方差计算公式为

$$D(NPV) = \sum_{t=0}^{n} D(y_t) \times (1+i_0)^{-2t} \tag{6-19}$$

如果考虑随机现金流之间的相关关系，方案净现值的方差值往往要比不考虑相关关系时大。

分别估算各个周期随机现金流的期望值与方差往往相当麻烦，如果能通过统计分析或主观判断给出方案寿命期内可能发生的各种状态所对应的净现金流序列及其发生概率，就可以用更简便的方法求出方案净现值的期望值与方差。假定某方案寿命期内可能发生 k 种状态，各种状态的净现金流序列为 $\{y_t | t=0,1,\cdots,n\}^{(j)}$，式中，$j=0,1,\cdots,m$，对应于各种状态的发生概率为 $P_j(j=0,1,\cdots,m,\ \sum_{j=1}^{m} P_j = 1)$，则在第 j 种状态下，方案的净现值为

$$NPV^{(j)} = \sum_{t=0}^{n} y_{tj}(1+i_0)^{-t} \tag{6-20}$$

式中，y_{tj} 为在第 j 种状态下，第 t 周期的净现金流。

方案净现值的期望值为

$$E(NPV) = \sum_{j=0}^{m} NPV^{(j)} \times P_j \tag{6-21}$$

在这种情况下净现值方差的计算公式为

$$D(NPV) = \sum_{j=1}^{m} [NPV^{(j)} - E(NPV)]^2 \times P_j \tag{6-22}$$

由于净现值的方差与净现值具有不同的量纲,为便于分析,通常使用与净现值具有相同量纲的参数——标准差来反映随机净现值取值的离散程度。方案净现值的标准差可由下式计算

$$\sigma(NPV) = \sqrt{D(NPV)} \tag{6-23}$$

6.3.3　净现值的期望值法

在不确定因素的影响下,项目经济效果评价指标不是一个确定值,而是不确定因素的某种概率描述。期望值和标准差是描述这种分布特征的重要参数。

6.3.3.1　期望值

在大量重复事件中,期望值就是随机变量取值的平均值,也是最大可能取值,它最接近实际真值。设以 X 表示随机变量,$P(X)$ 表示该随机变量可能出现的概率,则期望值 $E(X)$ 可按下式计算

$$E(X) = \sum_{j=1}^{m} X_j P_j(X) \tag{6-24}$$

在概率分析中,$\sum_{j=1}^{m} P_j(X) = 1$。

【例 6-6】　某项目的投资决策有两个方案:方案 A 是大规模生产方案,该方案在没有竞争对手的情况下可获净现值 3 000 万元,在有竞争对手的情况下净现值变为 -500 万元;方案 B 是小规模生产方案,该方案在没有竞争对手的情况下可获净现值 1 800 万元,在有竞争对手的情况下可获净现值 1 300 万元。通过多方征求专家意见,确定“有竞争”的概率为 0.25,“没有竞争”的概率为 0.75。试求两个方案的期望值,并确定哪个方案较好。

解　两个方案的净现值的期望值分别为

$$E(X)_A = 3\,000 \times 0.75 - 500 \times 0.25 = 2\,125(\text{万元})$$

$$E(X)_B = 1\,800 \times 0.75 + 1\,300 \times 0.25 = 1\,675(\text{万元})$$

根据期望值最大准则,应该选择大规模方案,即方案 A。

表达不确定性的一种简单方法是通过对未来事件的各种可能的估计,比如对于最乐观、最可能、最悲观三种估计。在这三种估计之后,分别给予不同的权重,计算其期望值,由期望值判断项目是否可行。一般予以三种估计值的权重为:最乐观值 1、最可能值 4、最悲观值 1。

【例 6-7】　某项目根据市场前景估计的不同,有三种结果:最乐观估计,该项目将有内部收益率 28%;最可能估计,该项目将有内部收益率 18%;最悲观估计,该项目将有内部收益率 11%。试求该项目的内部收益率期望值。

解　该项目的内部收益率期望值为

$$E(X) = \frac{\sum Xf}{\sum f} = \frac{28\% \times 1 + 18\% \times 4 + 11\% \times 1}{6} = 18.5\%$$

应该指出,当某种情况(事件)多次重复发生时,在分析其长期结果中,期望值是有用

的,而对于像建设项目投资之类的经济行为,大多是只发生一次,此时期望值的作用就不大了,需配合其他指标进行分析。

6.3.3.2 标准差

标准差是表示随机变量的离散程度,即表示随机变量和真值之间的偏离程度,标准差可用下式计算

$$\sigma = \sqrt{\sum_{j=1}^{m}(X_j - \overline{X})^2 P_j(X)} \tag{6-25}$$

式中,$\overline{X}$ 表示随机变量的平均数,即式(6-24)中的期望值。

6.3.3.3 期望值与标准差之间的权衡问题

当两个方案期望值相等时,标准差大的方案,风险也大。由于人们对风险总是持回避态度,因此标准差大的方案是不利方案。

当两个方案期望值不相同时,可能有下列几种情况(甲乙两方案比较):

(1)方案甲期望值 $E(X)$ 大,标准差小,则方案甲有利。

(2)方案甲期望值 $E(X)$ 小,标准差大,则方案乙有利。

(3)方案甲期望值 $E(X)$ 大,标准差大;方案乙期望值 $E(X)$ 小,标准差小,两方案取舍比较困难。胆小、怕担风险的决策者常常挑选方案乙,这样一来风险是小了,但同时也失去了获得较高经济效益的机会。

如果认为项目的期望值服从正态分布,则可以建立项目期望值的置信区间:$E(X) = \pm t\sigma$,其中,t 为概率度,可根据正态分布表的概率 F(又称置信度)查表求得,如果置信度为95%,则 $t = 1.96$。

【例6-8】 某项目有两个方案可供选择。方案A净现值为4 000万元,标准差为600万元;方案B净现值为2 000万元,标准差为400万元。试以95%的置信度(即风险率不超过5%)选择项目。

解 方案A的置信区间为 $4\ 000 \pm 1.96 \times 600$,即方案A的净现值在2 824万元与5 176万元之间的可能性为95%。

方案B的置信区间为 $2\ 000 \pm 1.96 \times 400$,即方案B的净现值在1 216万元与2 784万元之间的可能性为95%。

通过置信区间比较,不难看出应该选择甲方案。

6.3.4 决策树法

在已知各种情况发生概率的基础上,通过构成决策树来计算净现值的期望值大于等于零的概率,进而评价项目风险和判断可行性。决策树法是直观运用概率分析的一种图解方法,特别适用于多阶段决策分析。

决策树一般由决策点、机会点、方案枝、概率枝等组成。为了便于计算,对决策树中的"□"(决策点)和"○"(机会点)均进行编号,编号的顺序是从左到右,从上到下。

【例6-9】 某企业拟生产某种产品,根据技术预测与市场预测,该产品可行销10年,有三种可能的市场前景,如表6-2所示。公司目前需要做出的决策是建一个大厂还是建一个小厂:如果建大厂,需投资18 000万元;如果建小厂,需投资6 800万元,两年后可根

据市场情况再决定是否扩建，如果扩建小厂需再投资 13 000 万元。各种情况下每年的净收益见表 6-3。已知基准收益率 $i_c = 10\%$，试选择方案。

表 6-2　产品市场前景及其概率

产品市场状态	10 年内销路一直很好	10 年内销路一直不好	前 2 年销路好，后 8 年销路不好
对应状态的概率	$P_1 = 0.6$	$P_2 = 0.3$	$P_3 = 0.1$

表 6-3　不同情况下各年净收益　（单位：万元）

方案		$P_1 = 0.6$		$P_2 = 0.3$		$P_3 = 0.1$	
		1 ~ 2 年	3 ~ 10 年	1 ~ 2 年	3 ~ 10 年	1 ~ 2 年	3 ~ 10 年
建大厂		4 500	4 500	2 300	2 300	4 500	2 400
建小厂	两年后扩建	1 400	4 200			1 400	2 300
	不扩建	1 400	1 400	800	800	1 400	800

解　(1) 画出决策树。根据以上数据可以构造如图 6-10 所示的决策树。

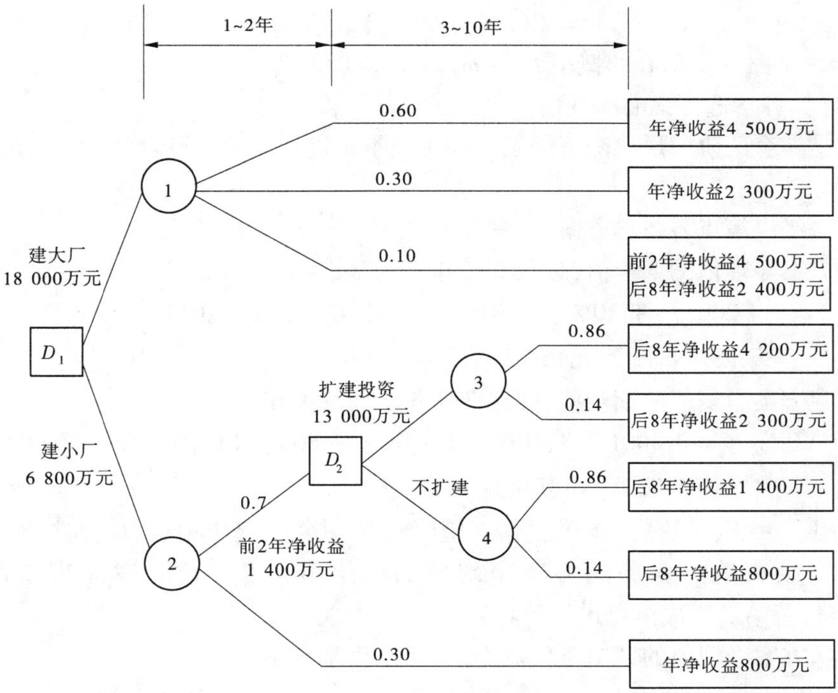

图 6-10　决策树图

在图 6-10 所示的决策树上有两个决策点：D_1 为一级决策点，表示目前所要作的决策，备选方案有两个，即建大厂和建小厂；D_2 为二级决策点，表示在目前建小厂的前提下两年后所要作的决策,备选方案也有两个,即扩建和不扩建。

(2)确定各种状态的发生概率。三种市场前景可以看做是四个独立事件的组合,这四个独立事件是:前 2 年销路好 b_1;后 8 年销路好 b_2;前 2 年销路不好 ω_1;后 8 年销路不好 ω_2。决策树上各种状态的发生概率分别为:

①建大厂:

10 年内销路一直很好的概率

$$P(b_1 b_2) = P_1 = 0.6$$

10 年内销路一直不好的概率

$$P(\omega_1 \omega_2) = P_2 = 0.3$$

前 2 年销路好,后 8 年销路不好的概率

$$P(b_1 \omega_2) = P_3 = 0.1$$

②建小厂:

前 2 年销路好的概率

$$P(b_1) = P(b_1 b_2) + P(b_1 \omega_2) = 0.6 + 0.1 = 0.7$$

前 2 年销路好,后 8 年销路好的概率

$$P(b_2 b_1) = P(b_1 b_2)/P(b_1) = 0.6/0.7 = 0.86$$

前 2 年销路好,后 8 年销路不好的概率

$$P(\omega_2 / b_1) = P(b_1 \omega_2)/P(b_1) = 0.1/0.7 = 0.14$$

10 年内销路一直不好的概率 $P(\omega_1 \omega_2) = P_2 = 0.3$

(3)计算各备选方案的净现值。

本例是一个两阶段风险决策问题。利用决策树进行多阶段风险分析要从最末一级决策点开始。

①第二级决策点各备选方案净现值的期望值。

扩建方案净现值的期望值(以第 2 年年末为基准年)

$$\begin{aligned} E(NPV)_{扩} &= 4\,200(P/A,10\%,8) \times 0.86 + 2\,300 \times (P/A,10\%,8) \times 0.14 - 13\,000 \\ &= 7\,987.497(\text{万元}) \end{aligned}$$

不扩建方案净现值的期望值(以第 2 年年末为基准年)

$$\begin{aligned} E(NPV)_{不扩} &= 1\,400(P/A,10\%,8) \times 0.86 + 800 \times (P/A,10\%,8) \times 0.14 \\ &= 7\,020.73(\text{万元}) \end{aligned}$$

$E(NPV)_{扩} > E(NPV)_{不扩} > 0$,根据期望值原则,在第二级决策点 D_2 应选择扩建方案。

②第一级决策点各备选方案净现值的期望值。用扩建方案净现值的期望值 $E(NPV)_{扩}$代替第二级决策点进行计算。

建大厂方案净现值的期望值(以第 0 年年末为基准年)

$$\begin{aligned} E(NPV)_{大} = {} & 4\,500(P/A,10\%,10) \times 0.6 + 2\,300(P/A,10\%,10) \times 0.3 + \\ & [4\,500(P/A,10\%,2) + 2\,400(P/A,10\%,8)(P/F,10\%,2)] \times \\ & 0.1 - 18\,000 = 4\,669.27(\text{万元}) \end{aligned}$$

建小厂方案净现值的期望值(以第 0 年年末为基准年)

$$E(NPV)_{小} = [7\ 987.497(P/F,10\%,2) + 1\ 400(P/A,10\%,2)] \times 0.7 + 800(P/A,10\%,10) \times 0.3 - 6\ 800 = 996.10(万元)$$

$E(NPV)_{大}$与$E(NPV)_{小}$均大于零,由于$E(NPV)_{大} > E(NPV)_{小}$,故应选择建大厂方案。

6.4　蒙特卡罗模拟法

工程项目的经济性关系到项目的成败,是投资者做出投资决策的基本依据。然而,在工程项目实践中,由于多重因素的制约,项目的各类经济指标具有很大的不确定性,对某些影响因素常常没有可以直接引用的分布规律,投资者在前期预测评价这些将来的指标时,在很大程度上带有个人主观臆测,缺乏科学理论的支持,故所作的投资决策存在风险。利用蒙特卡罗模拟法能通过重复随机抽样得到项目评价经济指标的期望值和概率分布,根据概率分布可以较合理地判断投资方案经济效果的风险性,为投资者评价投资风险提供依据。

蒙特卡罗模拟法的基本思想:若已知描述工程项目风险状态的概率分布,根据工程项目或规定的状态函数 $g(X_1,X_2,\cdots,X_n)$,利用抽样技术,生成符合状态变量概率分布的一组随机量 $X_1,X_2,\cdots,X_n$,将其代入状态函数 $g(X_1,X_2,\cdots,X_n)$,得到状态函数的一个随机量。用如此同样的方法,产生 N 个类似的状态函数的随机量。若在 N 个状态函数的随机量中有 M 个小于等于(或大于等于)工程项目目标或规定的值 X_0,当 N 充分大时,由大数定律可知,此时的频率已接近概率,因而可得工程项目风险率 P_r

$$P_r = \lim_{n\to\infty} P\{g(X_1,X_2,\cdots,X_n) \leqslant X_0\} = \frac{M}{N}$$

或

$$P_r = \lim_{n\to\infty} P\{g(X_1,X_2,\cdots,X_n) \geqslant X_0\} = \frac{M}{N} \tag{6-26}$$

应用蒙特卡罗模拟法的主要优点在于:只要求能正确地用数学式描述项目风险发生的概率,原则上说总可以找到解,当在计算机上做多次试验后,其解将会取得满意的精度。

采用蒙特卡罗模拟法进行不确定性分析的步骤:

(1)分析哪些原始参数应属于随机变量,并确定出这些随机变量的某些特征(如概率分布、均值、方差等)。

(2)通过模拟试验随机选取各随机变量的值,并使选取的随机值符合各自的概率分布。通常先产生均匀分布的随机数,然后生成服从某一分布的随机数,进行随机模拟试验。

(3)建立经济评价指标的数学模型。

(4)根据模拟试验结果,计算出经济评价指标的一系列样本值。

(5)经过多次模拟试验,求出经济评价指标的概率分布或其他特征值。

(6)检验试验次数是否满足预定的精度要求。

【例 6-10】　某工程项目投资为 150 万元,当年建成并发挥正常效益,年净收益估计呈正态分布,年净收益的期望值为 25 万元,标准差为 3 万元;项目寿命估计为 12 ~ 16 年,呈均匀分布;不考虑期末残值,行业基准折现率为 12%。试用蒙特卡罗模拟法分析项目的内部收益率。

解　计算项目寿命和净收益的随机样本。项目年净收益的概率分布如图 6-11 所示，寿命的概率分布如图 6-12 所示。

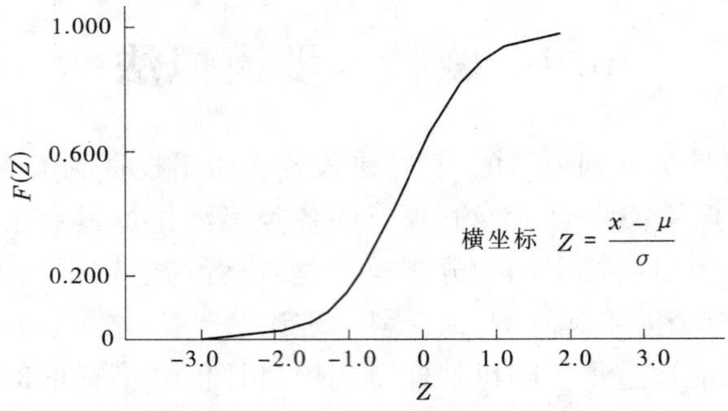

图 6-11　项目年净收益概率分布

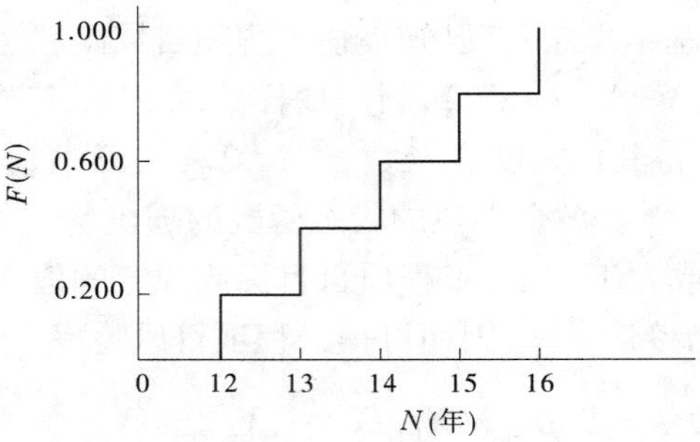

图 6-12　项目寿命概率分布

任意取一个 0 ~ 1 的均匀随机数，根据以上概率分布即可产生一个寿命或年净收益的模拟量，例如，对随机数 0.501，由寿命分布曲线得项目寿命为 14 年；再取随机数 0.623，由年净收益分布曲线或标准正态分布表，得年净收益模拟量 $Z=0.325$，则 $x=\mu+Z\sigma=25+0.325\times3=25.98$（万元）。

由项目寿命 14 年，年净收益 25.98 万元，可计算出项目的内部收益率

$$-150+25.98(P/A,IRR,14)=0$$

由此可解得 $IRR=10.6\%$。

重复以上模拟试验过程，共试验 50 次，计算结果见表 6-4。

表 6-4　随机样本生成及计算结果

序号	随机数	项目寿命(年)	随机数	Z 值	年净收益(万元)	IRR(%)
1	0.261	13	0.623	0.325	25.98	14.3
2	0.972	16	0.046	-1.685	18.95	9.8
3	0.375	13	0.318	-0.475	23.58	12.2
⋮						
50	0.122	12	0.942	1.570	29.71	16.7

由表6-4得，$E(IRR)=12.98\%$，其中16次试验的IRR小于12%，因此

$$P(IRR \geqslant 12\%)=1-P(IRR<12\%)=1-16/50=0.68$$

由以上分析可知，内部收益率的期望值为12.98%，大于12%；IRR不小于12%的概率为0.68，可见该项目具有较强的抗风险能力。

思考与练习

1. 什么是不确定性分析？为什么要进行不确定性分析？
2. 什么是盈亏平衡分析？什么是盈亏平衡点？
3. 线性盈亏平衡分析和非线性盈亏平衡分析的区别是什么？
4. 非线性盈亏平衡点只有一个吗？
5. 盈亏平衡分析的缺点是什么？
6. 什么是敏感性分析？为什么要进行敏感性分析？
7. 什么是敏感因素？不是敏感因素对工程项目的影响就不大吗？
8. 什么是敏感度系数？
9. 敏感性分析对投资费用及工程效益等主要指标的浮动幅度一般应为多少？
10. 多因素敏感性分析与单因素敏感性分析的区别是什么？
11. 什么是概率分析？概率分析的方法主要有哪两种？
12. 简述蒙特卡罗模拟方法的步骤。
13. 某工程项目的设计生产能力为200万件，固定成本为328万元，单位产品价格为6.45元，销售税率为8%，单位产品可变成本为3.10元。试分别计算用产量、销售收入和产品单价表示的盈亏平衡点。
14. 某地拟建一提水灌区，投资5万元，当年投资当年收益。根据类似灌区资料分析，多年平均灌溉效益及年运行费预测值分别为8 000元和2 000元，工程有效使用期为20年。问该工程净效益年值及效益费用比各为多少？并对该提水工程的投资、年运行费和灌溉效益在各项指标变化的条件下，进行单因素敏感性分析。
15. 某工程项目投资与收益的相应参数如表6-5所示，试用蒙特卡罗模拟法分析其风险。

表6-5　某投资项目的参数

项目	分布类型	均值	标准差	最大值	最小值
投资(元)	常数	150 000			
寿命(年)	均匀分布			18	8
基准收益率(%)	常数	8			
残值(元)	正态分布	2 000	500		
年度收益	正态分布	70 000	4 000		
年度支出	正态分布	43 000	2 000		

第 7 章　设备更新的工程经济分析

随着新工艺、新技术、新材料的不断出现，工程施工在更大的深度和广度上实现了机械化，工程设备已经成为生产不可缺少的重要组成部分。因此，建筑施工企业都存在着如何使企业的技术结构合理化，如何使企业设备利用率、机械效率和设备运营成本等指标保持在良好状态的问题，这就必须对设备磨损的类型及补偿方式、设备更新方案的比选进行科学的技术经济分析。

7.1　设备的磨损与寿命

7.1.1　设备的磨损

设备是企业固定资产的主要组成部分，是企业生产和扩大再生产的主要手段。设备投入使用后，随着时间的延长，其技术状况和经济合理性会逐渐劣化，设备的价值和使用价值也会逐渐降低，这种现象称为设备的磨损。设备的磨损可以分为有形磨损和无形磨损两大类。

7.1.1.1　设备的有形磨损

设备的有形磨损，又称物理磨损、物质磨损，是机器设备在使用（或者闲置）过程中所发生的实体磨损。设备的有形磨损分为以下两种。

1）第Ⅰ类有形磨损

设备在运转过程中，在外力的作用下，零部件乃至设备会发生磨擦、振动、超负荷作用、受热不均匀等现象，从而造成机器设备实体上的变形或损坏，这种磨损称为第Ⅰ类有形磨损。它与设备的使用时间和使用强度有关。

设备产生的第Ⅰ类有形磨损可使设备精度降低，劳动生产率下降，使用费增加。当这种有形磨损达到较严重的程度时，机器设备就不能继续正常工作，甚至发生故障，提前失去工作能力、丧失使用价值或者需要支付很大的修理费用，从而造成经济上的损失。

2）第Ⅱ类有形磨损

在自然力作用下，由于生锈、腐蚀、老化等造成的磨损，或是由于管理不善和缺乏必要的维护而丧失精度和工作能力，产生的损耗磨损称为第Ⅱ类有形磨损。设备在闲置过程中受自然力的作用而产生的实体磨损，也称为第Ⅱ类有形磨损，它与设备的闲置时间和闲置环境，以及使用或者闲置期间的维护状况有关。

第Ⅱ类有形磨损同样可以使设备精度降低，劳动生产率下降。当这种有形磨损达到一定程度时，若进行维修，需要支付很高的修理费用。这种有形磨损达到严重程度时，会使设备失去精度和工作能力，丧失使用价值。

第Ⅰ类和第Ⅱ类有形磨损都造成设备的性能、精度等的降低，使得设备的运行费用和维修费用增加。所以,有形磨损带来的技术后果是设备使用价值降低甚至完全丧失,经济后果是设备价值的部分降低甚至是没有价值。

7.1.1.2　设备的无形磨损

设备的无形磨损,又称精神磨损、经济磨损,是指由于科学技术的进步,不断出现性能完善、生产效率更高的设备而使原有的设备价值降低,或者生产同样结构的设备价值不断降低而使原有设备的价值降低。无形磨损不是由于生产过程中的使用或者自然力的作用造成的,所以不表现为设备实体的变化,而表现为设备原始价值的贬值。无形磨损分为以下两种。

1)第Ⅰ类无形磨损

由于技术进步,设备制造工艺不断改进,在生产这种设备的过程中,劳动生产率不断提高,成本不断降低,生产同种设备的社会必要劳动时间减少,因而设备的市场价格下降,致使原设备相对贬值,这种磨损称为第Ⅰ类无形磨损。这种磨损没有造成使用价值的变化,故不影响设备的正常使用。

第Ⅰ类无形磨损并未导致设备本身的技术性能降低,因此不会直接产生提出更换现有设备的问题。但由于技术进步对生产部门的影响往往大于修理部门,使设备本身价值降低的程度比其维修费用降低的速度更快,从而有可能造成在尚未达到使用年限之前设备的维修费用就高出设备本身再生产的价值,此时就可以考虑设备的更换问题。

2)第Ⅱ类无形磨损

由于科学技术的进步,社会上不断创新出结构更先进、性能更完善、效率更高、耗费原材料和能源更少的新型设备,使原有设备相对陈旧落后,其经济效益相对降低而发生贬值,这种磨损称为第Ⅱ类无形磨损。这种磨损也与技术进步有关,但这种技术进步表现在该设备产品的功能提高和改善方面,而不是该产品的生产成本降低,其所带来的经济效果影响更大。

第Ⅱ类无形磨损不仅使原有设备的价值相对贬值,而且如果继续使用旧设备还会降低生产的经济效果,这种经济效果的降低,实际上反映了原设备使用价值的局部或者全部丧失,这就可能产生新设备代替现有设备的必要性,是否更新替换取决于现有设备的贬值程度和在生产中继续使用旧设备的经济效果下降的程度。

7.1.1.3　设备的综合磨损

一般情况下,设备在使用过程中发生的磨损实际上是由有形磨损和无形磨损同时作用而产生的,这称为综合磨损。有形和无形两种磨损都引起机器设备原始价值的贬值,不同的是,遭受有形磨损的设备,特别是有形磨损严重的设备,在修理之前,常常不能工作;而遭受无形磨损的设备,即使无形磨损很严重,其固定资产物质形态却可能没有磨损,仍然可以使用,只不过继续使用它在经济上是否合算,需要经过经济分析决定是否继续使用。

7.1.1.4　设备磨损的补偿方式

由于设备有形磨损和无形磨损的存在,对设备使用价值产生不同程度的影响,为维持设备正常工作所需要的特性和功能,必须对设备的磨损进行及时、合理的补偿,以恢复设备的生产能力。

通常情况下,如果设备有形磨损程度较轻,可以通过局部补偿的方式进行,即设备维修;有形磨损较重,修复费用较高,则应对修理和更新两种方式加以经济比较,以确定恰当的补偿方式;有形磨损很严重,甚至无法修复,或者修复也达不到生产的精度要求,则应该以更新作为补偿手段。

如果设备的无形磨损是第Ⅰ类无形磨损引起的,则不必进行补偿,可以继续使用;若设备维修费用高出设备本身再生产的价值,此时可以考虑设备的更换补偿;如果设备的无形磨损是第Ⅱ类无形磨损所致,则可以采用现代化改装或者更新的方式补偿。

7.1.2 设备寿命

7.1.2.1 设备寿命的概念

设备寿命是指设备从投入使用开始,直到因磨损在技术上或者经济上不宜使用的时间。由于研究的角度不同,设备寿命有几种不同的形态,其含义也不相同,所以在对设备进行更新与选择的经济分析时需要注意。

设备寿命分为自然寿命、技术寿命、折旧寿命和经济寿命。

1)设备的自然寿命

设备的自然寿命,又称物理寿命、实际寿命,是指设备从投入使用开始,直到因物质磨损严重而不能继续使用、报废所经历的全部时间。它主要是由设备的有形磨损所决定的。设备的自然寿命不能成为设备更新的估算依据。

2)设备的技术寿命

设备的技术寿命就是指设备从投入使用到因技术落后而被淘汰所延续的时间,也即设备在市场上维持其价值而不显陈旧落后的全部时间,故又称有效寿命。技术寿命主要是由设备的无形磨损所决定的,它一般比自然寿命要短,科学技术发展越快,设备的技术寿命越短。

3)设备的折旧寿命

设备的折旧寿命,又称设备折旧年限,是指按财务制度规定的折旧原则和方法,将设备的原值通过折旧方式转入产品成本,直到设备的折旧余额达到或者接近零时所经历的时间。设备折旧寿命一般不等于物理寿命。

4)设备的经济寿命

设备的经济寿命,又称设备最佳经济使用年限,是设备从投入使用开始,到因继续使用在经济上不合理而被更新所经历的时间,也就是说设备从开始使用到其年平均使用成本最小(或年盈利最高)的使用年限 N_0,如图 7-1 所示。所以,设备的经济寿命就是从经济观点(即成本观点或收益观点)确定的设备更新的最佳时刻。经济寿命是由有形磨损和无形磨损共同作用决定的。

7.1.2.2 设备经济寿命的确定

一台设备在整个寿命期内发生的费用主要有两项:

(1)设备购置费,指采用新设备时投入的费用,包括设备购价、运输费和安装费等。

(2)使用费用(成本),指设备在使用过程中发生的费用,包括维修保养费用(保养费、

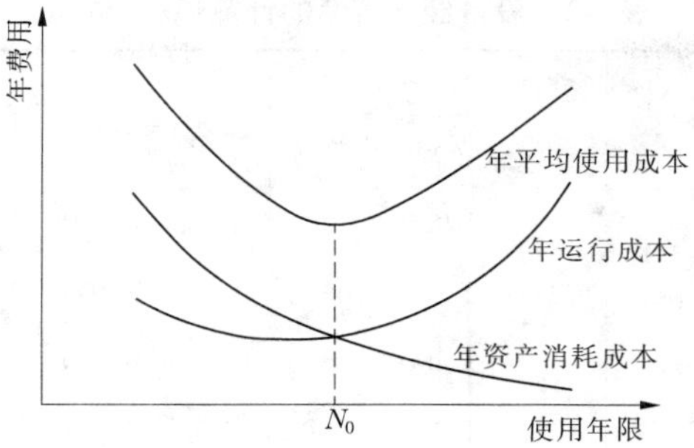

图 7-1　设备年度费用曲线

修理费、停工损失费、废次品损失费等)和运行费(人工、燃料、动力、机油等消耗)。

在以下分析中,假设设备产生的收益是相同的,只比较设备的成本。按照是否考虑资金的时间价值确定设备经济寿命的方法可以分为静态计算和动态计算两种。

1)经济寿命的静态计算方法

(1)费用平均法。

费用平均法就是在不考虑资金的时间价值的基础上计算设备年均总成本 AC_n,可通过计算不同使用年限的年等额总成本来确定设备的经济寿命,使 AC_n 为最小时的 N_0 就是设备的经济寿命。

若设备的经济寿命为 m 年,则应满足下列条件:$AC_m \leqslant AC_{m-1}$,$AC_m \leqslant AC_{m+1}$。

设备年等额总成本计算公式为

$$AC_n = \frac{P - L_n}{n} + \frac{1}{n}\sum_{j=1}^{n} C_j \tag{7-1}$$

式中,n 为设备使用年限,在设备经济寿命计算中,n 是一个自变量;j 为设备使用年度,j 的取值范围为 1 ~ n;AC_n 为 n 年内设备的年等额总成本;P 为设备的购置费用;L_n 为设备第 n 年年末的残值;C_j 为在 n 年使用期间的第 j 年度设备的运营成本。

由式(7-1)可知,设备的年等额总成本等于设备的年等额资产恢复成本与设备的年等额运营成本之和。

【例 7-1】　某设备的原始价值为 10 000 元,物理寿命为 9 年,各年运行费用及年末残值如表 7-1 所示。试在不考虑资金的时间价值的情况下求该设备的经济寿命。

表 7-1　设备运行费用与年末残值数据　　(单位:元)

n(年)	1	2	3	4	5	6	7	8	9
C_j(运行费用)	1 000	1 100	1 300	1 600	2 000	2 500	3 100	3 800	4 700
L_s(残值)	7 000	5 000	3 500	2 200	1 200	600	300	200	100

解　为计算方便,可采用列表的形式求解,计算过程及结果见表 7-2。

表 7-2 设备经济寿命的计算过程(静态) (单位:元)

n(年)	$P-L_n$ (1)	$\sum C_j$ (2)	(3) = (1) + (2)	AC_n (4) = (3)/n
1	3 000	1 000	4 000	4 000
2	5 000	2 100	7 100	3 550
3	6 500	3 400	9 900	3 300
4	7 800	5 000	12 800	3 200
5	8 800	7 000	15 800	3 160
6	9 400	9 500	18 900	* 3 150
7	9 700	12 600	22 300	3 186
8	9 800	16 400	26 200	3 275
9	9 900	21 100	31 000	3 444

从以上计算结果可以看出,设备使用到第 6 年年末时,年总费用 AC_6 最小,即经济寿命为 6 年。从此例可以看出,经济寿命的确定实际上是从设备使用第 1 年、第 2 年、第 3 年……的方案中选择一个最有利的方案。

(2)匀速低劣化数值法。

随着使用年数的增长,每年分摊的投资成本将逐渐减少,然而设备的维修费用、燃料、动力消耗等使用费用又逐渐增加,这一过程叫做设备的低劣化。用低劣化数值表示设备损耗的方法称为低劣化数值法。如果每年设备的劣化增量是均等的,即 $\Delta C=\lambda$,则每年低劣化呈线性增长。

若设备的使用年限为 n 年,则第 n 年时的运营成本为

$$C_n = C_1 + (n-1)\lambda \tag{7-2}$$

式中,C_1 为运营成本的初始值,即第 1 年的运营成本;n 为设备使用年限。

n 年内设备运营成本的平均值为:$C_1+\dfrac{n-1}{2}\lambda$。

除运营成本外,在年等额总成本中还包括设备的年等额资产恢复成本,其金额为 $\dfrac{P-L_n}{n}$,则年等额总成本的计算公式为

$$AC_n = \frac{P-L_n}{n} + C_1 + \frac{n-1}{2}\lambda \tag{7-3}$$

通过求上式的极小值,可找出设备的经济寿命的计算公式。

设 L_n 为一常数,令 $\dfrac{\mathrm{d}(AC_n)}{\mathrm{d}n}=0$,则经济寿命为

$$m = \sqrt{\frac{2(P-L_n)}{\lambda}} \tag{7-4}$$

【例 7-2】　现有一台设备,原值为 7 200 元,第 1 年的使用成本费为 800 元,以后每年递增 650 元,预计残值为 0。试用静态分析法确定其经济寿命期并计算年等额总成本。

解　由公式(7-4)计算得设备的经济寿命期为

$$m = \sqrt{\frac{2 \times (7\ 200 - 0)}{650}} \approx 5(\text{年})$$

由公式(7-3)计算年等额总成本为

$$AC_n = \frac{7\ 200 - 0}{5} + 800 + \frac{650}{2} \times (5 - 1) = 3\ 540(\text{元})$$

2)*经济寿命的动态计算方法*

设备在 n 年内的等额年费用 AC_n 可按下式计算

$$\begin{aligned} AC_n &= P(A/P,j,n) - L_n(A/F,i,n) + C_1 + \lambda(A/G,i,n) \\ &= [(P - L_n)(A/P,i,n) + L_n \times i] + [C_1 + \lambda(A/G,i,n)] \end{aligned} \tag{7-5}$$

式中,$(P - L_n)(A/P,i,n) + L_n \times i$ 为等额年资产恢复成本;$C_1 + \lambda(A/G,i,n)$ 为等额年运营成本;其他符号意义同前。

等额年费用更为一般的计算公式如下

$$AC_n = TC_n(A/P,i,n) = [P - L_n(P/F,i,n) + \sum_{j=1}^{n} C_j(P/F,i,j)](A/P,i,n) \tag{7-6}$$

式中,TC_n 为设备在 n 年内的总成本现值。

【例 7-3】　某设备购置费为 24 000 元,第 1 年的设备运营费为 8 000 元,以后每年增加 5 600 元,设备逐年减少的残值如表 7-3 所示,设利率为 12%。求该设备的经济寿命。

表 7-3　设备经济寿命动态计算结果　(单位:元)

第 n 年年末	设备使用到第 n 年年末残值	年度运营成本	等额年资产恢复成本	等额年运营成本	等额年费用
1	12 000	8 000	14 880	8 000	22 880
2	8 000	13 600	10 427	10 641	21 068
3	4 000	19 200	8 806	13 179	21 983
4	0	24 800	7 901	15 610	23 511

解　根据公式,设备在使用年限内的等额总成本计算如下

当 $n=1$ 时

$$\begin{aligned} AC_1 &= (24\ 000 - 12\ 000)(A/P,12\%,1) + 12\ 000 \times i + 8\ 000 + 5\ 600(A/G,12\%,1) \\ &= 12\ 000 \times 1.120\ 0 + 12\ 000 \times 0.12 + 8\ 000 + 5\ 600 \times 0 = 22\ 880(\text{元}) \end{aligned}$$

当 $n=2$ 时

$$\begin{aligned} AC_2 &= (24\ 000 - 8\ 000)(A/P,12\%,2) + 8\ 000 \times i + 8\ 000 + 5\ 600(A/G,12\%,2) \\ &= 16\ 000 \times 0.591\ 7 + 8\ 000 \times 0.12 + 8\ 000 + 5\ 600 \times 0.471\ 7 = 21\ 068(\text{元}) \end{aligned}$$

当 $n=3$ 时

$$AC_3 = (24\ 000 - 4\ 000)(A/P,12\%,3) + 4\ 000 \times i + 8\ 000 + 5\ 600(A/G,12\%,3)$$

$= 20\ 000 \times 0.416\ 3 + 4\ 000 \times 0.12 + 8\ 000 + 5\ 600 \times 0.924\ 6 = 21\ 983$(元)

当 $n=4$ 时

$$AC_4 = (24\ 000 - 0)(A/P,12\%,4) + 0 \times i + 8\ 000 + 5\ 600(A/G,12\%,4)$$

$$= 24\ 000 \times 0.329\ 2 + 0 \times 0.12 + 8\ 000 + 5\ 600 \times 1.358\ 9 = 23\ 511(\text{元})$$

根据计算结果知,该设备的经济寿命为 2 年。

7.2　设备维修和改造的经济分析

7.2.1　设备维修的概念

7.2.1.1　设备的维修

设备的维修,又称设备的修理,是在设备使用过程中,为了保证设备在平均寿命期限内正常良好的使用而进行的调整、修复或更换已磨损的零部件的工作。设备大修的目的是消除设备在其寿命期内经常性的有形磨损和排除机器运行中遇到的各种故障,以保证设备在其寿命期内保持必要的性能,发挥正常的效用。

设备的维修包括日常维护、设备小修理和设备大修理等几种形式。其中,设备的日常维护和设备小修理是通过定期检验、调整和更换小型零件的简单工作来完成的,花费较少、工作量较小,是设备正常运营的基本维护工作;而设备的大修是花费最多,工程规模最大的维修方式,因此本节主要对设备大修方式的经济性进行分析。

7.2.1.2　设备大修

设备大修是通过对设备全部解体,更换或者修理那些不合格的零部件和主要大件,使设备在大修理后能够基本恢复原有的技术性能。设备大修能够保留原设备未受磨损的零部件以恢复整机的工作能力,延长设备的物理寿命,因此与更换新设备相比具有很大的优越性。

应当注意的是,通过设备大修,可以使设备的性能得到一定程度的恢复和补偿,但是,长期进行大修的设备,生产率、精确度等都比同类型的新设备低,而且修理次数越多,这种效能就越低,修理的间隔期缩短,修理费用增加,这就存在着一个经济界限问题。

常用的设备大修决策分析由两个条件构成:

(1)设备的大修费用不能高于其更新成本。

(2)大修后的生产成本不能高于同种新设备的生产成本。

7.2.2　设备改造经济分析

由于科学技术的进步,新型设备的生产周期在不断缩短,在设备还没有达到经济寿命使用年限之前,在资金有限的前提下,想要提高设备的生产率,有效的途径就是设备改造。

7.2.2.1　设备改造的概念

设备改造,又称设备现代化改装、设备的技术革新,是指把先进的科学技术新成果应用于企业现有的设备,通过对设备进行局部的革新和增加新的技术结构,以改善设备的性能,提高生产效率和设备的现代化水平。设备改造是在原有设备的基础上来提高设备的技术先进性和生产适用性，因此具有投资少、时间短、见效快等优点。

设备的改造包括设备的改装和设备的技术改造两种形式：

(1)设备的改装是指为了满足增加产量或加工要求，对设备的容量、功率、体积和形状的加大或改变。例如，将设备以小拼大，以短接长，多机串连等。改装能够充分利用现有条件，减少新设备的购置，节省投资。

(2)设备的技术改造是指把科学技术的新成果应用于企业的现有设备，改变其落后的技术面貌。例如，将旧机床改造为程控、数控机床，或在旧机床上增设精密的检测装置等。技术改造可提高产品质量和生产效率，降低消耗，提高经济效益。

7.2.2.2　设备改造的原则

设备改造并不是在任何情况下都能够做到的，企业在做设备改造时，必须充分考虑改造的必要性、技术上的可能性和经济上的合理性。

(1)设备改造必须适应生产技术发展的需要，针对设备对产品质量、数量、成本、生产安全、能源消耗和环境保护等方面的影响程度，在能够取得实际效益的前提下，有计划、有重点、有步骤地进行。

(2)要充分考虑技术上的可能性，即设备值得改造和利用，有改善功率、提高效率的可能。改造要经过大量试验，并严格执行企业审批手续。

(3)必须充分考虑经济上的合理性。改造方案要由专业技术人员进行技术经济分析，并进行可行性研究和论证。

(4)设备改造工作一般应与设备大修结合进行，这样既能达到设备现代化改装的目的，又能节约改造费用。

7.2.2.3　设备改造的经济分析

研究设备改造的经济性，应与设备更新、设备大修以及旧设备继续使用等方案相比较，从中选择总费用最小的方案。

设备改造分析的具体步骤如下：

(1)计算各方案在不同使用年限内的总费用现值。

(2)根据所需使用年限，按照总费用最低的原则进行方案选优。

7.3　设备更新的经济分析

7.3.1　设备更新的概念

设备更新是指对在技术上或经济上不宜继续使用的设备，用新的原型设备更换现有设备，或者是以结构先进、技术完善、效率高、耗能少的新设备，来代替物质上无法继续使用或经济上不宜继续使用的陈旧设备。因此，设备更新包括原型设备更新和新型设备更新两种方式。

(1)原型设备更新，又称更换，即同型号的新设备代替磨损严重不能继续使用的旧设备。这种更新主要是解决设备的损坏问题，不具有更新技术的性质。

(2)新型设备更新，指以结构更先进、功能更完善、性能更可靠、生产效率更高、产品质量更好、产品成本更低的新设备代替已磨损不能继续使用或者虽可以继续使用,但在经济上继续使用已经不合理的旧设备。

通常所说的设备更新主要是指新型设备更新，它是技术发展的基础。

7.3.2　设备更新决策

7.3.2.1　设备更新决策原则

设备是否更新,需要进行设备更新的决策。设备更新决策是指确定一套正在使用的设备应何时以及应怎样用更经济的设备来替代。对企业来说,设备更新决策决不能轻率从事。设备更新决策应遵循以下原则:

(1)如果设备采用修理的方式在经济上比较合理,就不要急于更新,可以通过维修改进。

(2)通过改进工艺设备,能够用经济实效的方式满足生产要求的,就不需要更新设备。

(3)只需要对个别关键部件或者单台设备进行技术改造的,就不用考虑更新整机或者整条生产线设备。

7.3.2.2　设备更新决策特点

(1)设备更新分析中,设备经济寿命是确定设备最优更新期的主要依据。

(2)设备更新分析应站在咨询者的立场分析问题。设备更新问题的要点是站在咨询师的立场,而不是站在旧资产所有者的立场考虑问题。咨询师并不拥有任何资产,故若要保留旧资产,首先要付出相当于旧资产当前市场价值的现金,才能取得旧资产的使用权。

(3)设备更新经济分析只考虑未来发生的现金流量。更新决策之前发生的现金流量及沉没成本不需要再参与经济计算,因为它们都属于不可恢复的费用,与更新决策无关,不会影响方案的选择。

(4)由于不同设备更新方案的使用寿命常常不同,通常采用年度费用进行比较。

(5)通常假设设备产生的收益相同,因而在进行方案比较时只对其费用进行比较。

7.3.3　设备更新经济分析

7.3.3.1　原型设备更新分析

如果设备在整个使用期内其使用功能和生产性能不过时,该设备的未来替换物仍然是同一种设备,设备不存在技术上提前报废的问题。当该设备达到经济寿命的时候,再继续使用,经济上已经不合算,于是可以用原型设备进行更换。所以,设备的原型更新,主要是以设备的经济寿命为依据,最优的更新时机就是设备的经济寿命年限。

7.3.3.2　新型设备更新分析

新型设备更新分析是要在继续使用旧设备和购置新型设备的方案中,选择在经济上最有利的方案。新型设备更新分析不仅需要确定设备的更新方案有几个,还需要同时确定设备更新的时机,即旧设备剩余经济寿命年数。

在有新型设备出现的情况下,常用的设备更新比较方法是年值成本法、现值成本法和边际成本法。

1)年值成本法和现值成本法

在设备新型更换分析决策中,可以直接计算各设备方案的现值成本或年值成本,现值成本或年值成本最低的方案为最优方案。但实际上,继续使用旧设备方案的寿命期与购置新设备方案的寿命期常常不同,对于寿命期不同的更新方案比选,最简单的方法是采用年值成本法进行比较。

【例 7-4】 某机器 A 正在使用,其目前的残值估计为 2 000 元。据估计,这部机器还可使用 5 年,每年的使用费为 1 200 元,第 5 年年末的残值为零。企业对这部机器的更新提出两种方案。方案甲:5 年之后,用机器 B 来代替机器 A,机器 B 的原始费用估计为 10 000元,寿命估计为 15 年,残值为零,每年使用费 600 元。方案乙:现在就用机器 C 来代替机器 A,机器 C 的原始费用估计为 9 000 元,寿命为 15 年,残值为零,每年使用费 900 元。详细数据见表 7-4,折现率为 10%。试比较方案甲与方案乙哪个经济效果好?

表 7-4 更新方案数据表 (单位:元)

年末	方案甲		方案乙	
	原始费用	年使用费	原始费用	年使用费
0	机器 A 2 000		机器 C 9 000	
1		1 200		900
2		1 200		900
3		1 200		900
4		1 200		900
5		1 200		900
6	机器 B 10 000	600		900
7		600		900
8		600		900
9		600		900
10		600		900
11		600		900
12		600		900
13		600		900
14		600		900
15		600		900
16 ~ 20		600		

解 (1)由于对更远的估计较为困难,选定 15 年为研究期,这相对于机器 C 的寿命。

方案甲:按照方案甲,15 年研究期包括机器 A 使用 5 年,机器 B 使用 10 年。

机器 B 的年值成本为

$$10\,000(A/P,10\%,15)+600=10\,000\times 0.131\,5+600=1\,915(\text{元})$$

方案甲在 15 年内发生的费用现值为

$$2\ 000 + 1\ 200(P/A,10\%,5) + 1\ 915(P/A,10\%,10)(P/F,10\%,5)$$
$$= 2\ 000 + 1\ 200 \times 3.790\ 8 + 1\ 915 \times 6.144\ 6 \times 0.620\ 9$$
$$= 13\ 855(元)$$

方案乙:方案乙在 15 年内的费用现值为

$$9\ 000 + 900(P/A,10\%,15) = 9\ 000 + 900 \times 7.606\ 1 = 15\ 845.5(元)$$

显然,方案乙优。

(2)选定研究期为 5 年。如果资料不足,未来的情况难以估计和预测,这时往往不得不采用较短的研究期。比如,在表 7-4 中采用什么机器来继续机器 A 的工作并不清楚,就只能选定机器 A 还可使用的时期 5 年作为研究期。

方案甲:方案甲在 5 年内的年值成本为 1 727.6 元。

方案乙:方案乙即机器 C 按照寿命为 15 年计算的年度费用为 2 083.5 元。

显然,方案甲优,也就是说,在前 5 年中采用机器 A 比采用机器 C 每年可以节约 2 083.5 - 1 727.6 = 355.9(元),至于 5 年以后的情况则未加以考虑。

一般说来,研究期越长,所得的结果越重要,但是所做的估计也越可能是错误的。因此,研究期的选定必须根据掌握的资料和实际情况来估计和判断。

2)边际成本法

如果今后的情况非常难以估计,可采用逐年比较新旧设备成本的方法,这就是边际成本法。其更新分析的步骤如下。

(1)计算旧设备的年度边际成本。

$$MC_n = C_n + (L_{n-1} - L_n) + L_{n-1} \times i \qquad (7\text{-}7)$$

式中,MC_n 为第 n 年旧设备的年度边际成本;C_n 为第 n 年旧设备的运行成本以及损失额;$L_{n-1} - L_n$ 为第 n 年资产折旧额;$L_{n-1} \times i$ 为资产占用资金的成本。

(2)计算新设备的年均总成本。

$$AC'_n = [P' - L'_n(P/F,i,n)](A/P,i,n) + [\sum C_j(P/F,i,n)](A/P,i,n) \qquad (7\text{-}8)$$

(3)根据计算结果进行比较。

当 $MC_n > AC'_n$ 时,需要更新旧设备;当 $MC_n \leqslant AC'_n$ 时,应保留旧设备。

【例 7-5】 某设备再继续使用一年的边际成本见表 7-5,现有的新设备价格为 50 000 元,寿命为 15 年,年运行成本为 1 800 元,残值为 4 000 元,折现率为 $i = 10\%$。试分析是否应对旧设备进行更新。

表 7-5 旧设备的年边际成本计算结果 (单位:元)

新设备产量和质量提高增加收入	1 600	旧设备现在出售价格	9 600
新设备年均工作节约额	1 200	旧设备一年后出售价格	8 200
新设备作业费用年均节约额	4 500	旧设备继续使用的资产占用资金成本($i = 10\%$)	960
新设备维修费年均节约额	3 000		
旧设备年运行成本	1 200	旧设备资产折旧费	1 400
旧设备年运行成本及损失额	11 500	旧设备的边际成本	13 860

解　首先计算旧设备的边际成本。

根据表 7-5 所示数据,得到

$$MC_n = 11\ 500 + 960 + 1\ 400 = 13\ 860(\text{元})$$

其次计算新设备的年均总成本 AC_n'。

$$AC_n' = [50\ 000 - 4\ 000(P/F,10\%,15)](A/P,10\%,15) + 1\ 800 = 8\ 249.1(\text{元})$$

比较新旧设备年成本的计算结果,$MC_n > AC_n'$,用新设备更换旧设备,每年可以节约开支 5 610.9 元,因此应该尽快更换旧设备。

7.4　设备租赁的经济分析

7.4.1　设备租赁概念

设备的租赁是一种契约性协议,规定设备的所有者(出租人)在一定时期内,根据一定的条件,将设备交给使用者(承租人)使用,承租人按协议分期支付租金,并享有对租赁资产的使用权。由于租赁具有把融资和融物结合起来的特点,这使得租赁能够提供及时而灵活的资金融通方式,减少设备陈旧过时的风险,还可以使承租人享受设备试用以及使企业获得税收的减免等优惠。因此,租赁是企业家取得设备进行生产经营的一个重要手段。

设备租赁主要有经营租赁和融资租赁两种方式:

(1)经营租赁,又称运行租赁,是指出租者除向承租者提供租赁物外,还承担设备的保养、维修、贬值以及不再续租的风险,任何一方可以随时以一定方式在通知对方后的规定时间内取消或中止租约。该类租赁具有可撤销性、短期性、租金高等特点。适用于技术进步快、用途较广泛、使用具有季节性的设备,临时使用的设备(如车辆、仪器等)通常采用这种方式。经营租赁设备的租赁费计入企业成本,可减少企业所得税。

(2)融资租赁,通常又称为长期租赁,是指由双方明确租赁的期限和付费义务,出租者按照要求提供规定的设备,然后以租金形式回收设备的全部资金,出租者对设备的整机性能、维修保养、老化风险等不承担责任。该种租赁方式是以融资和对设备的长期使用为前提的,租赁期相当于或超过设备的寿命期,具有不可撤销性、租期长等特点,适用于大型机床、重型施工等贵重设备。融资租赁的设备属承租方的固定资产,可以计提折旧计入企业成本,而租赁费一般不直接计入企业成本,由企业税后支付,但租赁费中的利息和手续费可在支付时计入企业成本,作为纳税所得额中准予扣除的项目。融资租赁是现代租赁的主要形式。

7.4.2　设备租赁与购买决策

7.4.2.1　设备租赁的优缺点

(1)对于承租人来说,设备租赁与设备购买相比的优越性在于:

①在资金短缺的情况下,既可用较少资金获得生产急需的设备,也可以引进先进设备,加速技术进步的步伐;

②可获得良好的技术服务；

③可以保持资金的流动状态，防止呆滞，也不会使企业资产负债状况恶化；

④可避免通货膨胀和利率波动的冲击，减少集资风险；

⑤设备租金可在所得税前扣除，能享受税费上的利益。

(2)设备租赁的不足之处在于：

①在租赁期间承租人对租用设备无所有权，只有使用权，故承租人无权随意对设备进行改造，不能处置设备，也不能用于担保、抵押贷款；

②承租人在租赁期间所交的租金总额一般比直接购置设备的费用要高；

③长年支付租金，形成长期负债；

④融资租赁合同规定严格，毁约要赔偿损失，罚款较多。

7.4.2.2 影响设备租赁与购买的主要因素

1)影响设备投资的因素

(1)项目的寿命期。

(2)企业是否需要长期占有设备，还是只希望短期占有这种设备。

(3)设备的技术性能和生产效率。

(4)设备对工程质量(产品质量)的保证程度，对原材料、能源的消耗量，以及设备生产的安全性。

(5)设备的成套性、灵活性、耐用性、环保性和维修的难易程度。

(6)设备的经济寿命。

(7)技术过时风险的大小。

(8)设备的资本预算计划、资金可获量(包括自有资金和融通资金)，融通资金时借款利息或利率高低。

(9)提交设备的进度。

2)影响设备租赁的因素

对于设备租赁，除考虑上述因素外，还应考虑如下影响因素：

(1)租赁期长短。

(2)设备租金额，包括总租金额和每租赁期租金额。

(3)租金的支付方式，包括租赁期起算日、支付日期、支付币种和支付方法等。

(4)企业经营费用减少与折旧费和利息减少的关系，租赁的节税优惠。

(5)预付资金(定金)、租赁保证金和租赁担保费用。

(6)维修方式，即是由企业自行维修，还是由租赁机构提供维修服务。

(7)租赁期满，资产的处理方式。

(8)租赁机构的信用度、经济实力，与承租人的配合情况。

3)影响设备购买的因素

对于设备购买，除考虑前述设备投资的因素外，也应考虑如下影响因素：

(1)设备的购置价格、设备价款的支付方式，支付币种和支付利率等。

(2)设备的年运转费用和维修方式、维修费用。

(3)保险费，包括购买设备的运输保险费，设备在使用过程中的各种财产保险费。

7.4.3　设备租赁与购买的经济分析

采用购置设备或是采用租赁设备应取决于这两种方案在经济上的比较，比较的原则和方法与一般的互斥投资方案的比选方法相同。

7.4.3.1　设备租赁与购买方案分析的步骤

(1)根据企业生产经营目标和技术状况，提出设备更新的投资建议。

(2)拟订若干设备投资更新方案，包括租赁、购买。

(3)定性分析筛选方案，包括企业财务能力分析，设备技术风险分析和使用维修特点。

(4)定量分析并优选方案，结合其他因素，做出租赁还是购买的投资决策。

7.4.3.2　设备租赁与购买方案的经济分析方法

1)设备经营租赁方案的净现金流量

净现金流量 = 销售收入 − 经营成本 − 租赁费用 − 销售相关税金 − 所得税税率 ×
(销售收入 − 经营成本 − 租赁费用 − 销售相关税金)

式中，租赁费用主要包括租赁保证金、担保费、租金。

租金的计算主要有附加率法和年金法。

(1)附加率法是在租赁资产的设备货价或概算成本上再加上一个特定的比率来计算租金的。每期租金 R 的表达式为

$$R = P(1 + N \times i)/N + P \times r \tag{7-9}$$

式中，R 为每期支付租金；P 为租赁资产的价格；N 为租赁资产的还款期数；i 为与还款期数相对应的折现率；r 为附加率(额外的服务，增加的租金收益)。

【例 7-6】　租赁公司拟出租给某企业一台设备，设备价格为 68 万元，租期为 5 年，每年年末支付租金，折现率为 10%，附加率为 4%，计算每年的租金是多少？

解　$R = 68 \times (1 + 5 \times 10\%) \div 5 + 68 \times 4\% = 23.12$(万元)

即每年所收的租金应该为 23.12 万元。

(2)年金法是将一项租赁资产价值按相同比率分摊到未来各租赁期间内的租金计算方法。

①期末支付方式是在每期期末等额支付租金。每期租金 R 的表达式为

$$R = Pi(1 + i)^N/[(1 + i)^N - 1] \tag{7-10}$$

式中，P 为租赁资产的价格；R 为每期支付租金；N 为租赁资产的还款期数；i 为与还款期数相对应的折现率。

②期初支付方式是在每期期初等额支付租金。每期租金 R 的表达式为

$$R = Pi(1 + i)^{N-1}/[(1 + i)^N - 1] \tag{7-11}$$

【例 7-7】　如果折现率为 12%，其余数据与例 7-6 相同，试分别按每年年末、每年年初支付方式支付计算租金。

解　若按年末支付方式计算租金为

$$R = 68 \times 12\% \times (1 + 12\%)^5/[(1 + 12\%)^5 - 1] = 68 \times 0.277\ 4 = 18.86\text{(万元)}$$

若按年初支付方式计算租金为

$$R = 68 \times 12\% \times (1+12\%)^{5-1} / [(1+12\%)^5 - 1] = 68 \times 0.2477 = 16.84(\text{万元})$$

2)购买设备方案的净现金流量

与租赁相同条件下的购买设备方案的净现金流量每期为

净现金流量 = 销售收入 - 经营成本 - 设备购置费 - 贷款利息 - 销售相关税金 - 所得税税率 ×(销售收入 - 经营成本 - 折旧 - 贷款利息 - 销售相关税金)

3)设备租赁与购置方案的经济比选

对于承租人来说,关键的问题是决定租赁还是购买设备,而设备租赁与购买的经济比选也是互斥方案选优问题。一般寿命相同时可以采用净现值法,设备寿命不同时可以采用年值法。无论用净现值法还是年值法,均以收益效果较大或成本较低的方案为最佳。

在工程经济互斥方案分析中,为了简化计算,常常只需要比较它们之间的差异部分。而设备租赁与购买方案经济比选,最简单的方法是在假设所得到设备的收入相同的条件下,将租赁方案和购买方案的费用进行比较,根据互斥方案比选的增加原则,只需比较它们之间的差异部分。

比较两个现金流量公式,实际上设备租赁与购买只需比较:

(1)设备租赁:所得税税率×租赁费用 - 租赁费用。

(2)设备购买:所得税税率×(折旧 + 贷款利息) - 设备购置费 - 贷款利息。

(3)如果设备有残值的话,设备购置费 = 设备购买价格 - 设备残值。

由于每个企业都是依据利润大小缴纳所得税,按财务制度规定,租赁设备的租金允许计入成本;购买设备每期计提的折旧费也允许计入成本;若用借款购买设备,其每期支付的利息也可以计入成本。在其他费用保持不变的情况下,计入成本越多,则利润总额越少,企业缴纳的所得税也越少,因此在充分考虑各种方式的税收优惠影响下,应该选择税后收益更大或者税后成本更小的方案。

【例 7-8】 某企业需要某种设备,其购置费为 20 万元,可贷款 10 万元,贷款利率为 8%,在贷款期 3 年内每年年末等额还本付息。设备使用期为 5 年,期末设备残值为 5 000 元。这种设备也可以租赁到,每年年末租赁费为 56 000 元。企业所得税税率为 33%,采用直线折旧,基准折现率为 10%。试为企业选择方案。

解　(1)计算年折旧费。各年提取的折旧费为

$$\text{年折旧费} = (200\,000 - 5\,000)/5 = 39\,000(\text{元})$$

(2)计算年借款利息。各年支付的本利和 A 按下式计算,则各年的还本付息如表 7-6 所示。

$$A = 100\,000 \times 8\% \times (1+8\%)^3 / [(1+8\%)^3 - 1] = 100\,000 \times 0.38803 = 38\,803(\text{元})$$

表 7-6　各年支付的利息　(单位:元)

年份	期初剩余本金	本期还款金额	其中本期支付本金	其中本期支付利息
1	100 000	38 803	30 803	8 000
2	69 197	38 803	33 267	5 536
3	35 930	38 803	35 929	2 874

(3)计算设备购置费方案的净现值 $NPV_{购}$。

当贷款购买时,企业可以将所支付的利息及折旧从成本中扣除而免税,并且可以回收残值。

$$\begin{aligned}NPV_{购} = & 0.33 \times [(39\,000 + 8\,000)(P/F,10\%,1) + (39\,000 + 5\,536)(P/F,10\%,2) + \\ & (39\,000 + 2\,874)(P/F,10\%,3) + 39\,000(P/F,10\%,4) + \\ & 39\,000(P/F,10\%,5)] - 200\,000 + 5\,000(P/F,10\%,5) - \\ & 8\,000(P/F,10\%,1) - 5\,536(P/F,10\%,2) - 2\,874(P/F,10\%,3) \\ = & 0.33 \times (47\,000 \times 0.909\,1 + 44\,536 \times 0.826\,4 + 41\,874 \times 0.751\,3 + \\ & 39\,000 \times 0.683\,0 + 39\,000 \times 0.620\,9) - 200\,000 + \\ & 5\,000 \times 0.620\,9 - 8\,000 \times 0.909\,1 - 5\,536 \times 0.826\,4 - 2\,874 \times 0.751\,3 \\ = & -157\,493.87\ (元)\end{aligned}$$

(4)计算设备租赁方案的现值 $NPV_{租}$。

当租赁设备时,承租人可以将租金计入成本而免税。

$$\begin{aligned}NPV_{租} & = 0.33 \times 56\,000(P/A,10\%,5) - 56\,000(P/A,10\%,5) \\ & = 0.33 \times 56\,000 \times 3.790\,8 - 56\,000 \times 3.790\,8 \\ & = -142\,230.82\ (元)\end{aligned}$$

因为,$NPV_{租} > NPV_{购}$,所以从经济角度出发,应该选择租赁设备的方案。

思考与练习

1. 什么是设备的磨损？可以分为哪几类？

2. 简述自然寿命、技术寿命和经济寿命的含义与区别。

3. 设备的经济寿命如何确定？

4. 为什么要进行设备的大修？

5. 什么是设备更新？主要方法有哪些？

6. 什么是设备租赁？主要方式有哪些？

7. 某设备原价 15 000 元,第 1 年运行费 1 500 元,从第 2 年开始,每年的运行费在上一年的基础上逐年增加 300 元。试计算其经济寿命。

8. 某工程项目固定资产原值为 50 万元,第 1 年固定资产的管理费用为 1.2 万元,以后每年在此基础上增加 0.3 万元,年维修费第 1 年为 5 万元,以后每年增加 1.8 万元;同样,试按年平均费用最小来确定该项目的经济寿命。

第 8 章　工程项目的后评价

项目的可行性研究和项目评估都是在项目建设前进行的,其预测、评价和判断等工作是否正确,项目的实际效益究竟如何,往往需要通过在项目竣工投产后根据实际数据资料进行后评价来检验。本章主要介绍项目后评价的含义、内容与程序以及常用的评价方法。

8.1　项目后评价概述

8.1.1　项目后评价的基本概念

项目后评价是指对已经完成的项目或规划的目的、执行过程、效益、作用和影响所进行的系统的及客观的分析。具体的说,后评价就是通过对项目实践活动的检查总结,确定项目预期的目标是否达到,项目的主要效益指标是否实现,检验项目是否合理有效,通过分析评价找出成败的原因,总结经验教训,并通过及时有效的信息反馈提高未来新项目的决策水平和管理水平,为后评价项目实施运营中出现的问题提出改进建议,从而达到提高投资效益的目的。

项目后评价与项目前评估几乎是同时产生的,始于 20 世纪 30 年代的美国,我国的后评价工作始于 20 世纪 80 年代。我国投资建设项目后评价的目的是全面总结投资项目的决策、实施和运营情况,分析项目的技术、经济、社会、环境效益及影响,为投资决策和项目管理提供经验教训,改进并完善建成项目,提高其可持续性。项目后评价就项目投资渠道和管理体制而言,可以分为以下几类:

(1)国家重点建设项目后评价。由国家发展和改革委员会制定评价规定,编制评价计划,委托独立的咨询机构来对国家重点建设项目进行评价,为国家发展和改革委员会投资决策提供反馈信息。

(2)国际金融机构贷款项目后评价。按照后评价的原则、方法和程序,由国际金融机构组织,对世界银行、亚洲开发银行等机构在华的贷款项目进行分析评价,中方项目管理和执行机构主要做一些后评价的准备和材料收集工作。

(3)国家银行贷款项目后评价。国家开发银行对国家投资的大中型项目进行效益调查和评价,对国家政策性投资实行统一管理。

(4)国家审计项目后评价。国家审计署对国家投资的项目及利用外资的大中型项目进行项目开工、实施和竣工的财务审计。

(5)行业部门和地方项目后评价。由行业部门和地方政府安排投资的建设项目,一般由部门和地方去进行后评价。

8.1.2　项目后评价的特点

项目后评价的特点主要体现在与前评价的区别上，具体表现为以下几个方面：

(1)项目后评价是在项目建成并运行一段时间后，从项目的影响和可持续性角度，分析项目的准备、实施、完工和运营情况，总结经验教训，改进和完善今后同类项目的决策和管理。而项目前评价是从技术先进性和经济可行性角度，使用预测技术和数据来分析评价项目本身条件对项目未来和长远效益的作用和影响，以确定项目的投资是否可行，为工程建设立项决策提供依据。

(2)项目后评价是在项目建成投产后，在工程建设项目周期的最后阶段，对前评价所做预测的检验，判断前评价结论的正确与否，为今后的决策提供依据；而项目前评价于项目周期中的前期工作阶段开展，是建设项目决策的依据，也是建设项目实施的前提。后评价以投资运行的监督管理机构或后评价权威机构为主，组织主管部门会同计划、财政、审计、银行等有关部门进行，而前评价主要由投资主体及其主管部门组织实施。

(3)项目后评价着重于项目实际执行结果与前期评价所确定的项目目标的对比分析，除针对前期评价的内容进行再评价外，还要结合经济和社会、行政、法律等方面进行综合性评价，从中发现问题并加以总结。而项目前评价着重于不同方案的分析对比，主要内容是对项目建设的必要性、可能性和技术方案与建设条件等进行评价，对未来经济和社会效益进行科学预测。

(4)项目后评价是结合行政、法律、经济、社会、建设、生产、决策与实施等各个方面进行综合性评价，要求以事实为依据，以提高效益为目的，以法律为准绳，对项目实施的结果进行鉴定，并间接作用于未来项目的投资决策，为其提供反馈信息。而项目前评价是以定量指标为主，侧重于经济效益的评价，其评价结果直接作为项目投资决策的重要依据。

(5)项目后评价是依据项目建成投产后项目实施的现实资料，与历史资料结合起来进行对比分析，采用的是实际发生的数据和进行后评价时所颁布的参数及后评价时点所预测的数据。项目前评价则主要是以项目开工前的历史资料、经验数据以及国家和部门颁发的政策、规定和参数等文件作为依据进行评价的，选用的数据参数是在项目建设前的预测值或颁布值。

8.2　工程项目后评价的基本原则与程序

8.2.1　项目后评价的基本原则

工程项目的后评价内容涉及项目准备、建设、运营等项目的全过程，包含了对项目的过程、效益和影响等的评价。进行项目后评价时，一般应遵循以下原则：

(1)独立性、科学性、实用性、透明性和反馈性相结合的原则。

独立性要求项目的后评价不受项目的决策者、管理者、执行者和项目前评估人员的干扰，从机构设置、人员组成等方面进行综合考虑，使后评价机构能够保持相对的独立性，保障项目后评价的客观公证性。科学性要求参与后评价的专家具有广泛的阅历和丰富的经验,要求所有资料真实可靠。实用性要求报告的文字具有可读性,报告所总结的经验教训具有可借鉴性。后评价结果要有一定的透明度,让更多的单位和个人从中借鉴到经验。后评价的结果反馈到决策部门,作为新项目立项和评估的基础,作为调整投资规划和政策的依据。

(2)动态分析与静态分析相结合的原则。

动态分析与静态分析的根本区别在于是否考虑资金的时间价值。静态分析是将资金看做静止的固定实际数值而设置有关价值指标,计算方便,但是不能真实反映项目运营寿命期内的实际经济效果。动态分析则通过采用折现方法,考虑时间因素,对项目计算期内的投入产出进行动态的价值判断,有利于检验评价项目的资金周转速度和资金时间价值的效益。动态分析能够真实反映项目的实际效果,但是计算复杂,在进行工程项目后评价时,应将两类分析方法结合起来使用。

(3)综合分析与单项分析相结合的原则。

综合分析是对反映建设项目功能、利润、工期、投资总额、成本等经济效果的指标进行分析,全面综合反映建设项目的整体经济效益,在项目的后评价中起主导作用,但是有可能掩盖某些不利因素和薄弱环节。单项分析是对个体指标进行分析,从某一方面或某一角度反映项目实际效果的大小。

(4)定量分析与定性分析相结合的原则。

建设项目后评价一般是明确具体的数量指标,进行分析、检验和判断,所以一般是以定量指标为主,同时不能忽略一些难以用定量指标来衡量的定性指标因素,应该相应地采用定性分析的方法进行评价研究。

(5)全面性和目的性相结合的原则。

完整的工程建设项目后评价是对项目的立项决策、建设实施、竣工投产以及运营等全过程的后评价。因此,在对项目进行后评价时,采用的方法、所设立的指标应能够全面地反映项目全过程建设的状况,但同时要有针对性,根据工程项目后评价的时点不同、目的不同和要求不同而进行取舍。

8.2.2 项目后评价的程序

8.2.2.1 工程项目后评价的一般程序

工程项目后评价包括从后评价的计划到后评价的报告编制的整个过程,如图 8-1 所示。

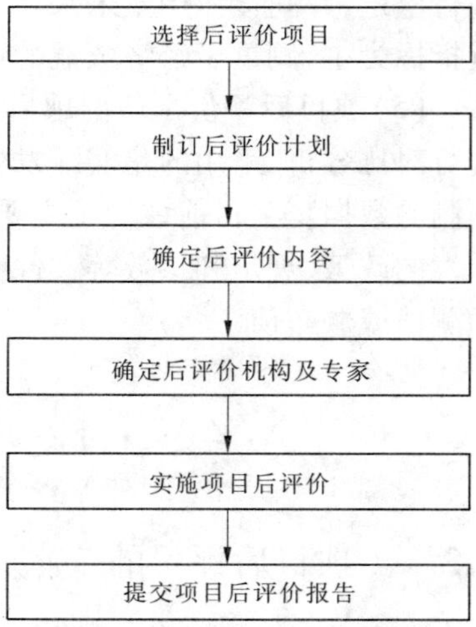

图 8-1 工程项目后评价程序

首先要选择进行后评价的工程项目。实施后评价的项目,一般具有三个特性:特别性,即所要进行后评价的项目要求具有一定的特别性,如某行业的第一个项目、大型或特大型项目、重大技术改造项目或技术创新项目、特别成功或者特别不成功的项目、公众特别关心的项目等;可能性,即进行项目后评价具有机构、资金和时间上的保障,具备了进行后评价的条件;代表性,即选择的项目在同类项目中具有一定的代表性,如需要专门了解项目影响程度的项目,或建设性质发生变化的项目,或合同中止和建设延期的项目等。

确定进行后评价的项目后,项目管理部门就要制订项目后评价计划。项目后评价计划的制订应该越早越好,最好是在项目前评估和执行过程中就确定下来,以便于项目管理者和执行者在项目的实施过程中注意收集资料。由于项目后评价报告是作为对工程项目建设成果的一种反馈,因而在制订计划时应该从长远角度和更高层次上进行考虑。

由于项目后评价的范围很广,一般项目后评价的内容要限定在一定的范围之内,因此项目后评价实施之前必须明确评价的范围和深度。项目后评价的范围通常是以项目后评价任务书的形式确定的,包括后评价的目的、内容、深度、时间等,需要特别说明的有关项目,后评价必须完成的要求也应该明确指出。

项目的后评价分为两个层次:其一要编写"建设项目自我评价报告",其二要进行独立后评价。在独立后评价阶段,工程项目建设部门需要委托独立的评估机构或咨询单位,或者由组织内部相对独立的后评价部门来实施。一般情况下,项目进行后评价要确定一名负责人,该负责人未参与过该项目的评估、决策和实施。由负责人聘请和组织项目后评价专家组来实施工程项目的后评价。项目后评价专家的选择要根据所评价项目的特点、项目后评价的要求和专家的专业特长以及经验来进行。专家组由内外两部分人组成。其中:内部人员就是组织内部的专家,既熟悉项目前评价和中期评价的情况,又比较了解项目后评价的目的,但是,内部人员不能作为项目后评价的主要评价人员;外部人员一般是后评价咨询机构的专家,更为客观公正,更了解后评价的专业和程序,从而能够做出独立的项目后评价结论。

后评价实施后,将后评价的各种结果进行汇总整理,提交工程项目后评价报告。报告必须真实反映评价的结果,客观描述评价与分析问题,认真全面地给出对项目持续发展的对策和建议。

8.2.2.2 工程项目后评价的实施程序

在项目后评价的程序中,最重要的环节是项目后评价的实施,其内容主要包括如下:

(1)项目后评价资料的收集。

项目后评价的实施首先从收集资料开始。项目后评价的基本书面资料包括:项目自我评价报告、项目完工报告、项目竣工验收报告、项目决算审计报告、项目概算调整报告及其批复文件、项目开工报告及其批复文件、项目初步设计及其批复文件、项目前评价报告、项目可行性研究报告,以及项目审批文件等。

(2)项目后评价现场调查与资料整理。

由于项目后评价是对项目实际实施情况与项目目标的对比,对项目进行现场调查是项目后评价实施的另一重要内容,调查的任务包括:项目的实施情况、项目目标的实现情况、项目目标的合理性、项目的作用和影响等。然后,对收集到的资料和现场调查结果进行必要的归纳和整理。

(3)项目后评价的分析和结论。

按照工程项目后评价内容的要求,对收集到的各种资料进行分析,从而得出项目后评价的结论。分析主要包括三个方面:对项目实施结果的分析、项目实际实施情况与项目前评价结果的对比分析以及项目未来发展预测的分析。经过分析和评价,将项目概况、项目后评价内容、主要问题、原因分析、经验教训、结论和建议、评价方法说明等编写成项目后评价报告,提交给项目管理者。

8.3　工程项目后评价内容

自20世纪30年代美国开始进行项目后评价以来,其评价内容的范围从单纯的以财务指标来评价项目,逐步扩展到包含经济评价、环境影响评价、社会评价在内的多项内容。按项目的周期可以把项目后评价划分为项目的前期决策后评价、工程准备后评价、建设实施后评价和竣工投产后评价等;根据项目后评价的内容,可以划分为过程后评价、效益后评价、影响后评价、持续性后评价等单项评价以及综合评价。本节主要从内容方面对工程项目后评价进行阐述。

8.3.1　项目的过程后评价

根据项目的生命周期理论,工程建设项目自提出项目开始,至项目竣工投产,最终实现项目的目标,大体可以分为三个阶段,即项目的策划阶段、项目的实施阶段和项目的运营阶段,每一阶段对项目的实际效益都产生重大的影响。过程后评价要依据国家现行的有关法令、制度和规定,对各个阶段项目的工程技术水平、管理水平和决策水平进行分析,评价项目决策、管理、准备、施工等各个执行过程的实际情况,总结经验教训。

8.3.1.1　项目目标的后评价

在项目后评价中,项目目标和目的的评价主要是对照项目可行性研究和评估中关于项目目标的论述,找出变化,分析项目目标的实现程度以及成败的原因,同时对项目原定目标的正确性、合理性进行分析,讨论项目目标的确定正确与否,是否符合发展的要求。

对项目目标的后评价分为对宏观目标的后评价和对项目建设直接目的的后评价。宏观目标通常是对地区、行业或国家经济、社会发展的总体影响和作用,项目建设的直接目的是为社会提供某种产品或服务。在进行评价过程中,无论项目建设的宏观目标还是项目建设的具体目标,一般都用定量指标加以表述,对于难以用定量指标进行表述的,应用定性方法加以描述。

通常采取表8-1所示的格式分析项目实施后,是否达到项目前评价中预定的目标,达到预定目标的程度,以及与预定的目标产生偏离的主观和客观原因是什么,在项目以后的实施或运行中,应采取哪些措施和对策,才能保证达到或接近达到预定的目标和目的。

表8-1　工程项目预定目标和目的达到程度分析表

目标或目的内容	预定值	项目建成可能达到值	目标目的实现程度(%)	偏离的原因分析	拟采取的对策和措施

8.3.1.2　项目前期工作后评价

对项目前期工作的后评价重点是对项目可行性研究报告、项目评估报告和项目批复、批准文件的评价，即根据项目实际的产出、效果、影响，分析评价项目的决策内容，检查项目的决策程序，分析决策成败的原因，探讨决策的方法和模式，总结经验教训。

对项目可行性研究报告进行后评价的重点是项目的目的和目标是否明确、合理，项目是否进行了多方案比较，是否选择了正确的方案，项目效果和效益是否可能实现，项目是否能够产生预期的作用和影响。其后评价的主要内容包括：

(1)在可研阶段对国内外市场上供求状况分析、所做市场预测正确与否。

(2)项目是否按照预定的内容和规模进行建设，发生偏差的原因，预定的建设规模和能力，设备选型和采购方案是否合理、是否符合规模经济与当地特点。

(3)建设项目的技术状况与国家产业技术经济政策及国内外同类项目的技术水平相比，其先进性、合理性、经济适用性、高效可靠性如何，生产工艺、设备标准、技术规程的成熟程度如何，工艺设计和设备制造的水平如何。

(4)原材料、辅助材料、燃料和动力等的供应地、供应数量和质量选择是否正确，有没有保障，建厂地点和厂址选择是否正确，项目建设是否对周围环境产生不利的影响，环境保护和环境污染防治措施及工程是否按国家的规定做到“三同时”。

(5)项目的配套设施、基础条件是否可行、合理。

(6)分析项目的投资估算、资金筹集和融资方案是否可行、合理，资金是否按时到位，有无影响工程建设的进度和计划的实施。

(7)分析项目财务分析和国民经济评价的基础数据是否正确可靠等。

项目评估报告是工程项目决策的主要依据，项目的决策者按照项目评估报告提出的评估意见对项目可行性研究报告进行批复，是项目后评价对比评价的根本依据。在项目后评价中，根据实际项目产生的结果和效益，对照项目评估报告的主要参数指标进行分析评价，重点是项目的目标、效益和风险。

(1)评估报告目标分析。项目后评价通过对项目投入、产出、效益、影响的逻辑分析，对照项目评估报告，分析项目达到或实现原定目的和目标的程度，找出变化和差异，分析其原因，同时对评估所确定的项目目标的正确性、合理性进行评价。

(2)效益指标分析评价。项目的主要效益包括技术、经济、环境、社会等各方面，项目的特点不同，分析评价的重点也各不相同。后评价应根据项目的实际，对照评估报告，对项目评估报告提出的主要效益指标，如项目的投资估算、项目能力、财务效益、经济效益等，以及相关的技术、环境、社会等进行分析评价，重点是指标的变化及其原因。通过评价来鉴定项目评估的质量，改进评估方法，提高评估水平。

(3)风险分析评价。项目后评价根据项目实际评价评估报告的风险分析结论，重点分析风险识别、风险预测和风险对策，关键是市场风险和信用风险。

项目决策的后评价包括项目决策程序、决策内容和决策方法分析等三部分内容。项目决策程序分析，主要是分析项目决策的依据和程序是否正确，是否存在先决策后立项、再评估的错误决策程序等，评价决策过程的效率和决策科学化、民主化程度；项目的决策内容分析，是对照项目决策批复的意见和要求，根据项目实际完成或者进展情况，从决策者角度分析投入产出关系,评价决策的内容是否正确,能否实现;项目的决策方法分析,是分析项目的决策方法是否科学、客观,有无主观臆断,是否实事求是。

8.3.1.3　项目准备阶段后评价

项目准备阶段的后评价,包括项目勘察设计,投融资,采购、招标投标,开工准备等方面的评价。

项目勘察设计的后评价要对勘察设计的质量、技术水平和服务进行分析评价,进行两个对比:一是勘察设计阶段项目内容与前期立项所发生的变化;二是项目实际实现结果与勘察设计时的变化和差别,分析变化的原因,分析的重点是项目建设内容、投资概算、设计变更等。

项目的投融资方案直接影响到项目的效益和影响,对投融资方案的评价主要分析评价项目的投资结构、融资模式、资金选择、项目担保和风险管理等。评价的重点是根据项目准备阶段所确定的投融资方案,对照实际实现的融资方案,找出差别和问题,分析利弊。同时,还要分析实际融资方案对项目原定目标和效益指标的作用和影响,特别是融资成本的变化,评价融资与项目债务的关系和今后的影响,项目是否可以采取更加合理、经济的投融资方案。

采购、招标投标工作的后评价,包括招标投标公开性、公平性和公正性的评价。对采购、招标投标的资格、程序、法规、规范等事项进行评价,同时分析项目的采购、招标投标是否有更加经济合理的方法。

项目建设内容、厂址、引进技术方案、融资条件等重大的变化可能在项目开工准备阶段发生,这些变化可能对项目目标、效益、风险产生影响。通过对项目建设准备工作的评价,分析是否适应项目建设、施工的需要,能否保证项目按时、按质、按量,并不超过预定的工程造价限额。

8.3.1.4　项目实施阶段后评价

项目实施阶段的后评价包括项目的合同执行情况分析、工程实施及管理、资金来源及使用情况的分析与评价等。项目实施阶段的后评价一方面要与开工前的工程计划对比;另一方面把该阶段的实施情况可能产生的结果和影响与项目决策时所预期的效果进行对比,分析偏离程度,并找出原因,提出对策,总结经验教训。

在工程项目建设实施过程中,合同包括勘察设计、设备物资采购、工程施工、工程监理、咨询服务等。后评价的合同分析一方面要评价合同依据的法律规范和程序,另一方面要分析合同的履行情况和违约责任及其原因。在工程项目合同后评价中,对工程监理合同的评价十分重要,应根据合同条款内容,对照项目实际,找出问题或差别,分析差别的利弊,分清责任,同时,对工程监理发生的问题可能对项目总体目标产生的影响加以分析,得出结论。

建设实施阶段是项目建设从书面的设计与计划转变为实施的全过程,是项目建设的关键。项目单位应根据批准的施工计划组织设计,按照图纸、质量、进度和造价的要求,合理组织施工,做到计划、设计、施工三个环节互相衔接。对项目实施管理的评价主要是对工程造价、质量和进度的分析评价,工程管理评价是管理者对工程三项指标的控制能力及结果的分析。这些分析和评价可以从工程监理和业主管理两个方面进行,同时分析领导部门的职责。

项目实施管理评价的另一项重要内容是对项目资金供应与运用情况的后评价，其主要内容包括：①资金来源的对比和分析。将项目评估报告中预测的资金来源及数额与建设项目实际的资金来源及数额进行对比，分析比较产生差异的原因；②资金的来源是否正当，如股票及债券的发行数量、期限、利率是否符合中国人民银行的审批文件，项目自有资金是否违规从社会高息吸收资金，银行贷款是否有违规行为等；③资金供应是否适时适度；④项目所需流动资金的供应及应用情况。

对项目竣工的后评价应根据项目建设的实际，对照项目决策所确定的目标、效益和风险等有关指标，分析竣工阶段的工作成果，找出差别和变化及其原因。项目竣工后评价包括项目完工评价和生产运营准备等。

8.3.1.5　项目运营阶段后评价

项目的运营阶段是从项目交付使用、投入生产后，直至项目报废的整个过程。运营阶段是实现和发挥项目投资效益的过程，也是项目准备、决策、设计、实施阶段投资效益的集中体现时期，是项目运行过程的最后阶段。项目运营阶段后评价是对工程建设项目投产后的实际运营情况和项目投资的再评价，其目的是通过项目投产后的有关实际数据资料或重新预测的数据，将项目实际经营情况、投资效果与预测情况或者其他同类项目的经营状况相比较，分析和衡量项目实际经营状况和投资效益与预测情况或其他同类项目的经营状况和投资效益的偏离程度及其原因，以系统地总结项目投资的经验教训，并为进一步提高项目投资效益提出切实可行的建议。

由于项目后评价的时点一般选择在项目达到设计生产能力的 1 ~2 年内，距离项目生命期期末尚有一段较长的距离，项目的实际投资效益也不能充分体现出来，所以项目运营后评价除对项目实际运营状况进行分析和评价外，还需要根据投产后的实际数据资料来推测未来发展状况，需要对项目未来发展趋势进行科学的预测。

8.3.1.6　项目管理水平后评价

工程建设项目是一个复杂的系统，其整体功能表现为项目要实现其确定的项目目标，同时，项目系统又是一个开放的动态系统，与外部的环境进行信息的交换以及资源和技术的输入，实施完成并向外界输出。由于工程建设项目是在多层次、多交叉、多标准和多要求的时间和空间里组织实施，在其建设的过程中必须科学、合理地安排各阶段及各环节的相互衔接工作。多个协作单位经营管理水平与相互协作能力，以及项目竣工交付使用后，其经营管理水平直接影响项目实现整体效益，并影响着项目的持续性发展。

项目管理水平的后评价是对项目实施过程中各阶段管理者工作水平的评价，分析是否能够有效地对工程项目各项工作进行管理，是否与协作单位建立必要的联系，是否充分利用人力和资源等，从中总结出项目管理方面的经验教训，并对如何提高管理水平提出改进措施和建议。

项目管理水平后评价是继承前评价和中期评价而成的，三个连续系统构成对项目管理水平进行评价的系统。该系统在对工程项目主体经营管理水平进行评价时，其指标设置原则在于易于操作、规范性与特殊性相结合、定性指标和定量指标相结合，能够充分反映项目主体经营管理水平，主要包含：①根据提高质量、降低消耗、提高效率、安全生产、保护环境而设置的质量、资源、效率、安全与环保指标；②对于反映工程建设项目主体管理工作不易量化的指标，给出不同等级的鉴定指标，以全面反映项目主体管理职能发挥的状况，对外部经济环境变化的适应能力，以及解决系统运行中出现各种问题的能力。

8.3.2 项目的效益后评价

工程项目的效益后评价是对建成投产后的项目经济效益所进行的再评价，以项目建成投产后的实际经济效益数据为基础，通过实际的经济效益数据与可行性研究时所预测的经济效益比较，评价市场预测是否准确，项目投资是否值得，重新预测项目生命周期内各项经济数据，计算财务内部收益率、财务净现值、贷款偿还期、国民经济内部收益率等主要效益指标，并与可行性研究时所预测的相关指标进行对比，定量分析项目目标的实现程度和产生偏差的原因，从中总结经验教训，找出改进措施，为提高工程项目实际效益和投资决策水平服务。

工程项目的效益后评价并不是对一个项目的最终效益评价。后评价时点之后的预测数据，可能受多种因素变化的影响，所以项目的效益后评价是在截至后评价时点时项目的实际费用和效益以及对后评价时点之后项目的持续效益进行可能性最大估计的基础上做出的评价。根据效益后评价的角度不同，它可以分为项目的财务后评价和项目国民经济后评价。

8.3.2.1 财务后评价

项目的财务后评价是在国家现行财税制度和价格体系下，从项目的财务角度，分析计算项目直接发生的财务效益和费用数据，以及依据这些数据重新预测得到的项目计算期内将要发生的数据，综合考虑项目实际的财务状况，据以判别项目在财务意义上的成功与失败，并与项目前评价进行比较。在内容上，财务后评价与前评价中的财务分析基本相同，但是在评价中，采用的数据不能简单地使用实际数，应将实际数中包含的物价指数扣除，使它与前评价中的各项评价指标在评价时点和计算范围上都可比。

首先，进行项目财务后评价要收集现有的数据资料，如前评价时的预测资料、后评价时点处的实际资料、区域经济资料、国内有关经济政策法规等与财务预测有关的资料。根据以上基础数据，对项目生命周期内各年的财务数据进行重新预测。

其次，由于前评价和后评价所处的时点不同，在工程项目后评价中，财务价格不可避免地发生变化，导致价格变化的因素有相对价格变动因素和物价总水平上涨因素。为了避免上述因素变化导致的价格变化，使项目与项目之间、项目评价指标与基准评价参数之间，以及项目后评价与项目前评价之间具有可比性，采用基价对财务价格进行调整。

最后，按照盈利能力和偿还能力编制财务后评价基础报表，对财务指标进行重新计算，并与前评价的财务指标进行对比，计算偏离程度，分析前评价预测指标与后评价财务指标产生偏差的原因，总结经验教训，并编制财务效益对比表，如表8-2所示。

表 8-2　财务效益对比表

序号	分析内容	报表名称	评价指标名称	指标值		偏离值	偏离原因
				前评价	后评价		
1	盈利性分析	全投资现金流量表	全部投资回收期				
2			财务内部收益率(税前)				
3			财务净现值(税前)				
4		自有资金现金流量表	财务内部收益率(税后)				
5			财务净现值(税后)				
6		损益表	资金利润率				
7			资金利税率				
8			资本金利润率				
9	偿还能力分析	资金来源与运用表	借款偿还期、偿债准备率				
10		资产负债表	资产负债率				
11			流动比率				
12			速动比率				

对于工程项目财务后评价,除进行财务指标的定量计算外,定性分析也是重要组成部分。对不易定量的要素进行定性分析,并对定量分析得出的结论进行综合、整理,主要包含了以下几部分的内容:

(1)通过对定量数据的分析,了解项目目前的经济效益状况如何,处于什么水平。

(2)项目经济效益的实际数据与预测有什么差别,其偏差的主要原因是什么。

(3)项目目前主要存在什么问题,为什么会出现这些问题,如何解决这些问题。

(4)项目有什么改进设想,预期会产生什么效果。

(5)项目可行性研究达到了什么水平。

(6)对本项目的分析可以吸取什么经验教训。

8.3.2.2　国民经济后评价

国民经济后评价是按照资源合理配置的原则,从国家整体的角度来考察项目的费用和效益,采用影子价格、影子工资、影子汇率和社会折现率等参数,对后评价时点以前各年度项目实际发生的财务费用、财务效益和后评价时点以后项目计算期内未来各年度预测的财务费用、财务效益进行调整,计算分析项目需要国家付出的代价和对国民经济的贡献,以判断项目的经济合理性和宏观可行性。对工程项目进行国民经济后评价,目的在于把国家有限的各种资源用于国家最需要的项目上,使全社会的有限资源能够得到合理的配置和有效的利用,使国民经济能够持续稳定增长。

国民经济后评价的内容主要是在项目财务后评价的基础上进行价格调整,首先编制全部投资效益费用流量表、国内投资效益费用流量表、经济外汇流量表等国民经济后评价的基础报表；然后计算项目国民经济后评价指标，包括经济内部收益率、经济净现值、经济换汇成本、经济节汇成本等，按照换汇成本的判据参数、社会折现率等对国民经济后评价指标进行优劣评判，其中换汇成本的基准判据是中国银行发布的现行外汇汇率。

比较项目国民经济后评价指标与国民经济前评价指标的偏离程度，分析偏差产生的原因，总结工程项目的经验教训，进一步提高工程项目国民经济效益的对策与建议。最后编制工程项目国民经济效益对比表，如表 8-3 所示。

表 8-3　工程项目国民经济效益对比表

<table>
<tr><th rowspan="2">序号</th><th rowspan="2">分析内容</th><th rowspan="2">报表名称</th><th rowspan="2">评价指标名称</th><th colspan="2">指标值</th><th rowspan="2">偏离值</th><th rowspan="2">偏离原因</th></tr>
<tr><th>前评价</th><th>后评价</th></tr>
<tr><td>1</td><td rowspan="4">经济盈利性分析</td><td rowspan="2">全部投资效益费用流量表</td><td>经济内部收益率</td><td rowspan="4"></td><td rowspan="4"></td><td rowspan="4"></td><td rowspan="4"></td></tr>
<tr><td>2</td><td>经济净现值</td></tr>
<tr><td>3</td><td rowspan="2">国内投资效益费用流量表</td><td>经济内部收益率</td></tr>
<tr><td>4</td><td>经济净现值</td></tr>
<tr><td>5</td><td rowspan="2">外汇效果分析</td><td>出口产品国内资源流量表及出口产品外汇流量表</td><td>经济换汇成本</td><td></td><td></td><td></td><td></td></tr>
<tr><td>6</td><td>替代进口产品国内资源流量表及替代进口产品外汇流量表</td><td>经济节汇成本</td><td></td><td></td><td></td><td></td></tr>
</table>

8.3.3　项目的影响后评价

对于工程项目的影响后评价，通常是在项目投产 5 ~ 8 年后的完全发展阶段，分析项目在经济、环境、社会方面对其周围地区所产生的影响和作用。项目的影响后评价一般是站在国家的宏观立场上，其主要内容涉及经济、环境和社会三方面。

8.3.3.1　经济影响后评价

经济影响后评价主要是分析项目对所在地区、行业、部门和国家的宏观经济影响。经济影响后评价要与项目效益评价中的经济分析区别开，避免重复计算。经济影响后评价主要内容包括分配效果，即项目的效益在各个利益主体之间的分配比例是否合理，以及项目对不同地区收入分配的影响。技术进步，即项目对推动人们在生产中使用效率更高的劳动手段、先进的工艺方法，使社会生产力不断发展的作用；产业结构，即项目建成后对国家及地方的生产力布局、结构调整和产业结构合理化的影响。由于经济影响评价的部分因素难以量化，一般只能作定性分析，一些国家和组织把这部分内容并入社会影响评价的范畴。

8.3.3.2　环境影响后评价

项目的环境影响后评价，是对照前评价时批准的“环境影响报告书”，重新审查项目环境影响的实际结果，审核项目环境管理的决策、规定、规范、参数的可靠性和实际效果。

实施环境影响评价应遵照国家环境保护法的规定,在审核已实施的环境影响报告和评价环境影响现状的同时,对未来进行预测,对有可能产生突发性事故的项目,要有环境影响的风险分析。如果项目生产或使用对人类和生态危害极大的剧毒物品,或项目位于环境高度敏感的地区,或项目已经发生严重的污染事件,那么还要提交一份单独的项目环境影响评价报告。由于各国的环保法不尽相同,评价的内容也是有所区别的。按照时间域的不同,环境影响后评价可以分为环境回顾评价、环境现状评价、环境影响评价和环境后评价,内容一般包括项目的污染控制、区域的环境质量、自然资源的利用、区域的生态平衡和环境管理。

(1)在项目的污染控制方面,检查和评价项目的废气、废水、废渣、噪声和粉尘是否在总量和浓度上达到了国家和地方政府颁布的标准,项目选用的设备和装置在经济和环保效益方面是否合理,项目的环保治理装置是否做到"三同时"并运转正常,项目环保的管理和监测是否有效等。

(2)评价项目对区域环境质量的影响,要分析项目中对当地环境影响较大的若干种污染物,分析它与环境背景值的相关关系,以及与项目"三废"排放的关系。

(3)评价项目对自然资源的保护与利用,包括水、海洋、土地、森林、草原、矿产、渔业、野生动植物等自然界对人类有用的一切物质和能量的合理开发、综合利用、保护和再生,重点是节约能源、水资源,土地利用和资源的综合利用等。

(4)对生态平衡影响的评价,主要是指人类活动对自然环境的影响。

(5)对环境管理的评价,包括对环境评价报告的审理、环境监测管理、环保法令和条例的执行情况、环保设备及仪器仪表的管理、环保制度和机构的建立、环保的技术管理和人员培训等。

项目的环境影响后评价在上述评价内容的基础上,重点分析随着项目的进程和时间的推进对周围的环境所引起的变化。项目的环境影响后评价的特点在于,不同的工程建设项目对不同区域的环境背景影响各不相同,评价者在进行评价时,应选择合适的权重系数,全面进行综合,得出环境影响评价的结论。

8.3.3.3　社会影响后评价

目前,对社会影响后评价与社会后评价的区分比较混乱。项目的社会影响后评价是从项目的角度来分析其影响,是对项目在经济、社会、环境方面产生的有形的和无形的效益和结果所进行的一种分析;而社会后评价是从社会的角度来评价,是评价社会各方,特别是项目所在地区的各类群体对项目的看法和意见,以此作为评判项目成果的基础。

对于项目的社会后评价,有四种不同的理解。一是以经济学为基础的社会费用效益分析方法中的社会评价,社会费用效益分析通常包括效益分析和公平分配分析两部分内容,其中效益分析相当于国民经济评价,而公平分配分析则被认为是一种社会评价;二是以社会学、人类学为基础的社会分析,用社会学和人类学的方法来解释社会和文化因素对项目成败的影响程度;三是社会影响后评价,包括项目对个人、组织和社会的影响;四是在前三种方法的基础上,结合国情制定的社会评价方法,包括社会效益与影响评价和项目与社会相适应的分析,既分析项目对社会的贡献与影响,又分析项目对社会政策贯彻的效用,研究项目与社会的相互适应性。

项目的社会影响后评价,主要包括以下几个方面的内容:

(1)就业影响,既包括项目的直接就业效果又包括项目的间接就业效果,可用一个类别相同而又采用了影子价格的已评项目进行对比。

(2)地区收入分配影响,即项目对公平分配和扶贫政策的影响,用以计算项目对贫困地区收入的作用,体现国家的扶贫政策,促进贫困地区的发展。该方法可用于评价项目对当地实际的收入分配影响。

(3)对居民的生活条件和生活质量的影响,包括收入变化、人口和计划生育、住房条件和服务设施、教育和卫生、营养和体育活动、文化历史和娱乐等。

(4)受益者范围及其反映,相关问题主要包括对照原定的受益者,分析谁是项目真正的受益者,投入和服务是否达到了原定的对象,实际项目受益者的人数占原定目标的比例,受益者人群的收益程度如何,受益者范围是否合理等。

(5)各方面的参与状况,重点是当地政府和居民对项目的态度,对项目计划、建设和运行的参与程度,项目的参与机制是否建立等。

(6)地方社区的发展,项目对当地城镇和地区基础设施建设和未来发展的影响,社区的社会安定、社会福利、社区的组织机构和管理机制等。

(7)妇女、民族和宗教信仰,包括妇女的社会地位、少数民族和民族团结、当地人民的风俗习惯和宗教信仰等。

社会影响后评价方法是以定性为主,定性和定量方法相结合,常用的有多目标评价法和矩阵分析法。

8.3.4　项目的持续性评价

8.3.4.1　项目持续性内涵

对于工程建设项目而言,持续性分析有两层含义:一是项目对投资主体或者地方持续发展的影响;二是项目对国家持续发展的影响。从项目自身的持续性发展看,持续性是指项目的建设资金投入完成后,项目的既定目标是否还能够继续,是否可以持续发展,接受投资的业主是否愿意并可能依靠自己的力量继续去实现既定目标,项目是否具有可重复性,也就是说,是否可以在未来以同样的方式建设同类项目。从项目后评价的角度,项目的持续性分析是从财务、技术、环境和管理等方面,分析项目生存和发展的可能性,研究项目目标和效益能否实现,实现指标的必要条件和风险。

8.3.4.2　项目持续性因素分析

项目持续发展因素一般分为内在持续发展因素和外部持续发展因素。内在持续发展因素是指项目本身固有的持续性因素,与项目设计密切相关,包括了规模、技术、市场竞争力、环境、机制人才等因素。项目的外部持续发展因素是指项目外部的可能影响项目持续发展的因素,尤其是对项目的持续发展可能形成制约的重点因素,外部因素不会因项目的需要而改变,需要项目去适应外部因素的发展。

1)内在因素

对于内在因素的分析,主要从规模、技术、市场竞争力、环境、机制、人才等方面,分析项目是否有经济规模、经济效益和竞争力如何,对于没有经济规模的项目,是否能够扩展到经济规模;项目所选用的技术,其先进性、可靠性和适用性如何,是否有发展潜力,该技术在市场和获利能力方面竞争能力如何;项目产品在市场上的竞争力以及对市场变化的适应能力如何;项目本身对“三废”污染的治理,能否满足国家和地方环保的要求,是否能够满足环保政策的要求;项目的体制与管理水平,能不能适应和促进项目的发展,能否协调项目不同利益群体的关系;项目在人员结构、人力资源开发和利用方面是否得当,是否有利于人才施展才能。

2)外部因素

对外部因素的分析,包括了对资源、自然环境、社会环境、经济环境、资金等无法因项目改变而改变的因素的分析。对于资源开发项目或者大量利用不可再生自然资源的项目,资源的储量和持续可行性是影响项目持续发展的重要因素,资源开发的持续时间是影响项目寿命的制约因素;不可再生资源的持续性会影响项目的发展和经济效益;自然、社会、经济环境因素,影响着项目的生存和发展;对于项目的资金,是否能够有可靠的来源,是否能够按时到位,都对项目的发展产生至关重要的影响。

8.3.4.3　项目可持续性评价与项目后评价的预测

项目可持续性评价通过对影响项目可持续性因素的分析和评价,找出关键性的因素,就项目的持续性发展做出评价结论,必要时提出如何运作能够使项目实现持续发展的建议。项目可持续性评价可以用表8-4的形式对评价结果进行归纳。

表8-4　项目可持续性因素分析

可持续性发展因素	因素分析	评价结论	建议
1.内在可持续性发展因素			
规模因素			
技术因素			
市场因素			
环境因素			
机制因素			
人才因素			
2.外部可持续性发展因素			
资源因素			
自然环境因素			
社会环境因素			
经济环境因素			
资金因素			

项目可持续性后评价具有重要的意义,是对项目后评价时点以后进行预测的重要内

容。从工程项目后评价的内涵知道,工程项目的后评价,除根据项目实施所得到的数据对项目后评价时点以前已经完成的部分进行总结反馈,还需要对工程建设项目自后评价时点以后的发展进行预测。项目后评价与项目前评估时预测的基本内容和方法论是相同的,都是对项目未来的目标、市场、技术、运营、财务、经济、环境、社会等各个方面进行全面系统的分析和预测,但是,项目后评价时的预测与前评估时预测又有所不同。后评价是在项目投入运营实施以后所进行的,有关评价内容的各项指标已经有部分或者全部数据,此时进行预测比前评估时更为实际和准确,并且通过项目的可持续性分析,得到的结论或者建议对项目后评价时项目的预测产生影响。

8.4 工程项目后评价基本方法

工程项目后评价结论的科学性很大程度上取决于后评价方法,主要包括对比分析法、逻辑框架法以及层次分析法、因果分析法、成功度评价等。

8.4.1 对比分析法

对比分析法的原则是在同度量基础之上的对比分析,目的在于找出项目实施中的变化和差距,从而分析出项目的成败及其原因,并提出改进的方法。通常有"前后对比"和"有无对比"两种。

"前后对比"是指将项目实施之前与项目完成之后的情况加以对比,但是许多大型建设项目实施后的效果,除由项目本身带来的作用,还包括了项目以外其他因素的作用,因而在对项目进行后评价时,关键在于分清楚项目作用的影响与项目以外作用的影响,剔除非项目的因素,对归因于项目的效果加以正确的定义和度量。"有无对比"是将项目实际发生的情况与若无项目时可能发生的情况进行对比,度量项目的真实效益、影响和作用。如图 8-2 所示,"有无对比"是项目的实际效果 B 与无项目时的实际效果 D 的比较,即在受益地区之外,找一个类似项目区的"对照区"。

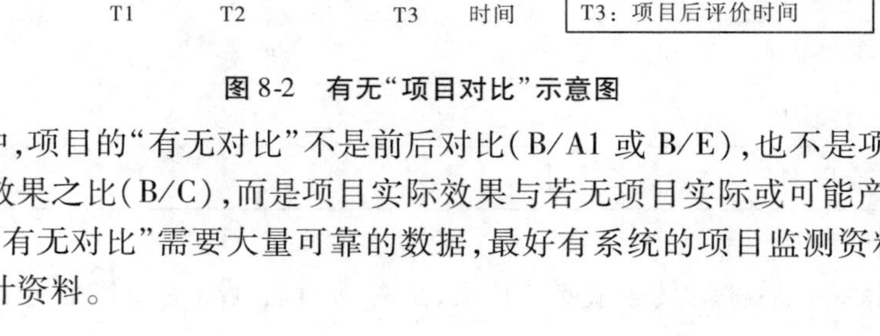

图 8-2 有无"项目对比"示意图

在图 8-2 中,项目的"有无对比"不是前后对比(B/A1 或 B/E),也不是项目实际效果与项目前预测效果之比(B/C),而是项目实际效果与若无项目实际或可能产生的效果的对比(B/D)。"有无对比"需要大量可靠的数据,最好有系统的项目监测资料,也可引用当地有效的统计资料。

8.4.2　逻辑框架法

逻辑框架法是一种综合、系统地研究和分析问题的思维框架模式,采用一张简单的框图将几个内容相关且必须同步考虑的动态因素组合起来。其核心是项目事物层次间的因果逻辑关系,即项目“如果”提供了某种条件,“那么”就会产生某种结果。这些项目条件包括项目的内在因素和项目所需要的外部条件。

逻辑框架法的模式是一个 4 ×4 矩阵,由垂直逻辑和水平逻辑组成。垂直逻辑层次由目标、目的、产出和投入组成,由三个自下而上的逻辑关系相连接,如图 8-3 所示。

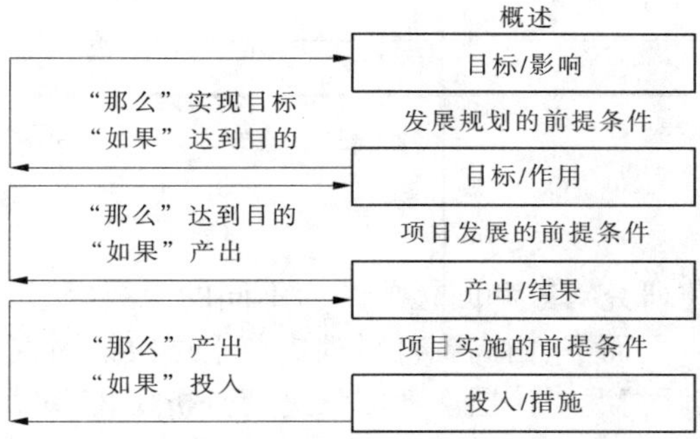

图 8-3　逻辑框架法中的因果关系

目标通常是指高层次的目标,即宏观计划、规划、政策和方针等,其层次目标的确定和指标的选择一般由国家或行业部门负责。目的是指项目直接的效果和作用,一般应考虑项目为受益目标群带来什么,主要是社会和经济方面的成果和作用,其评价指标应根据具体项目来确定。产出是指项目的建设内容或投入的产出物,一般要提供项目可计量的直接结果。投入和活动是指项目的实施过程及内容,主要包括资源的投入量和时间等。

客观验证指标、验证方法和重要的假定条件构成了逻辑框架法中的水平逻辑关系,如表 8-5 所示。

表 8-5　水平逻辑关系示意

概述	验证指标	验证方法	重要假定条件
目标	国家规定的宏观层次上的间接效果	资料分析、调查研究	实现目标的主要条件
目的	项目的直接效果和作用	调查研究	实现目的的主要条件
产出	项目定性或定量地产出	资料分析、调查研究	实现产出的主要条件
投入	项目投入所需要的要素	项目计划书、项目评估报告	实现投入的主要条件

采用逻辑框架法进行项目后评价时,可根据后评价的特点和项目的特征在形式和内容上做出调整,以适应不同评价的要求。逻辑框架法一般可以用来进行项目目标评价、项目成败的原因分析以及项目可持续性评价等。与项目计划的逻辑框架不同,项目后评价的逻辑框架的客观验证指标,一般反映出项目实际完成情况及其与原预测指标的变化或

差别。因而，在项目后评价中应用逻辑框架法，各层次的目标尽可能用客观的可度量的验证指标，一般每项指标具有三个数据，原来预测值、实际发生值、预测和实际发生值之间的变化和差距，构造项目后评价的逻辑框架矩阵，如表 8-6 所示。

表 8-6 项目后评价逻辑框架矩阵

目标层次	验证对比指标			原因分析		可持续性
	项目原定指标	实际实现指标	差别或者变化	主要内部原因	主要外部原因	
宏观目标						
项目目的						
项目产出						
项目投入						

8.4.3 层次分析法

层次分析法就是将研究对象和问题分解为不同的组成因素，按照各个因素之间的相互影响以及隶属关系自上而下、由高到低排列成若干层次结构，在每一个层次上依照某一特定准则，根据客观实际情况对该层次各因素进行分析比较，对每一层要素的相对重要性进行定量表示，利用数学方法确定该层次各项因素的权重值，通过排序结果对问题进行分析和决策。通过这种方法可以把定性分析和定量分析有机地结合起来，并且使复杂的问题显得层次分明、相互关系清楚，便于逐个处理。

运用层次分析法分析问题时，将决策者的思维过程和主观判断系统化、数量化和模型化，简化了对问题的系统分析与计算。层次分析法将定性分析与定量分析有机结合起来并且使复杂的问题层次分明、关系清楚。由于后评价项目往往涉及众多的因素和指标，并且各种指标的性质存在差异，表现形式也不完全一致，在进行项目后评价时，多种因素对项目总体目标或效果产生的影响，仅从单一指标去衡量或评价一个项目的实施效果未免有失偏颇，运用层次分析法，从系统的角度对项目总体效果进行全面、客观的评价。

在进行项目后评价时，往往会遇到这样的情况，由于存在多种因素以不同的方式共同作用，影响着项目总体的目标或效果，运用层次分析法可将一个复杂的问题分解为它的组成部分或组成要素，例如，项目的目标、前提条件或约束、宏观政策、必须遵守的原则或准则、可供选择的技术方案等。按照要素的不同属性，可将这些因素组成相应的层次，上一个层次的因素对相邻的下一个层次的全部或某些因素起着支配作用，形成按层次从上到下的逐层支配关系，具有这种性质的层次称为递阶层次。通过对问题的分析，建立一个有效、合理的递阶层次结构，对于运用层次分析法解决系统评价问题具有决定性的意义。一般来说，可建立如图 8-4 所示的层次结构图。

运用层次分析法的过程基本可以归纳为以下五个步骤：①根据项目评价的指标体系建立层次结构模型；②构造判断矩阵；③层次单排序；④层次总排序；⑤一致性检验。

8.4.4 因果分析法

在项目后评价时，为了发现问题、分析问题，提出解决问题的对策、措施和建议，就需

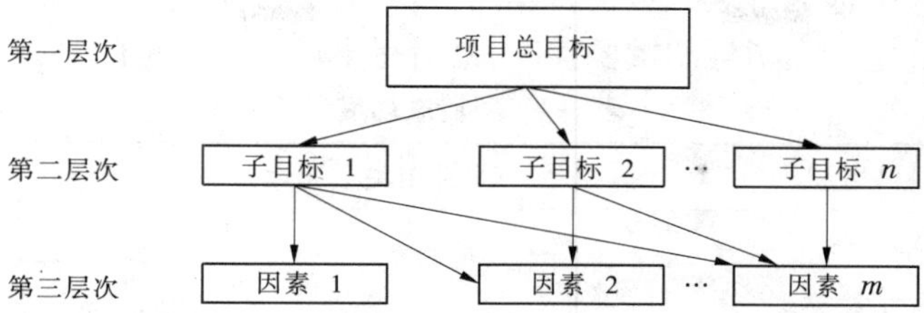

图8-4　递阶层次结构示意

要运用一定的方式方法,对已经产生的变化进行因果分析,即主要对造成变化的原因逐一进行剖析,分清主次及轻重关系,以便于总结经验教训,提出改进或完善的措施和建议。

因果分析法采用因果图的方式来实现。在对工程项目质量或效益等方面的技术经济指标进行评价时,由于若干因素的共同作用,在项目的设计、施工建设、运营管理过程中,使得实际指标与前评估阶段预期的目标产生一定的差距,以至于影响到项目实施的总体目标或子目标。在对项目产生影响的因素当中,又不都是以同等的效力作用于实施效果或指标的变化过程,必定有主要的、关键的原因。在项目的评价当中,必须从复杂的原因中整理并找出使指标产生变化的真正关键的原因。因果分析图就是分析和寻找影响项目主要技术经济指标变化原因的有效方法,如图8-5所示。

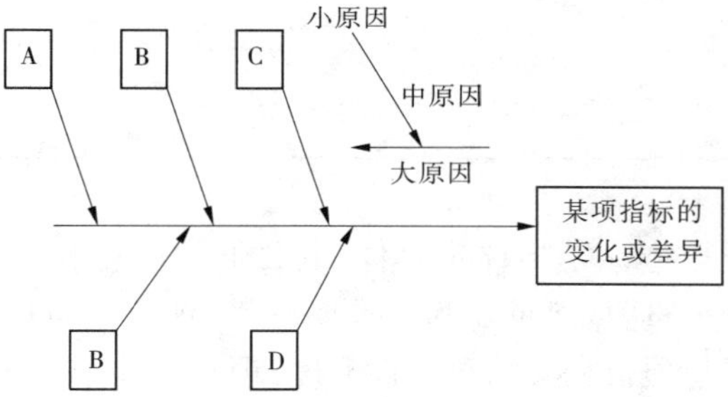

图8-5　因果分析图

8.4.5　成功度评价

成功度评价是依靠评价专家或专家组的经验,综合各项指标的评价结果,对项目的成功程度做出定性的评价,也就是通常所称的打分方法。项目成功度评价需对照项目立项阶段所确定的目标和计划,分析实际实现结果与其差别,以评价项目目标的实现程度。另外,在做项目成功度评价时,要十分注意项目原定目标合理性、实际性以及条件环境变化带来的影响并进行分析,以便根据实际情况评价项目的成功度。

成功度评价是以用逻辑框架法分析的项目目标的实现程度和经济效益分析的评价结论为基础,以项目的目标和效益为核心所进行的全面系统的评价。成功度通常可以分为五个等级:完全成功的、成功的、部分成功的、不成功的、失败的。

评价项目的成功度对项目后评价来讲是一项非常重要的工作,它是项目评估专家对项目后评价结论的集体定性。一个项目通常要对众多的综合评估因素指标进行定性分析，才能断定各项指标的等级。对于具体的项目，各项指标的重要程度各不相同，通过项目成功度评价，确定各项指标的重要程度，最后得出成功度评价的等级，如表 8-7 所示。

表 8-7 项目成功度评价

评定项目指标	项目相关重要性	评价等级
宏观目标和产业政策		
决策及其程序		
布局与规模		
项目目标及市场		
设计与技术装备水平		
资源和建设条件		
资金来源和融资		
项目进度及其控制		
项目质量及其控制		
项目投资及其控制		
项目经营		
机构和管理		
项目财务效益		
项目经济效益和影响		
社会和环境影响		
项目可持续性		
项目总评		

表 8-7 中，评定项目指标是指评定具体项目的成功度时，选择与项目相关的评价指标；项目相关重要性分为重要、次重要和不重要三级，评价人员应根据具体项目的类型和特点，确定出各项指标与项目相关的重要性程度；项目成功度评价等级划分为 A、B、C、D、E 五级，其中，A（成功）：完全实现或超出目标，相对成本而言，总体效益非常大；B（基本成功）：目标大部分实现，相对成本而言，总体效益较大；C（部分成功）：部分目标实现，相对成本而言，取得了一定效益；D（不成功）：实现的目标很少，相对成本而言，取得的效益很小或不重要；E（失败）：未实现目标，相对成本而言，亏损或者没有取得效益，项目放弃。

思考与练习

1. 什么是项目的后评价？
2. 简述项目后评价的特点。
3. 开展工程项目后评价的一般原则是什么？
4. 简述工程项目后评价的一般程序。
5. 工程项目后评价的内容主要包括哪些？
6. 工程项目后评价的主要方法有哪些？

第 9 章　价值工程原理及运用

价值工程是第二次世界大战以后发展起来的一种现代化的科学管理技术,是一种新的经济分析方法,它把功能与成本、技术、经济结合起来进行分析,广泛应用于产品设计和产品开发,以及各种建设项目。推广应用价值工程能够促进社会资源合理有效的利用,使投资兴建的项目更好地满足社会的需求。本章主要介绍了价值工程的基本概念、分析过程以及在工程中的应用。

9.1　价值工程概述

9.1.1　价值工程的基本概念

价值工程(Value Engineering,简称 VE),也称价值分析,是研究如何以最低的寿命周期成本使产品具有必要的功能,从而提高产品价值的一种有组织的创造活动。价值工程的对象泛指一切为实现功能而发生费用的事物,如产品、工艺、工程、服务或它们的组成部分等。

价值工程的定义中,涉及价值工程的 3 个基本概念,即价值、功能和寿命周期成本。

9.1.1.1　价值

价值工程中的"价值"是指研究对象所具有的功能与取得该项功能的寿命周期成本之比,即功能与费用之间的比值。

价值的高低可用公式表示为

$$V = F/C \tag{9-1}$$

式中,V 为研究对象的价值;F 为研究对象的功能;C 为研究对象的成本。

从式(9-1)可以看出,价值的高低取决于功能和费用相对比值的大小。在实际价值工程活动中,一般功能 F、成本 C 和价值 V 都用某种系数表示。

9.1.1.2　功能

功能是研究对象的最本质的东西,是对象能够满足某种需求的一种属性。人们购买产品实际上是购买这个产品所具有的功能,例如,人们需求住宅,实质是需求住宅所提供的生活空间的功能及辅助功能,但由于设计制造等原因,产品在具备满足用户需求功能的同时,可能存在着一些多余的功能,这必将造成产品不必要的成本。

用户所需求产品的功能是多种多样的,功能的性质不同,其重要程度就不同。为了便于功能分析,需要对功能进行分类,一般可以作如下分类。

1)按重要程度分

按重要程度,功能分为基本功能和辅助功能。基本功能就是用户对产品所要求的功能,是为了达到其使用目的所必不可少的功能。基本功能是产品存在的条件,若失去了基本功能,则产品或构配件就丧失了存在的价值。辅助功能是设计人员为实现基本功能而在用户直接要求的功能之上附加上去的功能,是为了更好地帮助基本功能实现而存在的功能。一般来说,基本功能是必要的功能,辅助功能有些是必要的,有些可能是多余的。在辅助功能中包含着的不必要功能,应通过改进设计予以消除。

例如,手表的基本功能是计时准确,使用者绝对不会买一只不能准确显示时间的手表。另外,在手表中还常附加有夜光、防震、防水和防磁等辅助功能,它们的作用是为了更可靠的显示时间,是由设计者根据使用者的不同要求而添加的,但是对于不接触磁场的使用者来说,防磁可能是多余的功能,夜光对于某些使用者来说也可能是多余的功能。

2)按用户的需要分

按用户的需要,功能分为必要功能和不必要功能。必要功能是为满足使用者的要求而必须具备的功能。不必要功能是对象(产品)所具有的、与满足使用者需求无关的功能,不必要功能又称为多余功能。功能分析的目的就在于,确保必要功能,消除不必要功能。

3)按满足要求的性质分

按满足要求的性质,功能分为使用功能和品味功能。使用功能是指对象所具有的、与技术经济用途直接有关的功能。品味功能是指与使用者的精神感觉、主观意识有关的功能,如美学功能、外观功能、欣赏功能等。产品的使用功能和品味功能往往是兼而有之,但根据用途和消费者的要求不同而有所侧重。

例如,建筑物中使用的输电暗线和地下管道等,只需要使用功能,而完全不需要美观功能,因此不应该在外观功能上多花费资金。相反,如工艺美术品和装饰品等则要求美观功能。某些产品需要使用功能和美观功能两者兼备,例如服装、室内家具和灯具等,为了增加这类产品在市场上的竞争能力,满足人们对美的要求,必须重视它们的外观功能并投入适当的成本。

4)按满足程度分

按满足程度,功能分为不足功能和过剩功能。不足功能是指对象尚未满足使用者需求的必要功能。过剩功能是指对象所具有的、超过使用者需求的功能。不足功能和过剩功能具有相对性,同样一件产品对甲消费者而言,可能是功能不足,而对乙消费者而言,已是过剩功能。

9.1.1.3 寿命周期成本

任何一种产品都有它的寿命周期,产品寿命周期是指产品从研究开发、设计、制造、用户使用直到报废的整个时期,它包括研究设计、制造和使用三个阶段。价值工程中研究对象从研究、形成、销售、使用到退出使用所需要的全部费用称为寿命周期成本,也称总成本,它是为了实现用户需要产品功能所消耗的一切资源的货币表现。

产品的寿命周期成本包括生产成本和使用成本两部分。生产成本是发生在生产企业内部的成本,包括研究设计和制造所需的费用。对于用户来说,生产成本可以理解为购买产品所需要的购置费用。使用成本是用户在使用产品过程中所支付的费用总和,包括产品的运输、安装、调试、管理、维修、能耗等方面的费用。产品的寿命周期成本可以表达为

$$C = C_1 + C_2 \tag{9-2}$$

式中,C 为寿命周期成本;C_1 为生产成本;C_2 为使用成本。

就建筑工程产品而言,其寿命周期是指从规划、勘察、设计、施工建设、使用维护直到报废的整个时期。在整个寿命周期过程中所发生的全部费用,称为建筑工程产品的寿命周期成本。

9.1.2　价值分析的基本思路

9.1.2.1　寿命周期成本与功能水平的关系

寿命周期成本包括生产成本和使用成本两部分。一般而言,生产成本与产品的功能呈正比关系,使用成本与产品的功能呈反比关系。

价值分析的目的就在于寻找到最低成本对应的适度产品功能,使产品功能既能够满足用户的需求,又使得寿命周期成本比较低,也即产品具有较高的价值。

9.1.2.2　提高价值的途径

通过价值工程的定义以及功能与成本的关系,可以定性地得出提高价值的五种途径:

(1)成本降低,必要功能不变。可以采取不同的措施,降低寿命周期成本,也可以考虑消除研究对象不必要的功能或者采用新技术、新工艺、新材料等各种途径。

(2)成本不变,提高产品的必要功能。当研究对象的必要功能存在不足时,采取相应措施补充不足的必要功能,从而使寿命周期成本保持不变,最终价值却提高。

(3)功能提高,成本降低。运用高新技术,进行产品创新,既提高必要功能,又降低成本,从而大幅度提高价值,这是提高价值最为理想的途径。

(4)提高成本,带来功能更大的提高。在保证寿命周期成本增加幅度不大的情况下,使功能提高幅度大于寿命周期成本增加的幅度,从而提高产品的价值。

(5)在保证基本功能的情况下附带功能有所降低,但带来成本的大幅度下降。

9.1.3　价值工程的工作程序

开展价值工程工作是一个发现问题、分析问题、解决问题的过程。国外习惯于采用提问法,即针对价值工程的对象逐步深入地提出合乎逻辑的8个问题(见表9-1),并通过回答问题寻找答案,使问题得以解决,达到提高产品价值的目的。

价值工程的应用范围非常广泛,其活动形式也不尽相同。在实际应用中,可以参考这个程序,根据对象的具体情况,应用价值工程的基本原理和分析方法,考虑具体的实施措施和方法步骤。功能分析、功能评价和方案创新与评价是这个工作程序的核心和关键内容,体现了价值工程的基本原理和思想,是不可缺少的。

价值工程的一般工作程序见表9-1。

表 9-1　价值工程的一般工作程序

工作阶段	设计程序	工作步骤		对应问题
		基本步骤	详细步骤	
准备阶段	制订工作计划	确定目标	1. 工作对象选择	1. 价值工程的研究对象是什么？
			2. 信息资料收集	
分析阶段	功能评价	功能分析	3. 功能定义	2. 这是干什么用的？
			4. 功能整理	
		功能评价	5. 功能成本分析	3. 成本是多少？
			6. 功能评价	4. 价值是多少？
			7. 确定改进范围	
创新阶段	初步设计	制订创新方案	8. 方案创造	5. 有无其他方法实现同样功能？
	评价各方案并改进、优化方案		9. 概略评价	6. 新方案的成本是多少？
			10. 调整完善	
			11. 详细评价	
	方案书面化		12. 提出方案	7. 新方案能满足功能的要求吗？
实施阶段	检查实施情况并评价活动成果	方案实施与成果评价	13. 方案审批	8. 偏离目标了吗？
			14. 方案实施与检查	
			15. 成果评价	

9.2　价值工程的分析过程

9.2.1　价值工程的对象选择

价值工程的对象选择就是逐步收缩研究范围、寻找目标、确定主攻方向的过程。因为在生产、建设中的技术经济问题是很多的，涉及的范围也很广，为了提高产品的价值，需要改进设计的某些部分，并非企业生产的全部产品，也不是构成产品的所有零部件，而只需要对关键产品的关键因素进行分析即可。实际上，选择对象的过程就是寻找主要矛盾的过程，能否正确选择价值工程的对象是价值工程收效大小与成败的关键。选择时应注意将那些价格高的产品、难以销售的产品、复杂的生产环节等作为价值工程的对象，同时，还应注意保持必要功能和降低成本潜力较大的项目。

对象选择的方法有很多，下面介绍经验分析法、ABC 法和强制确定法三种。

9.2.1.1　经验分析法

经验分析法，又称为因素分析法，这种方法是组织有经验的人员对已经收集和掌握的信息资料作详细而充分的分析和讨论，在此基础上选择分析对象。经验分析法是一种定性分析方法，其优点是简便易行，节省时间，是目前实践中较为普遍采用的方法，缺点是缺乏定量的数据，不够精确。经验分析法用于初选阶段是可行的。

运用这种方法选择对象时，可以从设计、加工、制造、销售和成本等方面进行综合分析，任何产品的功能和成本都是由多方面的因素构成的，关键是要找出主要因素，抓住重点。一般，具有下列特点的一些产品或零部件可以作为价值分析的重点对象：

(1)产品设计年代已久、技术已显陈旧。

(2)质量、体积很大，增加材料用量和工作量的产品。

(3)质量差、用户意见大或销售量大、市场竞争激烈的产品。

(4)成本高、利润低的产品。

(5)组件或加工工序复杂，影响产量的产品。

(6)成本占总费用比重大、功能不重要而成本较高的产品或部件。

9.2.1.2　ABC 分析法

ABC 分析法是 1879 年由意大利数理经济学家、社会学家维尔雷多 · 巴累托提出的，又称巴累托分析法、ABC 分类管理法、重点管理法等。它是根据事物在技术或经济方面的主要特征，进行分类、排队，分清重点和一般，以有区别地实施管理的一种分析方法。由于它把被分析的对象分成 A、B、C 三类，所以称为 ABC 分析法。

ABC 分析法是一种定量分析方法，它是将产品的成本构成进行逐项统计，将每一种零部件占产品成本的多少从高到低排列出来，分成 A、B、C 三类，找出数量少而占成本多的部件项目，作为价值工程的重点分析对象。

一般来说，将零部件数量占总数 20% 左右，而成本却占总成本 70% 左右的零部件规定为 A 类；将零部件数量占总数 40% 左右，而成本占总成本 20% 左右的零件规定为 B 类；将零部件数量占总数 60% 左右，而成本只占总成本 10% 左右的零部件规定为 C 类。从这种分类就可以看出，在价值工程的选择对象中，应以 A 类零部件作为价值工程活动的重点分析对象，B 类只作一般分析，C 类可以不加分析。通过 ABC 法分析，产品零部件项数与成本之间的关系就能一目了然，价值工程的重点在 A 类零部件，属于“关键的少数”。ABC 分析简图见图 9-1。

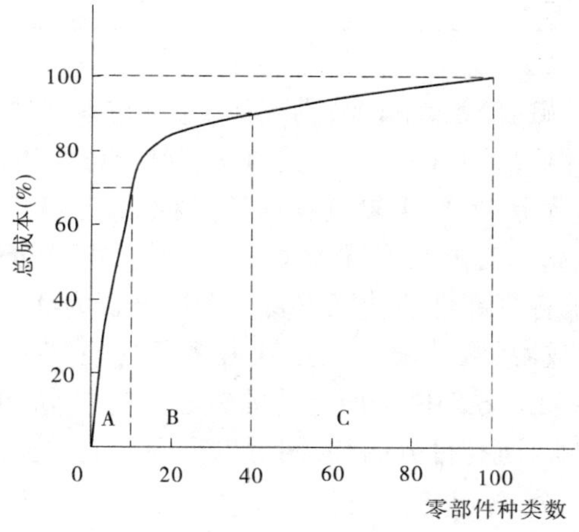

图 9-1　ABC 分析简图

ABC 分析法的优点是抓住重点,突出主要矛盾,在对复杂产品的零部件作对象选择时,常用它来进行主次分类。据此,价值工程分析小组可以结合一定的时间要求和分析条件,略去“次要的多数”,抓住“关键的少数”,卓有成效地开展工作。但是,该法没有把成本与功能紧密地联系起来,因而容易使个别功能重要而成本比重较少的零部件遭到忽视。

9.2.1.3 强制确定法

在选择对象中,通过计算功能重要性系数和成本系数,然后求出两个系数之比,即价值系数。根据价值系数大小判断对象的价值,价值低的选做价值活动的研究对象。所以,这种方法又称为价值系数法。选择对象、功能评价和方案评价均可使用此法。

下面通过举例来说明用这种方法确定对象的过程。

【例 9-1】 已知组成某一产品的零部件为 A、B、C、D、E,其成本费用分别为 1.8 万元、0.8 万元、0.8 万元、1.1 万元、2.5 万元,总成本为 7 万元,确定价值工程活动中的对象及分析顺序。

解 (1)计算功能重要性系数。

首先把构成产品成本或总成本的零部件排列起来,然后按照零部件功能的重要程度作两两比较。在比较中确定:重要的得 1 分,次要的得 0 分,然后把各零部件得分累计起来,再除以全部零部件的得分总数,得到的值叫做该零部件的功能重要性系数,如表 9-2 所示。

表 9-2 功能重要性系数表

零部件名称	一对一对比结果					得分	功能重要性系数
	A	B	C	D	E		
A	×	1	0	1	1	3	0.3
B	0	×	0	1	1	2	0.2
C	1	1	×	1	1	4	0.4
D	0	0	0	×	0	0	0
E	0	0	0	1	×	1	0.1
合计						10	1.0

例如,零部件 A 与零部件 B 比较,A 重要,则 A 得 1 分;与零部件 C 比较,C 重要,则 A 得 0 分;与零部件 E 比较,A 重要,则 A 得 1 分;这样 A 与其他各零部件经过两两比较,确定 A 的功能重要性总得分为 3 分;如此重复,便可以得到零部件 B、C、D、E 的功能重要性总得分分别为 2、4、0、1。然后,把这些得分全部加起来合计为 10 分,每个零部件的得分分别与总得分比较,便得出了各零部件的功能重要性系数分别为 0.3、0.2、0.4、0、0.1。

当然,为了保证功能重要性系数能够准确反映各零部件在产品中的地位,可以组织 5~10 个评判人员,对组成产品的零部件按照上述的方法进行打分,求得评判人员对同一零部件评分的平均值,然后除以所有打分的和,即可以得到功能重要性系数。

(2)计算成本系数。

成本系数是各零部件的成本占总成本的比例。各零部件的成本系数如表 9-3 中的(3)栏所示。

(3)计算价值系数及确定分析对象的顺序。

价值系数是指某零部件的功能重要性系数与其成本系数之比。各零部件的价值系数如表 9-3 中的(4)栏所示。

表 9-3　价值系数计算

零部件名称	功能重要性系数 (1)	现实成本(万元) (2)	成本系数 (3) = (2)/7	价值系数 (4) = (1)/(3)	对象选择顺序
A	0.3	1.8	0.26	1.154	4
B	0.2	0.8	0.11	1.818	3
C	0.4	0.8	0.11	3.636	1
D	0	1.1	0.16	0	—
E	0.1	2.5	0.36	0.278	2
合计	1.0	7	1.00	—	

价值系数计算结果可能出现以下几种情况:

(1)价值系数小于 1,说明其重要程度小而成本高。若选为价值工程的工作对象,可以用降低成本或提高重要程度方法来提高产品价值。

(2)价值系数大于 1,说明产品或部件重要程度大,成本低。是否选做工作对象,视具体情况而定,如果选为价值工程的工作对象,可以进一步提高该产品或部件的质量,增大价值。

(3)价值系数等于 1,说明该产品或部件的重要程度和成本相当,因此不再选为价值工程的工作对象。

(4)价值系数等于 0,表明零件不重要,可以取消和合并。

根据表 9-3 中所列的价值系数偏离 1 的程度可以确定价值工程活动对象的顺序为 C、E、B、A。

9.2.2　信息资料收集

在价值工程工作过程中,为了实现和提高价值的目标所采取的每个行动和决策,都离不开必要的信息资料。在功能定义阶段,为弄清价值工程对象应该具有的必要功能,必须清楚地了解与对象有关的各种信息资料。在功能评价阶段,为确定功能的目标成本,以及在方案创造阶段,为创造和选择最优改进方案、实现最低寿命周期,都需要大量的信息资料。所以,收集、整理信息资料的工作贯穿于价值工程的全过程,价值工程的工作过程同时也是对信息资料收集、整理和运用的过程。可以说,价值工程成果的大小在很大程度上取决于占有信息资料的质量、数量和取得的适宜时间。

价值工程所需要的信息资料,视具体情况而定,一般包括以下几个方面内容。

9.2.2.1　使用及销售方面的内容

收集这方面的信息资料是为了充分理解用户对对象产品的期待、要求。例如,用户对产品规格、使用环境、使用条件、耐用寿命、价格、性能、可靠性、服务、操作及美观等方面的要求。

9.2.2.2 技术方面的内容

收集这方面的信息资料是为了明白如何进行产品的设计改进，才能更好地满足用户的要求。例如，科技进步方面的有关科研成果、技术发明、专利、新材料、新结构、新工艺、新技术，国内外同类产品的发展趋势和技术资料，标准化要求及发展动态等，设计及制造方面的加工工艺，作业方法，使用的设备、工器具，外协件供应者、外协方法等。

9.2.2.3 经济方面的内容

成本是计算价值的必需依据，是功能成本分析的主要内容。实际的产品往往由于设计、生产、经营等方面的原因，其成本存在较大的改善潜力。在广泛占有经济资料（主要是成本资料）的基础上，通过实际的成本与标准的成本之间的比较、不同企业之间的比较，分析差距，降低成本，提高产品价值，这方面的信息资料是必不可少的。

9.2.2.4 企业生产经营方面的内容

掌握这方面的资料是为了明白价值工程活动的客观制约条件，使创造出的方案既先进又切实可行。这方面的资料包括企业设计研究能力，加工制造能力，质量保证能力，采购、供应、运输能力，筹措资金的能力。

9.2.2.5 国家和社会方面的内容

诸如政策、方针、规定等内容，了解这方面的内容是为了使企业的生产经营活动（包括开展价值工程活动）必须与国民经济的发展方向协调一致。

9.2.3 功能分析与功能评价

9.2.3.1 功能分析

功能分析是价值工程活动的核心和基本内容，价值工程就是围绕着对产品和劳务进行功能分析而不断深入展开的，它将决定价值工程的有效程度。功能分析的目的是合理确定价值工程活动对象的必备功能，消除多余的、不必要的功能，加强不足功能。功能分析包括功能定义、功能整理和功能评价三个阶段。

1）功能定义

功能定义是对价值工程对象及其组成部分的功能所做的明确表述，这一表述应能明确功能的本质，限定功能的内容。功能定义要求简明扼要，常采用动词加名词的方法，动词是功能承担体发生的动作，而动作的作用对象就是作为宾语的名词。

例如，手表的功能“显示时间”，这里手表是功能承担体，“显示”是表示功能承担体（手表）发生动作的动词，“时间”则是作为动词宾语的名词。

2）功能整理

功能定义完成后就应该加以整理，使之系统化。功能整理就是将功能按目的—手段的逻辑关系把 VE 对象各个组成部分的功能根据其流程关系相互连接起来，整理成功能系统图。功能整理的目的是确认必要功能，发现不必要功能，确认功能定义的正确性，认识功能领域。

A. 功能整理的步骤

（1）分析出产品的基本功能和辅助功能。依据用户对产品的功能要求，挑出基本功能，并把其中最基本的排出来，称之为上位功能。基本功能一般总是上位功能，它通常可以通过回答以下几个问题来判别：

①取消了这个功能，产品本身是不是就没有存在的必要了？

②对于功能的主要目的而言，它的作用是否必不可少？

③这个功能改变之后，是否要引起其他一连串的工艺和零部件的改变？

如果回答是肯定的，这个功能就是基本功能。除了基本功能，剩下的功能就是辅助功能。

(2)明确功能的上下位关系和并列的关系。在一个系统中，功能的上下位关系，就是指功能之间的从属关系，上位功能是目的，下位功能是手段。例如，热水瓶的功能中“保持水温”和“减少散热”的关系就是上下位功能关系。“保持水温”是上位功能，而“减少散热”是为了能够“保持水温”，是实现“保持水温”的一种手段，是下位功能。

需要指出的是，目的和手段是相对的，一个功能对它的上位功能来说是手段，对它的下位功能来说又是目的。功能的并列关系是指两个功能，谁也不从属于谁，但却同属于一个上位功能的关系。

B. 绘制功能系统图

根据上述原理，将各个功能按并列关系，上、下位关系以一定的顺序排列起来，即形成功能系统图。

功能系统图一般如图9-2所示。图中 F_0 是产品的最基本功能，即最上位功能 F_1，F_2，…，F_i 是并列关系的功能，是实现 F_0 的手段，也是 F_0 的下位功能；F_{11}，F_{21}，…，F_{i1}，…分别是 F_1，F_2，…，F_i 的手段和下位功能。图9-3为关于平屋顶功能系统图的举例。

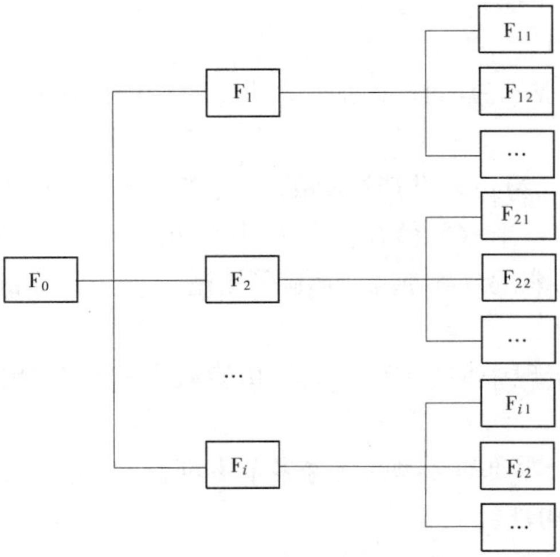

图9-2　功能系统图

通过绘制功能系统图，可以清楚地看出每个功能在全部功能中的作用和地位，使各功能之间的相互关系系统化。价值工程的原理之一是“目的是主要的，手段是可以广泛选择的”，根据这一原理并结合功能系统图就可以从上位功能出发，抛开原有结构，广泛设想实现这一功能的各个途径，并且便于发现不必要功能，提高价值。

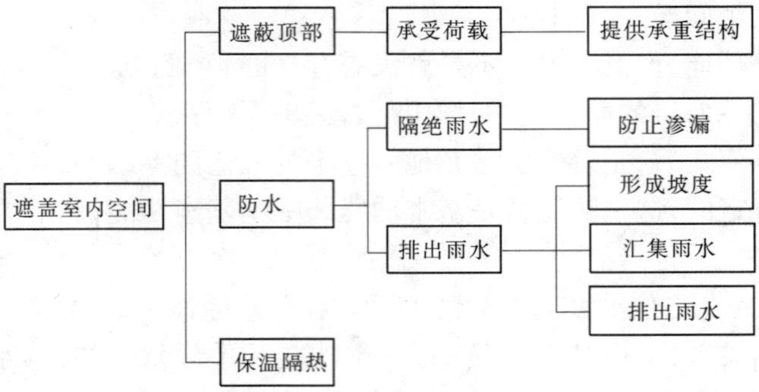

图 9-3　平屋顶功能系统图

9.2.3.2　功能评价

功能评价是在功能分析的基础上，应用一定的科学方法，进一步求出实现某种功能的最低成本（即目标成本），并以此作为功能评价的基准，亦称功能评价值。通过与实现该功能的现实成本（或称目前成本）相比较，求得两者的比值即为功能价值，两者差值为成本改善期望值，也就是成本降低幅度。通过功能评价，选择价值系数低、成本改善期望值大的功能领域作为重点改进对象。

1）功能评价的程序

（1）计算功能成本的现实成本（目前成本）。

（2）确定功能的评价值（目标成本）。

（3）计算功能的价值（价值系数）。

（4）计算成本改善期望值。

（5）选择价值系数低、成本改善期望值大的功能或功能区域作为重点改进对象。

2）功能现实成本

功能现实成本是以功能为对象进行计算的。在产品中，零部件与功能之间常呈现一种相互交叉的复杂情况，即一个零部件往往具有几种功能，而一种功能往往通过多个零部件才能实现。因此，计算功能的现实成本，就是采用适当方法将零部件成本转移分配到功能中去，具体有以下几种情况：

（1）当一个零部件只实现一项功能，且这项功能只由这个零部件实现时，零部件的成本就是功能的现实成本。

（2）当一项功能由多个零部件实现，且这多个零部件只实现这项功能时，这多个零部件的成本之和就是该功能的现实成本。

（3）当一个零部件可实现多项功能，且这多项功能只由这个零件实现时，则该零部件实现各功能所起作用的比重将成本分配到各项功能上去，即为各功能的现实成本。

（4）更多的情况是多个零部件交叉实现了多项功能，且这多项功能只能由这多个零部件的交叉才能实现。此时，计算各功能的现实成本，可通过填表进行。首先将各零部件成本按该零部件对实现各功能所起作用的比重分配到各项功能上去，然后将各项功能从有关零部件分配到的成本相加，便可得出各功能的现实成本。

零部件对实现功能所起作用的比重，可以请几位有经验的人员集体研究确定，或者采用评分方法确定。

【例 9-2】　某产品具有 $F_1 \sim F_5$ 共五项功能，由四种零部件实现，功能现实成本计算见表 9-4。在表 9-4 中，A 零部件对实现 F_2、F_4 两项功能所起的作用分别为 66.6% 和 33.4%，故功能 F_2 分配成本为 $66.6\% \times 150 = 100$（元），F_4 分配成本为 $33.4\% \times 150 = 50$（元）。按此方法将所有的零部件成本分配到有关功能中去，再按照功能进行相加，即可以得出 $F_1 \sim F_5$ 五种功能的现实成本 $C_{01} \sim C_{05}$。

表 9-4　功能现实成本计算

零部件			功能或功能区域									
序号	名称	成本（元）	F_1		F_2		F_3		F_4		F_5	
			成本	比重	成本	比重	成本	比重	成本	比重	成本	比重
1	A	150			100	66.6%			50	33.4%		
2	B	250	50	20%			150	60%			50	20%
3	C	500	250	50%	50	10%			200	40%		
4	D	100					100	100%				
合计		C_0	C_{01}		C_{02}		C_{03}		C_{04}		C_{05}	
		1 000	300		150		250		250		50	

3）功能评价值

功能评价值或目标成本（F），是依据功能系统图上的功能概念，预测出对应于功能的成本，它不是一般概念的成本计算，而是把用户需求的功能换算为金额，其中成本最低的即是功能评价值。其确定方法如下。

A. 经验估算法

这种方法是邀请一些有经验的人，根据收集到的有关信息资料，构思出几个实现各功能或功能区域的方案，然后每个人对构思出的方案进行成本估算，取其平均值，最后从各方案中取成本最低者。这种方法有时不一定很准确，但对经验丰富的人来说，还是比较适用的。

B. 理论计算法

这种方法是把物理学、力学或工程设计等计算公式和其费用标准（如材料价格等）联系起来，找出功能与成本之间的关系，从而确定功能评价值，具体步骤如下：

（1）分析该功能是否可以利用公式进行定量计算，例如支承负荷、传递扭矩、输入电流等功能，都由计算公式将其定量化，这样就可以利用此方法确定功能评价值。

（2）选择有关公式进行计算。

例如，支承负荷这个功能，当外力（弯矩、压力、拉力或扭矩等）已知时，可以利用材料力学的计算公式，计算出使用材料的尺寸和用量，根据材料价格，进一步计算出材料费用，从而求得实现该功能的最低材料费用，在此基础上考虑加工材料的加工费用和其他费用，以确定功能的最低成本，即功能评价值。

C. 实际调查法

这种方法是通过广泛的调查,收集具有同样功能产品的成本,从中选择功能水平相同而成本最低的产品,以这个产品的成本作为功能评价值。具体步骤如下:

(1)广泛收集企业内外完成同样功能的产品资料,包括反映功能水平的各项性能指标,如可靠性、安全性、操作性、维修性、外观等。

(2)将收集到的产品资料进行分析整理,按照各自功能要求的程度排出顺序。

4)计算功能评价值(价值系数)和成本改善期望值

功能价值系数计算公式为

$$V = \frac{F}{C} \tag{9-3}$$

式中,F 为功能评价值(目标成本);C 为功能现实成本(目前成本);V 为功能价值(价值系数)。

$$\text{功能改善期望值} = C - F \tag{9-4}$$

此时,功能评价值 F 常被作为功能成本降低的奋斗目标,亦称标准成本。

5)功能改善对象的选择

选择改善对象时,考虑的主要因素是价值系数和成本改善期望值的大小。

(1)当价值系数等于或趋近于1时,功能现实成本等于或接近于功能目标成本,说明功能现实成本是合理的,价值最佳,无须改进。

(2)当价值系数小于1时,表明功能现实成本大于功能评价值,说明该项功能现实成本偏高,应该作为改善对象。

(3)当价值系数大于1时,表明功能现实成本小于功能评价值,说明功能现实成本偏低,其原因可能是功能不足,满足不了用户的要求,在这种情况下,应该增加成本,更好地实现用户所要求的功能。还有一种可能是功能评价值确定不准确,而以现实成本就能够可靠实现用户要求的功能,现实成本是比较先进的,此时无须再对功能或功能区域进行改进。

在选择改进对象时,要将价值系数和成本改善期望值两个因素综合起来考虑,即选择价值系数低、成本改善期望值大的功能或功能区域作为重点改善对象。

9.2.4 方案创造与方案评价

为了提高产品的功能和降低成本,达到有效利用资源的目的,就需要寻找最佳的代替方案,寻求或构思这种最佳方案的过程就是方案的创造过程。创造也可以理解为"组织人们通过对过去经验和知识的分析与综合以实现新的功能"的一种活动。价值工程的活动能否取得成功,关键是功能分析评价之后能否构思出可行的方案,这是一个创造、突破、精制的过程,如果不能构思出最佳的可行方案则会前功尽弃。

9.2.4.1 方案创造的方法

1)头脑风暴法

这是国外在创造方案阶段使用较多的一种方法,意为自由奔放,打破常规,创造性思考问题,并以开小组会的方式进行,参加会议人数不宜过多,以5~6人为宜。会议应遵守以下规则：不墨守成规，不迷信权威，不互相指责，不互相批评，不怕行不通，力求彻底改进，要求在改善或者结合别人意见的基础上提出设想。

2）模糊目标法

这种方法是美国的哥顿在 20 世纪 60 年代提出来的，所以也称为哥顿法。其特点是与会人员在会前并不知道议题，在开会讨论时也只是抽象的讨论，不接触具体的实质性问题，以免束缚与会人员的思想，待讨论到一定程度以后才把要研究的对象提出来，以作进一步研究，这种方法相当于我国采用的“先务虚后务实”的讨论会。

3）专家审查法

这种方法不采用开会的形式，而是由主管人员或部门把已经构思的方案以信函的方式分发给有关的专业人员，征询他们的意见，然后将意见汇总，统计和整理之后再分发下去，希望再次补充修改，如此反复若干次，即经过几上几下，把原来比较分散的意见在一定程度上使内容集中一致，形成统一的集体讨论，作为新的代替方案。

方案创造的方法很多，总的精神是要充分发挥各有关人员的智慧，集思广益，多提方案，从而为评价方案创造条件。

9.2.4.2　方案的评价

方案评价是在方案创造的基础上，对新构思方案的技术、经济和社会效果等几方面进行的评估，以便于选择最佳方案，按照其做法分为概略评价和详细评价。

1）概略评价

概略评价是对于已经创造出来的方案从技术、经济和社会等三个方面进行初步研究。其目的是从众多的方案中进行粗略地筛选、减少详细评价的工作量，使精力集中于优秀方案的评价。

2）详细评价

方案的详细评价就是对概略评价所得到的比较抽象的方案进行调查和收集情报，在材料、结构、功能等方面进一步具体化，然后对它们作最后的审查和评价。

在详细评价阶段对产品的成本究竟是多少？能否可靠地实现必要的功能？都必须得到准确的解答。总之，要证明方案在技术和经济方面是可行的，而且价值必须得到真正的提高。方案经过评价，淘汰了不能满足要求的方案后，就可从保留的方案中选择技术上先进、经济上合理和社会上有利的最优方案。

9.3　价值工程的应用

【例 9-3】　某房地产开发商要在某城区内的二级地段进行住宅开发，地块面积为 13.33 hm^2，一面临水、一面紧邻城市次干道，周边居民收入水平和环境条件一般。现对此地块住宅开发进行产品的档次定位分析。

首先，根据地块的城市规划用途、地段特征以及周边城市居民的收入状况，现拟订建设三种不同住宅标准的住宅小区，其建造标准如表 9-5 所示。同时为了计算的简便，将住宅建造成本和市场上居民愿意或实际购买住宅的整体功能所花成本转换为成本系数，见表 9-5。

表 9-5　三个方案的特征和成本系数分析

方案名称	主要特征	平均成本		成本系数	
		单位造价	市场售价	单位造价	市场售价
A	环境优雅、富有特色、智能化高档小区,小高层框架结构,内外结构布置具有人文气息	2 200	2 750	0.40	0.404
B	各种环境较好的中档住宅小区,框架结构,一般智能化条件	2 100	2 250	0.33	0.331
C	环境一般化的低档经济型住宅小区,框架砖混结合	1 500	1 800	0.27	0.26

其次,进行功能指标系统的选择,把住房作为一个独立完整的“产品”进行功能定义和评价,而不再将住房细分下去。功能指标系统的选取,主要考虑对住房市场需求和住房功能定位有直接影响的因素。因此,可整理得出下列功能:F_1 经济适用(价格适中,布局合理);F_2 生活便捷(设施完备,使用方便);F_3 环境适宜(环境舒适,政策配套);F_4 使用安全(结构牢固,三防齐全);F_5 资产增值(地段改良,市场发展)。

再次,进行功能指标重要系数的确定,首先对上述五个大类指标用市场调查方式打分,然后确定市场目前环境下的指标功能重要性系数,以此作为确定市场各类人员对指标细分评分调查表的有效性标准,以防止个人偏好导致与实际市场情况相差太远。

通过市场调查的数据整理分析可得:

$$F_1 = 0.3, F_2 = 0.25, F_3 = 0.2, F_4 = 0.15, F_5 = 0.10$$

根据各功能指标在不同档次住宅中所占的地位,首先选取相应的市场销售人员、专家等有代表性的相关群体为调查对象,以保证市场调查结果的科学性和合理性,再运用指标之间相对重要性对各指标评分,然后加权系数(0.4,0.3,0.3)求和并归纳以后,得出各功能重要系数。根据市场调查结果计算各功能重要性系数见表 9-6。

表 9-6　功能重要性系数的评分

功能		用户评分 (G_1)		专家评分 (G_2)		销售人员评分 (G_3)		功能重要系数 G
		得分	修正值 (0.4)	得分	修正值 (0.3)	得分	修正值 (0.3)	$(G_1+G_2+G_3)/100$
经济适用 (0.30)	价格适中	20	8	17	5.1	21	6.3	0.194
	布局合理	13	5.2	14	4.2	11	3.3	0.127
生活便捷 (0.25)	设施完备	12	4.8	12	3.6	14	4.2	0.126
	使用方便	7	2.8	10	3	10	3	0.088

续表 9-6

功能		用户评分(G_1)		专家评分(G_2)		销售人员评分(G_3)		功能重要系数 G
		得分	修正值(0.4)	得分	修正值(0.3)	得分	修正值(0.3)	$(G_1+G_2+G_3)/100$
环境适宜(0.20)	环境舒适	15	6	12	3.6	13	3.9	0.135
	政策配套	8	3.2	7	2.1	7	2.1	0.074
使用安全(0.15)	结构牢固	7	2.8	8	2.4	8	2.4	0.076
	三防齐全	7	2.8	8	2.4	5	1.5	0.067
资产增值(0.10)	地段改良	6	2.4	7	2.1	6	1.8	0.063
	市场发展	5	2	5	1.5	5	1.5	0.050
合计		100	40	100	30	100	30	1.000

然后,对方案的功能进行满足程度评分。对三个方案的情况采取按功能细分的状况和拟订方案的项目特征进行比较适应性评分,然后用细分功能指标重要性系数进行修正,得出功能评价系数,如表 9-7 所示。

表 9-7　功能满足程度评分

评价因素		A	修正值(d_1)	B	修正值(d_1)	C	修正值(d_1)
功能因数	重要系数						
价格适中	0.194	4	0.776	7	1.358	8	1.552
布局合理	0.127	2	0.254	7	0.889	8	1.016
设施完备	0.126	4	0.504	8	1.008	7	0.882
使用方便	0.088	7	0.616	10	0.880	4	0.352
环境舒适	0.135	7	0.945	8	1.080	2	0.270
政策配套	0.074	6	0.444	9	0.666	4	0.296
结构牢固	0.076	5	0.38	9	0.684	4	0.304
三防齐全	0.067	8	0.536	7	0.469	3	0.201
地叚改良	0.063	10	0.630	9	0.567	2	0.126
市场发展	0.050	4	0.200	7	0.350	8	0.400
功能总分		57	5.280	81	7.942	50	5.395
功能评价系数(F)			0.284		0.427		0.290

最后,进行方案价值系数的计算。用表 9-7 的计算结果和表 9-5 的成本系数计算出

价值系数，如表 9-8 所示。

根据表 9-8 中的价值系数计算结果可知：方案 B 最优。因此，在上述地段、环境等状况下，此项目应该选择建造中档价位住宅小区的方案最为合理。

表 9-8　方案价值系数计算

方案名称	功能评价系数 F	成本系数 C	价值系数 $V = F/C$	最优选择
A	0.284	0.40	0.710	
B	0.427	0.33	1.294	最优
C	0.290	0.27	1.074	

【例 9-4】　某纺织厂年耗水量为 570 万 t，其中 64% 消耗于空调用水，通过对空调用水的改进，回水利用率达到 58.64%，但目前依然有每小时 325 t 的废水流失，为了进一步进行节水，只有充分利用废水，才能真正实现节水和节支的目的，因此该厂准备通过价值工程分析进一步提高回水利用率。

(1) 选择对象。

挖掘新的水源费用要远远大于废水净化费用，因此废水净化工程既是急需解决的问题，又能取得较显著的经济效果，所以被选为价值分析的对象。

(2) 收集资料。

针对以下几点进行调查和收集资料：

①对空调用水改进后，只能解决 2/3 废水的回收问题，目前依然有大量的废水流失，因此需要增加设备，提高过滤、回收能力。

②空调回水含有大量的棉纤维等杂物，经空调用水改进并回用后，又加大了水中的杂质含量，不能直接再回用，需对废水进行过滤、消毒、软化等工作。

③为了提高废水的净化质量和数量，每隔一段时间要对净化系统进行一次反冲。

④为保证流水通畅，需改造管路，调整供水系统。

(3) 功能分析。

①功能定义：净化废水，提高可利用水质量及废水利用率。图 9-4 为功能系统图。

②功能评价。

采用 0-1 打分法比较功能的重要次序，如表 9-9 所示。

为了避免出现功能评价系数为零的不合理现象，可以对评分结果的累计得分进行修正。当评委人数比较多时，也可以不进行修正。

(4) 提出方案。

通过对其他地区同类设备的分析和比较，以及功能分析所确定的基本功能和功能评分所确定的各种功能的重要次序，技术人员和管理人员集思广益，提出了以下三个改进方案：

方案Ⅰ：废水→净化池（反冲间隔 24 h）→水处理→用水部门

方案Ⅱ：废水→过滤池→净化池（反冲间隔 24 h）→水处理→用水部门

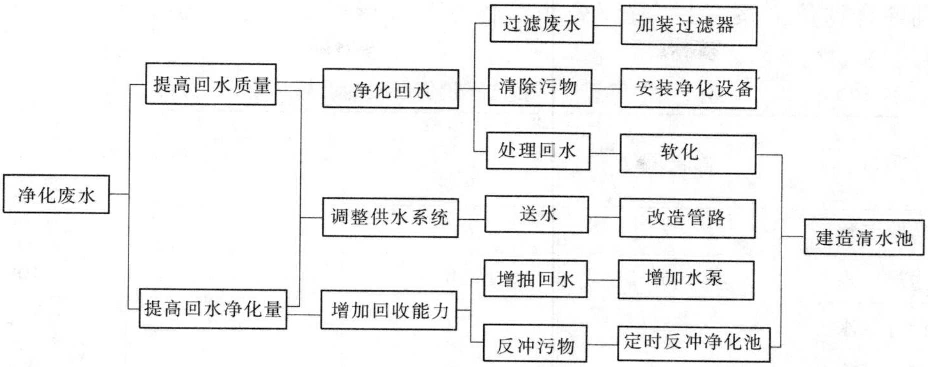

图9-4　功能系统图

方案Ⅲ:废水→过滤池→净化池(反冲间隔12 h)→水处理→用水部门

表9-9　各功能的重要次序得分

项目	清除污物	过滤废水	储存清水	反冲污物	增抽回水	处理回水	送水	累计得分	修正得分
清除污物	—	1	1	1	1	1	1	6	7
过滤废水	0	—	1	1	1	1	1	5	6
储存清水	0	0	—	1	1	1	1	4	5
反冲污物	0	0	0	—	1	1	1	3	4
增抽回水	0	0	0	0	—	1	1	2	3
处理回水	0	0	0	0	0	—	1	1	2
送水	0	0	0	0	0	0	—	0	1

(5)方案评价与选择。

各方案费用与净化量见表9-10。

表9-10　各方案费用与净化量

投资(元)					废水净化量及费用				
方案	材料设备	人工	土建	总投资	运行费(元)	年平均投资(元)	净化成本(元/百t)	净化速率(t/d)	净化率(%)
1	79 000	7 500	15 000	101 500	65 820	5 075	5.05	3 900	50
2	86 000	8 000	15 000	109 000	67 510	5 450	4	5 064	65
3	86 000	8 000	15 000	109 000	69 180	5 450	3.32	6 240	80

从表9-10可以看出,三个方案中第三个方案的净化率较高,说明其功能最好,第二个方案次之,第一个方案最差,但各方案的投资和费用与其功能成正比,为从功能和成本两

个方面综合评价方案,用加权评分法对各方案进行评价。各方案价值系数的计算见表 9-11。

表 9-11　各方案价值系数的计算

项目	修正得分	满足性得分		
		方案 1	方案 2	方案 3
清除污物	7	6.25	6.25	6.25
过滤废水	6	0	10	10
储存清水	5	10	10	10
反冲污物	4	4	4	8
增抽回水	3	10	10	10
处理回水	2	10	10	10
送水	1	9.6	9.6	9.6
功能加权得分		169.35	229.35	245.35
功能系数		0.263	0.356	0.381
净化成本(元/百 t)		5.05	4	3.32
成本系数		0.408	0.323	0.268
价值系数		0.644	1.101	1.419

满足性评分依据:净化池净化回水的能力最高可达 80%,定为 10 分。以上三个方案的净化能力均为 50%,所以均评为 6.25 分。第一方案没有过滤池,所以其过滤功能评分为 0 分,其他两个方案均安有过滤器,能满足水质要求,评为 10 分,其他评分略。

通过加权评分,可以看出第三个方案价值系数最大,所以为最优方案。

(6)成果评价。

若该纺织厂采用第三个方案,由于把目前放掉的废水利用了 80%,每年节约 134 784 元,而年支出为 74 630 元,净节约 60 154 元,并且该方案为国家节约了宝贵的水资源,每年少开采水量 22 464 万 t。

所以,该纺织厂采用第三个方案进行废水净化,从而实现回水利用。

思考与练习

1. 什么是价值工程？提高产品价值的途径有哪些？

2. 价值工程的实施步骤是什么？

3. 选择价值分析对象的一般原则是什么？常用哪些方法？

4. 某产品有 $F_1 \sim F_5$ 功能领域,其重要系数及相应的现实成本如表 9-12 所示。试根据功能重要程度确定功能评价值及改进顺序。

5. 某产品由 13 种零部件组成,各种零部件的个数和每个零部件的成本如表 9-13 所示。试用 ABC 分析法选择价值工程目标，并画出 ABC 分析图。

6. 某产品由 5 个零部件构成，各零部件的成本如表 9-14 所示。产品目前成本为 15 元，要想通过价值工程技术使成本降低至 10 元。试求该零部件的功能评价系数、成本系数、价值系数，并确定价值工程的重点对象。

表 9-12　计算数据

功能领域	现实成本	功能系数	分配功能成本	功能评价值	成本降低期望值	功能改进顺序
F_1	210	0.35				
F_2	80	0.25				
F_3	120	0.20				
F_4	60	0.15				
F_5	30	0.05				
合计	500	1				

表 9-13　各零部件的成本(一)　(单位:元)

零部件名称	1	2	3	4	5	6	7	8	9	10	11	12	13
零部件个数	1	1	2	2	18	1	1	1	1	1	1	2	1
每个零部件成本	3.42	2.61	1.03	0.80	0.10	0.73	0.67	0.33	0.32	0.19	0.11	0.05	0.08

表 9-14　各零部件的成本(二)　(单位:元)

零部件名称	A	B	C	D	E	合计
目前成本	3	2	4	1	5	
得分	2	2	1	2	3	

第 10 章　工程项目经济评价案例分析

10.1　某房地产开发项目财务评价

10.1.1　项目概况

10.1.1.1　项目位置

（略）

10.1.1.2　项目占地面积和拟建规模

项目总占地面积 $532.320\times10^3\ m^2$，其中：规划用地面积 $456.320\times10^3\ m^2$，市政代征地面积 $76.000\times10^3\ m^2$。按照初步规划方案，项目由保留建筑和新建建筑两部分组成，其中新建建筑包括高层和多层住宅、非配套公建和配套公建，详见表 10-1。建设用地面积 $456.32\times10^3\ m^2$，总建筑面积 $912.6\times10^3\ m^2$，总容积率为 2.00。

表 10-1　项目拟建规模和建筑面积分配

类型		建筑面积（$\times10^3\ m^2$）	建筑面积所占比例（%）
保留建筑		152.092	—
新建建筑	高层住宅	437.908	57.6
	多层住宅	137.600	18.1
	地区商服	85.000	11.2
	配套公建	100.000	13.1
	小计	760.508	100.0
合计		912.600	—

10.1.2　建设方式及进度安排

10.1.2.1　建设方式

项目的设计采用总承包制，小区集中规划，统一设计。施工采用监理制，采用公开招标的形式选择工程承包商，以使项目的工期、成本、质量得以保证。

10.1.2.2　建设进度安排

由于项目规模较大，考虑采用滚动开发、分期建设的方式，这样既可以使项目迅速启动，又可以按照市场需求变化情况适时调整开发方案，降低投资风险。从项目本身的规模和所处的市场条件来看，开发建设以分三期为宜，预计用 7 年时间全部建成并投入使用。

各期开发的土地面积和建筑面积如表10-2所示。

表10-2 项目建设分期安排 （单位：$\times 10^3\ m^2$）

分期	第一期	第二期	第三期	合计
总占地面积	183.000	179.320	170.000	532.320
代征地面积	26.000	25.000	25.000	76.000
规划建设用地面积	157.000	154.320	145.000	456.320
保留建筑占地面积	23.498	4.275	25.310	53.083
拆迁土地面积	159.502	175.045	144.690	479.237
可开发占地面积	133.502	150.045	119.690	403.237
可开发建筑面积	229.000	262.000	269.508	760.508

工程建设进度安排如下：

第1年：①开始第一期工程拆迁及整个项目规划设计和前期准备工作；②开始第一期基础工程；③市场推广和销售。

第3年：启动第二期工程。

第5年：启动第三期工程。

第7年：整个项目建设完成，销售完毕。

10.1.3 总成本估算与资金筹措

10.1.3.1 项目总成本估算

据估算，项目费用包括土地费用、前期工程费、房屋开发费、管理费、财务费用、开发期税费等，总投资为293 745万元，可销售面积的单方造价为3 877.5元/m^2。估算过程中，整个项目按中、低档建造水平计算；有关税金和费用按当地的现行规定和同类项目的平均水平测算，假定该项目在5年内3期全部建设完成，第1年开始预售，第7年内全部销售完毕；项目总投资中自有资金比率按10%计算；贷款的年利率按12%计算；投资估算按目前当地通常的取费标准计取，但尚未包括室内二次精装修及拆迁房享受安居房减免的10项税费。项目总成本费用估算见表10-3。

表10-3 总成本费用估算

序号	项目或费用名称	投资金额（万元）	单方造价（元/m^2）
1	土地费用	107 343	1 417.0
1.1	出让金	13 145	
1.2	城市建设配套费	19 718	
1.3	拆迁安置补偿费	72 894	
1.4	手续费及税金	1 586	
2	前期工程费	5 099	67.3

续表 10-3

序号	项目或费用名称	投资金额(万元)	单方造价(元/m²)
2.1	规划设计	3 187	
2.2	项目可行性研究	383	
2.3	地质勘探测绘	637	
2.4	三通一平费	892	
3	房屋开发费	127 494	1 683.0
3.1	建筑安装工程费	111 837	1 476.3
3.1.1	商品住宅		
(1)	多层	30 725	
(2)	高层	22 434	
3.1.2	拆迁房		
(1)	多层	13 656	
(2)	高层	6 828	
3.1.3	地区公建		
(1)	商场	14 021	
(2)	写字楼	13 460	
3.1.4	可销售配套公建	5 462	
3.1.5	不可销售配套公建	5 251	
3.2	附属工程费	5 592	73.8
3.3	室外工程费	8 947	118.1
3.4	其他费用	1 118	14.8
4	管理费	5 998	79.2
5	财务费用	28 792	380.1
6	开发期税费	10 463	138.1
6.1	电贴费	2 880	
6.2	用电权费	4 000	
6.3	其他税费	3 583	
7	不可预见费	8 556	112.9
总计		293 745	3 877.5

注:计算单方造价时,其面积的基础是可销售面积(不含不可销售配套公建的建筑面积)。

10.1.3.2　投资计划与资金筹措

项目的投资来源包括自有资金、销售收入和贷款三部分,其中自有资金投入 264 953

万元，销售收入投入 220 122 万元，需向金融机构贷款 18 336 万元。按照项目建设进度计划安排，项目资金投入计划详见表 10-4。

表 10-4　项目总投资使用计划与资金筹措表　（单位：万元）

序号	项目	合计	开发经营期					
			1	2	3	4	5	6
1	开发总投资	264 953	56 003	35 053	48 709	35 053	42 745	47 391
1.1	土地费用	107 343	23 854	11 927	23 854	11 927	17 890	17 890
1.2	前期工程费	5 099	1 700	453	1 020	453	1 020	453
1.3	房屋开发费	127 494	25 499	19 124	19 124	19 124	19 124	25 499
1.4	管理费	5 998	1 200	960	960	960	960	960
1.5	其他费用							
1.6	开发期税费	10 463	2 325	1 163	2 325	1 163	2 325	1 163
1.7	不可预见费	8 556	1 426	1 426	1 426	1 426	1 426	1 426
2	资金筹措	264 953	56 003	35 053	48 709	35 053	42 745	47 391
2.1	自有资金	26 495	26 495	0	0	0	0	0
2.2	销售收入	220 122	11 171	35 053	48 709	35 053	42 745	47 391
2.3	贷款	18 336	18 336	0	0	0	0	0
2.4	其他	0	0	0	0	0	0	0

在估算中，考虑到当年投资是随工程的进度分期投入的，销售收入也是在一年中逐步实现的，故假定当年销售收入（扣除销售税费）全部用于当年投资，如有盈余，结转下年。

10.1.4　效益估算

10.1.4.1　销售收入的测算

根据市场调研结果，并考虑本项目的具体情况，确定普通住宅售价：高层为 5 000 元/m^2，多层为 5 200 元/m^2；拆迁房售价：高层为 4 500 元/m^2，多层为 4 800 元/m^2；商业用房售价：6 500 元/m^2；办公用房售价：6 000 元/m^2；可售配套公建售价：4 000 元/m^2。可销售面积的平均价格为 5 073.50 元/m^2。

项目的销售面积包括商品住宅、拆迁楼与各类公建，总计为 757 558 m^2，分年度的销售收入见表 10-5。

表 10-5　项目销售收入汇总

序号	期间	1	2	3	4	5	6	7	总计
1	商品住宅销售收入	9 495	28 486	36 927	33 762	31 652	43 257	27 431	211 011
2	拆迁楼销售收入	4 645	13 936	18 065	18 065	18 065	19 614	10 839	103 229
3	地区公建销售收入	0	4 382	11 392	13 145	11 392	15 774	14 021	70 107
销售收入总计		14 141	46 804	66 384	64 972	61 109	78 645	52 292	384 347

注：可销售面积平均价格为 5 073.50 元/m^2，销售收入具体估算过程略。

10.1.4.2　成本及税金

1）投资成本测算

项目固定资产投资总额为264 953万元，融资费用为28 792万元，项目的投资成本为293 745万元。

2）销售费用测算

根据当地同类项目和国家有关部门资料，销售费用取总销售收入的2%。

销售费用 = 384 347 × 2% = 7 687（万元）。

3）税金

房地产开发项目的主要税金为经营税费和所得税。根据国家有关规定，经营税费的税率为5.45%，按总销售额征收，所得税税率取33%（2008年起所得税税率调整为25%），以销售利润为基数征收；土地增值税，按开发项目销售利润水平以累进税率征收，对20%以内的开发利润，免征土地增值税。根据测算，本项目不需缴纳土地增值税。

10.1.4.3　利润分配

开发项目的税后利润等于销售收入扣除投资成本、销售费用和有关税金。预计项目的税后利润为38 686万元，具体见表10-6。

表10-6　利润与利润分配表　（单位：万元）

序号	项目	合计	开发经营期						
			1	2	3	4	5	6	7
1	项目收入	384 347	14 141	46 804	66 384	64 972	61 109	78 645	52 292
1.1	销售收入	384 347	14 141	46 804	66 384	64 972	61 109	78 645	52 292
1.1.1	商品住宅	211 011	9 495	28 486	36 927	33 762	31 652	43 257	27 431
1.1.2	拆迁楼、可售配套公建	103 229	4 645	13 936	18 065	18 065	18 065	19 614	10 839
1.1.3	地区公建	70 107	0	4 382	11 392	13 145	11 392	15 774	14 021
1.2	出租收入	0	0	0	0	0	0	0	0
2	经营成本	264 953	9 748	32 265	45 763	44 789	42 126	54 215	36 048
2.1	销售成本	264 953	9 748	32 265	45 763	44 789	42 126	54 215	36 048
3	经营税费	25 175	926	3 066	4 348	4 256	4 003	5 151	3 425
4	销售费用	7 687	283	936	1 328	1 299	1 222	1 573	1 046
5	财务费用	28 791	1 059	3 506	4 973	4 867	4 578	5 891	3 917
6	土地增值税	0	0	0	0	0	0	0	0
7	开发利润	57 740	2 124	7 031	9 973	9 761	9 180	11 815	7 856
8	所得额		2 124	7 031	9 973	9 761	9 180	11 815	7 856
9	所得税	19 054	701	2 320	3 291	3 221	3 030	3 899	2 592

续表 10-6

序号	项目	合计	开发经营期						
			1	2	3	4	5	6	7
10	税后利润	38 686	1 423	4 711	6 682	6 540	6 151	7 916	5 263
10.1	应付利润	13 744	0	0	0	0	565	7 916	5 263
10.2	归还垫支利润及净投资回收	42 872	0	0	0	0	0	6 824	36 048
10.3	未分配利润	24 942	1 423	4 711	6 682	6 540	5 586	0	0

需要指出的是,在这里投资回收主要用于后续投资和偿还贷款本息,税后利润部分用于后续开发投资和归还贷款本息的,在投资回收后不再用于后续投资和还本付息时归还。

10.1.5 财务评价

10.1.5.1 现金流量分析

从全部资金、自有资金两方面编制现金流量表,计算主要评价指标,如表 10-7、表 10-8 所示。房地产基准收益率取 18%。

表 10-7 项目投资现金流量表 (单位:万元)

序号	项目	合计	开发经营期						
			1	2	3	4	5	6	7
1	现金流入	384 347	14 141	46 804	66 384	64 972	61 109	78 645	52 292
1.1	销售收入	384 347	14 141	46 804	66 384	64 972	61 109	78 645	52 292
2	现金流出	316 869	57 913	41 375	57 676	43 829	50 999	58 014	7 063
2.1	固定资产投资								
2.2	经营资金								
2.3	开发总投资	264 954	56 003	35 053	48 709	35 053	42 745	47 391	0
2.4	销售费用	7 687	283	936	1 328	1 299	1 222	1 573	1 046
2.5	经营税费	25 175	926	3 066	4 348	4 256	4 003	5 151	3 425
2.6	土地增值税	0	0	0	0	0	0	0	0
2.7	所得税	19 054	701	2 320	3 291	3 221	3 030	3 899	2 592
3	净现金流量		-43 772	5 429	8 709	21 143	10 110	20 631	45 228
4	累计净现金流量		-43 772	-38 343	-29 634	-8 491	1 618	22 249	67 478
	现值系数		1.000	0.847	0.718	0.609	0.516	0.437	0.370
5	净现值		-43 772	4 601	6 255	12 868	5 214	9 018	16 754
6	累计净现值		-43 772	-39 171	-32 917	-20 048	-14 834	-5 816	10 938
计算指标		*IRR* = 24.80%				*NPV* = 10 938 万元			
		静态投资回收期 = 4.84 年				动态投资回收期 = 6.35 年			

表 10-8 项目资本金现金流量表 （单位：万元）

序号	项目	合计	开发经营期						
			1	2	3	4	5	6	7
1	现金流入	384 347	14 141	46 804	66 384	64 972	61 109	78 645	52 292
1.1	销售收入	384 347	14 141	46 804	66 384	64 972	61 109	78 645	52 292
2	现金流出	105 313	28 405	8 245	12 703	25 052	13 221	10 623	7 063
2.1	自有资金	26 495	26 495	0	0	0	0	0	0
2.2	经营税费	25 175	926	3 066	4 348	4 256	4 003	5 151	3 425
2.3	销售费用	7 687	283	936	1 328	1 299	1 222	1 573	1 046
2.4	土地增值税	0	0	0	0	0	0	0	0
2.5	所得税	19 054	701	2 320	3 291	3 221	3 030	3 899	2 592
2.6	贷款本金偿还	19 846	0	0	1 354	14 057	4 435	0	0
2.7	贷款利息支付	7 056	0	1 923	2 382	2 219	532	0	0
3	净现金流量			38 559	53 682	39 920	47 888	68 022	45 228
4	累计净现金流量			24 294	77 976	117 896	165 784	233 805	279 034
	现值系数		1	0.847	0.718	0.609	0.516	0.437	0.370
5	净现值		–14 265	32 677	38 553	24 296	24 700	29 733	19 770
6	累计净现值		–14 265	18 412	56 966	81 262	105 962	135 695	155 465
计算指标		*IRR* = 292.33%				*NPV* = 155 465 万元			
		静态投资回收期 = 1.37 年				动态投资回收期 = 1.44 年			

10.1.5.2 贷款偿还分析

从表 10-9 中可以看出，正常情况下，项目开发建设完成时，可以从销售收入中还清全部贷款本息，并有基本的利润。

表 10-9 借款还本付息计划表 （单位：万元）

序号	项目	合计	开发经营期						
			1	2	3	4	5	6	7
1	贷款及还本付息								
1.1	期初贷款本息累计		0	19 437	19 846	18 492	4 435	0	0
1.1.1	本金		0	18 336	18 336	16 982	2 925	0	0
1.1.2	利息		0	1 100	1 509	1 509	1 509	1 509	1 509
1.2	本期贷款	18 336	18 336	0	0	0	0	0	0
1.3	本期应计利息	8 565	1 100	2 332	2 382	2 219	532	0	0

续表 10-9

序号	项目	合计	开发经营期						
			1	2	3	4	5	6	7
1.4	本期本金归还	19 846	0	0	1 354	14 057	4 435	0	0
1.5	本期利息支付	7 056	0	1 923	2 382	2 219	532	0	0
1.6	期末贷款本息累计		19 437	19 846	18 492	4 435	0	0	
本年年利率			12%	12%	12%	12%	12%	12%	12%
2		偿还贷款本息的资金来源							
2.1	投资回收	9 736	0	0	0	9 736	0	0	0
2.2	未分配利润	17 193	0	1 923	3 736	6 540	4 967	0	0
2.3	其他								

10.1.6　不确定性分析

项目的风险主要来自建造成本、售价、销售进度、开发周期、贷款利率等方面，其中主要取决于销售价格的变化和销售进度的快慢，而这些风险因素，又受政治、经济、社会条件的影响。另外，自有资金占总投资的比例虽然对整个项目全部资金投资的经济效益没有影响，但是贷款的杠杆作用会影响自有资金的经济评价指标。

10.1.6.1　盈亏平衡分析

本项目的盈亏平衡点为 76.42%，即销售面积/收入达到可销售面积/收入的 76.42% 时，项目达到盈亏平衡，存在一定的风险。

$$BEP = \frac{F}{(P - V - T) \times Q_0} \times 100\% = 76.42\%$$

10.1.6.2　敏感性分析

影响项目财务效益的主要风险因素为总投资、售价，针对全部资金和自有资金的评价指标，分别计算总投资、售价变化 ±15% 时，对主要经济评价指标的影响，如表 10-10 和表 10-11所示。

表 10-10　总投资敏感性分析表

项目		内部收益率（IRR）	净现值（NPV）（万元）	静态投资回收期（年）	动态投资回收期（年）
基本方案		24.80%	10 938	4.84	6.35
销售价格	15%	37.07%	30 571	3.7	4.99
	-15%	12.59%	-8 691	6.16	7
投资	15%	18.10%	170	5.62	6.99
	-15%	32.78%	21 706	3.9	5.47

表 10-11　资本金敏感性分析表

项目		内部收益率（*IRR*）	净现值（*NPV*）（万元）	静态投资回收期（年）	动态投资回收期（年）
基本方案		292.33%	155 465	1.37	1.44
销售价格	15%	323.54%	175 815	1.34	1.40
	-15%	257.97%	131 708	1.42	1.50
投资	15%	277.97%	156 587	1.39	1.46
	-15%	312.21%	154 436	1.35	1.41

从计算结果可知，售价降低15%或投资增加15%时，项目将变得不可行；销售价格对项目的影响较大，是影响项目收益的敏感因素。

10.1.7　主要结论

从财务内部收益率、净现值等指标来判断，项目是可行的，可以考虑接受项目；通过项目的不确定性分析，认为项目存在一定的风险，销售价格对项目的收益影响较大。

10.2　某水电工程项目的经济评价

10.2.1　基本情况

该水电工程以发电为主，兼顾航运任务，投产后担任电网的调峰、调频和事故备用等任务。这里只对发电功能的效益和费用进行分析，航运的效益和费用忽略不计。

该水电工程装机容量110(4×27.5)MW，开工后第4年开始2台机组发电，第5年至计算期(采用50年)4台机组发电，扣除上网端损耗和其他电量损失，上网电量达到每年483 MkWh。

10.2.2　投资计划及资金筹措

10.2.2.1　固定资产投资

根据国家规定和贷款条件，业主在项目建设时必须注入一定量的资本金。本项目资本金总额按固定投资的30%计算，并每年按本金额占固定投资的比例逐年投入，直到建设期期末，其余资金从银行贷款。资本金不还本付息，贷款还清后，每年按资本金总额的8%取得回报。

10.2.2.2　建设期利息

贷款利息按复利计算，贷款利率为6.12%。由于建设期内有机组投产发电，具有还贷能力，因此若贷款利息计入固定资产价值的建设期利息，就不应计入发电成本。

10.2.2.3　流动资金

流动资金按装机每千瓦15元估算，其中30%使用资本金，其余70%从银行贷款，贷款利率为 6.12%。流动资金随机组投产投入使用,利息计入发电成本,本金在计算期期末一次回收。

投资使用计划与资金筹措情况见表 10-12。

表 10-12　投资使用计划与资金筹措表　(单位:万元)

序号	项目	第 1 年	第 2 年	第 3 年	第 4 年	第 5 年	合计
1	总投资	24 190.3	49 995.1	63 814.1	48 928.2	110.0	187 037.7
1.1	固定资产投资	23 683.0	47 923.0	59 318.0	41 932.0	0.0	172 856.0
1.2	建设期利息	507.3	2 072.1	4 496.1	6 941.2	0.0	14 016.7
1.3	流动资金	0.0	0.0	0.0	55.0	110.0	165.0
2	资金筹措	23 683.0	47 923.0	59 318.0	41 987.0	110.0	173 021.0
2.1	自有资金	7 104.9	14 376.9	17 795.4	12 596.1	33.0	51 906.3
其中	用于流动资金	0.0	0.0	0.0	16.5	33.0	49.5
2.2	固定投资贷款	16 578.1	33 546.1	41 522.6	29 352.4	0.0	120 999.2
2.3	流动资金贷款	0.0	0.0	0.0	38.5	77.0	115.5

10.2.3　财务评价

计算过程将整个分析期分为 4 段:

(1)试运行前期(第 1 ~ 3 年):无收入,只有借贷和投入。

(2)试运行至竣工(第 4 年):有部分收入,用于还贷款。另外,成本中包含的计算项在正常运行的数值上,按工程装机比例计算。

(3)竣工至还贷结束(第 4 年至还贷结束年):竣工后,经营成本、收入不变,但每年利息支出不同,发电成本不同,用于还贷的资金不同。当贷款还本付息表计算为负时,表示还贷结束。

(4)还贷结束至期末(还贷结束年至第 54 年):经营成本、发电成本、收入都不变,需要注意期末的资金回收。

10.2.3.1　总成本费用估算

总成本费用主要包括折旧费、修理费、职工工资及福利费、材料费、库区维护费、摊销费、流动资金贷款利息和其他费用等,如表 10-13 所示。

折旧费 = (固定资产投资 + 建设期利息) × 综合折旧率(取综合折旧率为 3.1%)

= (24 190.3 + 49 995.1 + 63 814.1 + 48 928.2) × 3.1% = 5 794.8(万元/年)

修理费 = 固定资产投资 × 修理费率(修理费率取 1.0%)

= (23 683.0 + 47 923.0 + 59 318.0 + 41 932.0) × 1.0% = 1 728.6(万元/年)

固定资产保险费 = 固定资产投资 × 0.25%

= (23 683.0 + 47 923.0 + 59 318.0 + 41 932.0) × 0.25% = 432.1(万元/年)

工资按职工人数乘以年人均工资计算,定员编制为 55 人,职工年工资取 15 000 元,职工福利费、住房基金、劳动保险按规定分别为工资总额的 14%、10%、17%，则职工工资及福利费为 $55 \times 1.5 \times (1 + 14\% + 10\% + 17\%) = 116.3$（万元/年）。

库区维护费按厂供电量每千瓦时提取 0.001 元，则库区维护费 $= 483 \times 10^6 \times 0.001 \times 10^{-4} = 48.3$（万元/年）。

库区移民后期扶持基金按移民人数乘以年人均扶持基金计算，移民人数 2 120 人，年人均扶持基金 400 元，扶持时间 10 年（即从第 5 年至第 15 年），则库区移民后期扶持基金 $= 400 \times 2\,120 \times 10^{-4} = 84.8$（万元/年）。

材料费定额按装机每千瓦取 5 元，其他费用定额每千瓦取 10 元，则材料费 $= 110 \times 1\,000 \times 5 \times 10^{-4} = 55.0$（万元/年），其他费用 $= 110 \times 1\,000 \times 10 \times 10^{-4} = 110.0$（万元/年）。

在试运行期，以上其他各项按年发电量占正常运行的年发电量的比例计算。

表 10-13　总成本费用估算表

序号	项目	4	5	6	7	8	9	10	…	54
1	厂供电量（万 kWh）	24 150	48 300	48 300	48 300	48 300	48 300	48 300	…	48 300
2	发电成本	4 201	16 268	15 799	15 312	14 808	14 287	13 748	…	8 285
2.1	折旧费	2 897	5 795	5 795	5 795	5 795	5 795	5 795	…	5 795
2.2	修理费	864	1 729	1 729	1 729	1 729	1 729	1 729	…	1 729
2.3	保险费	216	432	432	432	432	432	432	…	432
2.4	工资 + 福利费	116	116	116	116	116	116	116	…	116
2.5	库区维护费	24	48	48	48	48	48	48	…	48
2.6	库区移民基金		85	85	85	85	85	85	…	
2.7	材料费	28	55	55	55	55	55	55	…	55
2.8	其他费用	55	110	110	110	110	110	110	…	110
2.9	利息支出	0	7 898	7 429	6 942	6 438	5 917	5 378	…	0
3	经营成本	1 303	2 575	2 575	2 575	2 575	2 575	2 575	…	2 490

10.2.3.2　效益计算

1）发电收入

本项目上网电价估算为 0.416 元/kWh，上网电价中不含增值税。

发电收入 = 上网电量 × 上网电价 $= 483 \times 10^6 \times 0.416 = 20\,092.8$（万元/年）

2）税金

税金为增值税。增值税税率为 17%，增值税为价外税，简化为发电收入乘增值税税率。

增值税 $= 20\,092.8 \times 17\% = 3\,415.8$（万元/年）

3）利润

发电利润 = 发电收入 − 总成本费用

企业利润按国家规定作调整后，依法征收所得税，税率 33%（2008 年起所得税税率调整为 25%）。

税后利润 = 发电利润 - 应缴所得税

税后利润提取 10% 的法定盈余公积金和 5% 的公益金后，剩余部分为可供投资者分配的利润；再扣除分配给投资者的应付利润，即为未分配利润。

发电收入、税金、利润计算结果见表 10-14。

表 10-14　利润与利润分配表

序号	项目	4	5	6	7	8	9	10	…	54
1	发电销售收入(万元)	10 046	20 093	20 093	20 093	20 093	20 093	20 093	…	20 093
1.1	上网电量(万 kWh)	24 150	48 300	48 300	48 300	48 300	48 300	48 300	…	48 300
2	发电成本(万元)	4 201	16 268	15 799	15 312	14 808	14 287	13 748	…	8 285
3	税前利润(万元)	5 709	3 552	4 020	4 508	5 012	5 533	6 071	…	11 534
4	所得税(万元)	1 884	1 172	1 327	1 488	1 654	1 826	2 004	…	3 806
5	税后利润(万元)	3 825	2 380	2 694	3 020	3 358	3 707	4 068	…	7 728
6	公积金(万元)	383	238	269	302	336	371	407	…	773
7	公益金(万元)	191	119	135	151	168	185	203	…	386
8	可供投资者分配的利润(万元)	3 251	2 023	2 290	2 567	2 854	3 151	3 458	…	6 569
9	应付利润(万元)	0	0	0	0	0	0	0	…	526
10	未分配利润(万元)	3 251	2 023	2 290	2 567	2 854	3 151	3 458	…	6 043

10.2.3.3　财务评价

编制项目资本金现金流量表（见表 10-15）和全部投资现金流量表（见表 10-16），据此计算财务评价指标（税后）。

表 10-15　项目资本金现金流量表　（单位：万元）

序号	项目	1	2	3	4	5	6	7	…	54
1	现金流入	0	0	0	10 046	20 093	20 093	20 093	…	28 901
1.1	营业收入	0	0	0	10 046	20 093	20 093	20 093	…	20 093
1.2	回收固定资产余值	0	0	0	0	0	0	0	…	8 643
1.3	回收流动资金	0	0	0	0	0	0	0	…	165
2	现金流出	7 105	14 377	17 795	21 958	19 653	19 566	19 511	…	6 570
2.1	项目资本金投资	7 105	14 377	17 795	12 596	33	0	0	…	0
2.2	经营成本	0	0	0	1 303	2 575	2 575	2 575	…	2 490
2.3	税金	0	0	0	2 021	1 445	1 600	1 761	…	4 080
2.4	还本付息	0	0	0	6 038	15 599	15 391	15 175	…	0
3	净现金流量	-7 105	-14 377	-17 795	-11 912	440	527	582	…	22 331

表 10-16　项目投资现金流量表　（单位：万元）

序号	项目	1	2	3	4	5	6	7	…	54
1	现金流入	0	0	0	10 046	20 093	20 093	20 093	…	28 901
1.1	营业收入	0	0	0	10 046	20 093	20 093	20 093	…	20 093
1.2	回收固定资产余值	0	0	0	0	0	0	0	…	8 643
1.3	回收流动资金	0	0	0	0	0	0	0	…	165
2	现金流出	23 683	47 923	59 318	45 422	4 130	4 175	4 336	…	6 570
2.1	全投资	23 683	47 923	59 318	41 932	110	0	0	…	0
2.2	经营成本	0	0	0	1 303	2 575	2 575	2 575	…	2 490
2.3	税金	0	0	0	2 021	1 445	1 600	1 761	…	4 080
3	净现金流量	-23 683	-47 923	-59 318	-35 376	15 962	15 918	15 757	…	22 331

依据表 10-15 计算，项目资本金（占 30%）投资内部收益率 $FIRR = 8.29\% > 8\%$（基准收益率）；财务净现值 $FNPV = 2\ 796.2$ 万元 > 0；项目资本金净利润率 =（项目运营期内年均净利润/项目资本金）×100% = 13.2%。

依据表 10-16 计算，总投资利润率 = 项目运营期内的年平均息税前利润/项目总投资 ×100% = 6.2%；投资回收期 = 累计净现金流量开始大于 0 的年份 - 1 + 上年累计净现金流量绝对值/本年净现金流量 = 14.9（年）；全部投资内部收益率 $FIRR = 7.73\% < 8\%$；财务净现值 $FNPV = -4\ 562.6$ 万元 < 0；显然在全投资情况下，该项目在经济上不可行。

通过项目资本金投资以及全投资计算比较，该项目在经济上由可行变为不可行，说明资金来源对项目影响很大。

10.2.3.4　不确定性分析

这里仅对投资和效益进行单因素敏感性分析，财务评价敏感性分析见表 10-17。

计算结果表明，投资和效益在一定范围变化时，对财务内部收益率影响较大，其中效益变化的影响更显著。

表 10-17　财务评价敏感性分析

项目	项目资本金财务内部收益率	贷款偿还年限
1. 基本方案	8.29%	18 年
2. 固定资产投资变化		
投资增加 20%	6.71%	20 年
投资增加 10%	8.16%	19 年
投资减少 10%	9.28%	16 年
投资减少 20%	10.66%	15 年

续表 10-17

项目	项目资本金财务内部收益率	贷款偿还年限
3. 发电效益变化		
效益增加 20%	10.17%	15 年
效益增加 10%	9.17%	16 年
效益减少 10%	7.08%	19 年
效益减少 20%	6.10%	22 年

10.2.4　国民经济评价

10.2.4.1　投资及费用的调整

1)转移支付的处理

项目涉及的转移支付有各类税金及附加、国内银行贷款的利息等,在国民经济评价中这些费用都不计入。

2)固定资产投资的调整

固定资产估算中,各项费用中只有钢材、木材、水泥的现行价格同影子价格不同,经调整计算,建筑工程费用增加了 3 811 万元,可得出固定资产全部投资由原来的 172 856.0 万元增加到 176 667.0 万元,则综合调整系数为 176 667.0/172 856.0 = 1.02。对应固定资产投资调整结果见表 10-18。

表 10-18　固定资产投资调整表

年份	1	2	3	4	合计
固定资产投资	23 683.0	47 923.0	59 318.0	41 932.0	172 856.0
固定资产投资调整	24 212.0	48 977.0	60 623.0	42 855.0	176 667.0

3)年运行费用调整

年运行费用按财务评价中正常运行期的估计值乘以综合调整系数,即国民经济评价年运行费为 2 490.3 × 1.02 = 2 540.1(万元/年)。

4)流动资金

流动资金为 165 万元,在运行初期第 1 年年初一次投入,分析期期末一次收回,具体见国民经济评价效益费用流量表。

10.2.4.2　效益估算

1)售电效益

在国民经济评价中,售电效益可由售电量乘以影子电价得出,由有关资料查得该地区影子电价为 0.45 元/kWh,于是得出年售电效益为 $483 \times 10^6 \times 0.45 = 21\ 735$(万元/年)。

2)间接效益

本工程水库的防洪、养殖、旅游等功能有一定的社会效益,并且增加电力供应,可增加地方的工农业产值,参考类似工程,间接效益按 8 000 万元/年计,则年总效益为 21 735 + 8 000 = 29 735(万元)。

3)固定资产余值及流动资金回收

固定资产余值按固定资产影子投资静态的 10.0% 计,即 176 667.0 × 10.0% ≈ 17 670(万元),固定资产余值 17 670 万元和流动资金 165 万元均应在计算期期末一次回收,并计入过程效益中。

10.2.4.3　国民经济评价

编制项目投资经济费用效益流量表,见表 10-19。由该表计算出:经济内部收益率 $EIRR = 12.99 > 8\%$(社会折现率);经济净现值 $ENPV = 100\ 653.4$ 万元 > 0;效益费用比 $= 1.60 > 1$,表明该工程国民经济评价是可行的。

表 10-19　项目投资经济费用效益流量表

序号	项目	建设期				正常运行期				合计
		1	2	3	4	5	6	…	54	
1	效益流量 B	0	0	0	0	29 735	29 735	…	47 570	1 504 585
1.1	项目各项功能的效益	0	0	0	0	29 735	29 735	…	29 735	1 486 750
1.1.1	发电效益					29 735	29 735	…	29 735	1 486 750
1.2	回收固定资产余值							…	17 670	17 670
1.3	回收流动资金							…	165	165
1.4	项目间接收益							…		0
2	费用流量 C	24 212	48 997	60 623	42 855	2 705.1	2 540.1	…	2 540.1	303 857
2.1	固定资产投资(含更新改造投资)	24 212	48 997	60 623	42 855			…		176 687
2.2	流动资金					165		…		165
2.3	年运行费					2 540.1	2 540.1	…	2 540.1	127 005
2.4	项目间接费用							…		0
3	净效益流量	-24 212	-48 997	-60 623	-42 855	27 029.9	27 194.9	…	45 029.9	1 200 728
4	累计净效益流量	-24 212	-73 209	-133 832	-176 687	-149 657	-122 462	…	1 200 728	

10.2.5　主要结论

项目财务评价不可行,国民经济评价可行。资金来源对项目财务评价的结果影响较大。

分析本例的目的仅是让读者了解财务评价与国民经济评价的计算过程,所以省略了部分年份的计算和报表。

附　录

附录 1　经济学相关知识

工程经济学是应用经济学的一个分支,是经济学理论在工程方面的应用,经济学理论和方法是工程经济分析的基础,掌握必要的经济学基础知识有助于对工程经济问题的理解。所以,本节简单介绍了与工程经济分析相关的经济学知识。

1.1.1　需求

(1)需求定义。需求是消费者在某一价格下对一种商品愿意而且能够购买商品的数量。市场上的消费者为数众多,把所有消费者的需求综合一起,就是市场需求。

(2)需求函数。影响需求的因素很多,包括商品价格、消费者的收入、消费者偏好、消费者对价格预期和相关商品的价格等。在经济学中,往往假定其他因素不变,只研究价格和需求量之间的关系,表示商品需求量和价格这两个变量之间关系的函数称为需求函数。需求函数可表示为

$$Q_d = f(p)$$

式中,Q_d 为商品需求量;p 为商品价格。

(3)需求曲线。需求函数表明,消费者对某一商品的需求量同这种商品的价格之间存在着一一对应的关系,不同的价格对应着不同的需求量,将需求函数中的价格和需求量关系绘成曲线,即为需求曲线,如附图 1-1 所示。

(4)需求规律。在其他因素不变、商品价格上涨时,商品的需求量下降;商品价格下降时,需求量上升,价格与需求量的这种关系叫做需求规律。

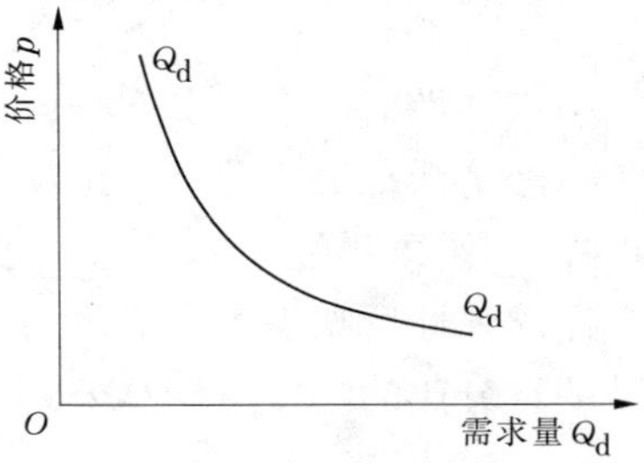

附图 1-1　需求曲线

1.1.2　供给

(1)供给定义。供给是生产者在一定价格下对一种商品愿意并且能够提供出售的数量。

(2)供给函数。影响一种商品供给量的主要因素有商品价格、生产技术水平、生产成本或投入、其他商品的价格和价格的预期等。在讨论供给函数时,一般都假设其他情况不变,只研究价格与供给量之间的关系。若以 Q_s 表示供给量,p 表示价格,则供给函数可以表示为

$$Q_s = f(p)$$

(3)供给曲线。与需求函数一样,供给函数也可绘成曲线,即为供给曲线,如附图 1-2 所示。

（4）供给规律。在其他因素不变时，商品供给量与其价格同方向变动，即价格上升，供给量增加；价格下降，供给量减少，这一规律在经济学中称为供给规律。

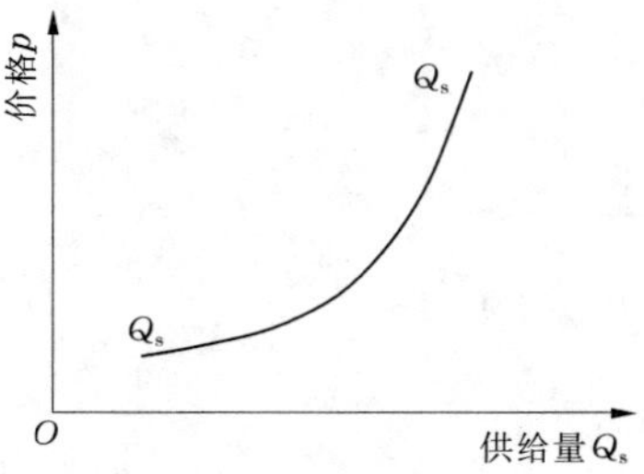

附图 1-2　供给曲线

1.1.3　市场均衡

按照需求规律和供给规律，某一商品价格持续上涨时，供给量增加，但需求量减少，最后会使供给量超过需求量，出现过剩，过剩后又会使价格下降；相反地，价格持续下降时，需求量增加，但供给量减少，使需求量超过供给量，出现短缺，这就会使价格上涨。需求和供给两者相互作用，最终使这一商品的需求量和供给量在某一价格上正好相等，达到市场均衡，如附图 1-3所示。经济学中把需求量和供给量正好相等时的商品交易数量叫做均衡数量，把使需求量和供给量正好相等时的商品价格叫做均衡价格。市场均衡时，既没有过剩，也没有短缺。

1.1.4　需求弹性和供给弹性

经济学中，弹性是指当两个经济变量存在函数关系时，自变量的相对变动引起因变量相对变动的程度，或者因变量对自变量相对变动的反应程度。弹性的大小用弹性系数来表示

$$弹性系数\ E = \frac{因变量变化的百分比}{自变量变化的百分比} = \frac{\frac{\Delta y}{y}}{\frac{\Delta x}{x}}$$

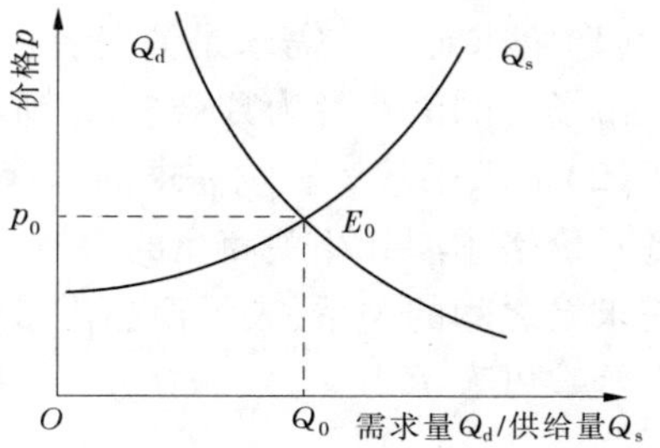

附图 1-3　需求和供给的均衡

引入弹性概念的意义在于，分析某一经济变量的变化对另一经济变量产生的影响，以便于对经济活动进行分析与决策。

1.1.4.1　需求弹性

需求弹性反映需求量对价格变化的反映程度，或者说价格变动的百分比引起需求量变动的百分比的程度。计算公式为

$$E_d = \frac{\frac{\Delta Q_d}{Q_d}}{\frac{\Delta p}{p}}$$

式中，E_d 为需求价格弹性；ΔQ_d 为商品需求量的变化量；Q_d 为商品需求量；Δp 为商品价格的变化量；p 为商品的价格。

根据各种商品需求弹性的大小，可以把需求弹性分为五类：

（1）需求无弹性，即 $E_d = 0$。在这种情况下，表明需求量为一个常量，无论价格如何变动，需求量都不会变动。这是一种特例，如火葬费近似于需求无弹性。

（2）需求无限弹性，即 $|E_d| \to \infty$。在这种情况下，当价格一定时，需求量会有无穷大的变化。这也是一种特例，如战争时期的常规军用物资、完全竞争条件下的商品可以视为

需求弹性无限大。

(3)单位需求弹性,即$|E_d|=1$。在这种情况下,需求量变动的比率与价格变动的比率相等。由于价格的下降导致正好相当的需求量的增加,因而供应商的总收益保持不变。

(4)需求缺乏弹性,即$1>|E_d|>0$。在这种情况下,需求量变动的比率小于价格变动的比率,需求量变化对价格变化反应缓和。这类商品为生活必需品,如水、食盐、粮食。

(5)需求富有弹性,即$|E_d|>1$。在这种情况下,需求量变动的比率大于价格变动的比率。这种商品的价格上升使总收益减少,价格下降使总收益增加,比如金银首饰、化妆品等奢侈品。

1.1.4.2　供给弹性

供给弹性反映供给量对价格变化的反映程度,或者说价格变动的百分比引起供给量变动的百分比的程度。计算公式为

$$E_s = \frac{\frac{\Delta Q_s}{Q_s}}{\frac{\Delta p}{p}}$$

式中,E_s为供给价格弹性;ΔQ_s为商品供给量的变化量;Q_s为商品供给量;其他符号意义同前。

类似于需求弹性,根据各种商品供给弹性的大小,可以把供给弹性分为五类:

(1)当$E_s=0$时,称为供给无弹性,表明供给量为一个常量,无论价格如何变动,供给量都不会变动。

(2)当$|E_s|\to\infty$时,称为供给无限弹性,即价格一定时,供给量会有无穷大的变化。

(3)当$|E_s|=1$时,称为单位供给弹性,供给量变动的比率与价格变动的比率相等。

(4)当$1>|E_s|>0$时,称为供给缺乏弹性,供给量变动的比率小于价格变动的比率。

(5)当$|E_s|>1$时,称供给富有弹性,供给量变动的比率大于价格变动的比率。

1.1.5　利润最大化原则

某一产品生产数量为多少时,利润最大?如果以P表示利润,X表示产量,R表示总收益,C表示总成本,则

$$P = R(X) - C(X)$$

式中,$R(X)$和$C(X)$分别为收益函数和成本函数,收益函数、成本函数分别反映了收益、成本与产量的关系。

根据最优化理论,利润最大时,有

$$\frac{\mathrm{d}[R(X) - C(X)]}{\mathrm{d}X} = 0$$

即

$$\frac{\mathrm{d}R}{\mathrm{d}X} = \frac{\mathrm{d}C}{\mathrm{d}X}$$

式中,$\frac{\mathrm{d}R}{\mathrm{d}X}$为产量的边际收益;$\frac{\mathrm{d}C}{\mathrm{d}X}$为产量的边际成本。

可以看出,利润最大的条件是边际收益$\frac{dR}{dX}$与边际成本$\frac{dC}{dX}$相等。

如果$\frac{dR}{dX} > \frac{dC}{dX}$,表明每多生产一件产品,所增加的收益大于生产这件产品所消耗的成本,这时还有潜在的利润没有得到,因此增加生产是有利的,增加生产后,供给增加,价格下降,边际收益减少,边际成本增加,直到边际效益与边际成本相等时,不应再增加生产。如果$\frac{dR}{dX} < \frac{dC}{dX}$,表明多生产一件产品,所增加的收益小于生产这件产品所消耗的成本,减少生产反而有利,减少生产后,价格上升,边际收益增加,边际成本减少,直到两者相等时,不应该再减少生产。

1.1.6 通货膨胀与通货紧缩

现代经济学中,通货膨胀(Ieflation)是指物价整体水平持续上升,区别于偶然的或暂时的个别行业或商品涨价,实质是社会总需求大于社会总供给。通货膨胀最初指因纸币发行量超过商品流通中的实际需要量而引起的货币贬值现象。纸币流通规律表明,纸币发行量不能超过它象征的金银货币量,一旦超过了这个量,纸币就要贬值,物价就要上涨,从而出现通货膨胀。通货膨胀只有在纸币流通的条件下才会出现,在金银货币流通的条件下不会出现。因为金银货币本身具有价值,作为贮藏手段的职能,可以自发地调节流通中的货币量,使它同商品流通所需要的货币量相适应。

通货紧缩(Deflation)是指货币供应量少于流通领域对货币的实际需求量而引起的货币升值,从而引起商品和劳务的货币价格总水平的持续下跌现象。依据诺贝尔经济学奖得主萨缪尔的定义:“价格和成本正在普遍下降即是通货紧缩。”在经济实践中,判断某个时期的物价下跌是否是通货紧缩,一是看通货膨胀率是否由正转变为负,二是看这种下降的持续是否超过了一定时限。经济学者普遍认为,当消费者价格指数连跌两季,即表示已出现通货紧缩。通货紧缩的实质是社会总需求小于社会总供给。

1.1.7 宏观经济的主要指标

1.1.7.1 国内生产总值

国内生产总值(Gross Domestic Product,GDP)是指在一定时期内(一个季度或一年),一个国家或地区的经济中所生产出的全部最终产品和劳务的价值,常被公认为是衡量国家经济状况的最佳指标,不但可反映一个国家的经济表现,还可以反映一国的国力与财富。

国家统计局每年公布 GDP 数据计算需要经过初步估计、初步核实和最终核实过程。此外,GDP 数据还需要经过一个历史数据调整过程,即当发现或产生新的资料来源、新的分类法、更准确的核算方法或更合理的核算原则时,要进行历史数据调整,以使每年的 GDP 具有可比性。因此,每个时段公布的 GDP 都有其特定阶段的含义和特定的价值,不同时段公布统计数据有可能不同。

1.1.7.2 消费者物价指数

消费者物价指数(Consumer Price Index,CPI)是反映一定时期内城乡居民所购买的生活消费品价格和服务项目价格变动趋势和程度的一个指标,是对城市居民消费价格指数和农村居民消费价格指数进行综合汇总计算的结果。

消费者物价指数通常作为观察通货膨胀水平的重要指标。如果消费者物价指数升幅过大,表明通货膨胀已经成为经济不稳定因素,中国人民银行会有紧缩货币政策和财政政策的风险,从而造成经济前景不明朗。因此,该指数过高的升幅往往不被市场欢迎。

1.1.7.3 工业品出厂价格指数

工业品出厂价格指数(Producer Price Index,PPI)反映全部工业产品出厂价格总水平的变动趋势和程度的相对数,其中除包括工业企业售给商业、外贸、物资部门的产品外,还包括售给工业和其他部门的生产资料以及直接售给居民的生活消费品。通过工业生产价格指数能观察出厂价格变动对工业总产值的影响。

1.1.7.4 农产品收购价格指数

农产品收购价格指数是反映国有商业、集体商业、个体商业、外贸部门、国家机关、社会团体等各种经济类型的商业企业和有关部门收购农产品价格的变动趋势和程度的相对数。农产品收购价格指数可以观察和研究农产品收购价格总水平的变化情况,以及对农民货币收入的影响,作为制定和检查农产品价格政策的依据。

1.1.7.5 GDP 平减指数

GDP 平减指数,又称 GDP 缩减指数,是指没有扣除物价变动的 GDP 与剔除物价变动的 GDP 之差,也就是名义 GDP 与实际 GDP 的比值。

GDP 平减指数的计算基础比 CPI 广泛得多,涉及全部商品和服务,除消费外,还包括生产资料和资本、进出口商品和劳务等。因此,这一指数能够更加准确地反映一般物价水平的走向。如果某年 GDP 平减指数为 115,则表明概念的物价水平比基准年上升了 15%,即通货膨胀率为 15%。

附录 2 综合利用水利工程费用分摊

大多数水利工程通常都担负着防洪、发电、灌溉等多个任务,为多个目标服务,常称之为综合利用水利工程。这种水利工程在进行经济分析时,一定要考虑费用(即投资、年运行费)的分摊问题,只有正确计算各个水利部门的效益与费用,加强经济核算,才能提高综合利用水利工程的经济效益和经营管理水平。

2.1.1 综合利用水利工程费用分摊原理

专用工程费用是指参与综合利用的某一部门为自身目的而兴建的工程(不含配套工程)的总投入,包括投资、年运行费和设备更新费,该费用由各部门自行承担。共用工程费用是指为各受益部门共同使用的工程设施投入的投资、年运行费和设备更新费等,该费用应由各受益部门分摊。

各个部门的投资(或年运行费)总额是各部门专用工程投资(或年运行费)、共用工程的分摊投资(或分摊的年运行费)以及补偿某一受害部门所需要的工程投资(或年运行费)在部门间的分摊值之和,其计算公式如下

$$K_{ji} = K'_{ji} + K_{jbi} + K_{jmi}$$

$$C_{ji} = C'_{ji} + C_{jbi}$$

式中，C'_{ji}、K'_{ji}分别为第j受益部门第i年专用工程的年运行费和投资额；C_{ji}、K_{ji}分别为第j受益部门第i年的总年运行费和总投资额；C_{jbi}、K_{jbi}分别为第j受益部门第i年对综合利用水利工程共用工程分摊后应负担的年运行费和分摊投资；K_{jmi}为第j受益部门在第i年分担的补偿受害部门的投资额。

综合利用水利工程建设项目中为各功能（或各个部门）服务的共用工程费用，通常都应通过费用分摊，合理分出各项功能（或各个部门）应承担的费用。分摊过程一般遵循以下原则：

（1）如果综合利用水利工程建设项目中仅为某几项功能（或部门）服务，一般可先将这几项功能（或部门）视为一个整体，参与该综合利用水利工程建设项目总费用的分摊，然后将分得的费用在这几项功能（或部门）之间分摊。

（2）如果综合利用水利工程建设项目主要为某一项功能（或部门）服务，同时又是该综合利用水利工程建设项目中不可缺少的组成部分，而对其他功能（或部门）也有一定效用的工程设施，通常应计算其替代的共用工程费用，并在各受益功能（或部门）之间进行分摊，超过其替代共同工程费用的部分则由该特定功能（或部门）承担。

（3）综合利用水利工程建设项目中专为某个功能（或部门）服务的工程费用应由该功能（或部门）本身承担。

（4）因修建某综合利用水利工程建设项目而使某个功能（或部门）受到损害，为此而采取补救措施以恢复其原有的效能，其所需要的费用应由各受益功能（或部门）共同承担，超过原有效能而增加的工程费用则由该功能（或部门）承担。

由于综合利用水利工程建设项目中的投资和年运行费的分摊比较复杂，目前还难以有一种公认的、适合于各种综合利用水利工程情况下的分摊计算方法，所以分摊计算的结果要做合理性检查。一般可从以下三个方面进行检查：

（1）各功能（或部门）分摊到的费用应小于该功能（或部门）可获得的效益。

（2）各功能（或部门）分摊到的费用应小于专为该功能（或部门）服务而修建的水利工程设施的费用或小于其最优等效替代水利工程方案的费用。

（3）各功能（或部门）分摊到的费用应公平合理。

2.1.2 常用的综合利用水利工程费用分摊方法

2.1.2.1 枢纽指标系数分摊法

根据各部门利用枢纽工程的某些指标的比值进行分摊，一般常以库容、用水量等作为指标，其表达式为

$$K_i = K \times \frac{V_i}{\sum_{i=1}^{n} V_i}$$

或

$$K_i = K \times \frac{W_i}{\sum_{i=1}^{n} W_i}$$

式中，K_i 为第 i 个受益部门的分摊费用；K 为综合利用水利工程需要分摊的费用；V_i 为第 i 个受益部门占有综合利用水库工程的库容；$\sum_{i=1}^{n} V_i$ 为各受益部门占用库容的总和；W_i 为第 i 部门需综合利用水利枢纽提供的年用水量；$\sum_{i=1}^{n} W_i$ 为各受益部门需水利枢纽提供的总用水量。

这种分摊方法具有一定的合理性，一般常在中、小型综合利用水利工程中采用。考虑到大中型水库有一定的垫底库容，其投资由主要部门负担。当次要部门不负担时，则分摊公式可以写成如下的形式

$$K'_i = K\left(\frac{V_i + V_0\left(\frac{V_i}{\sum_{i=1}^{n} V_i}\right)}{\sum_{i=1}^{n} V_i + \sum_{i'=1}^{n'} V_{i'} + V_0}\right)$$

$$K'_{i'} = K\left(\frac{V_{i'}}{\sum_{i=1}^{n} V_i + \sum_{i'=1}^{n'} V_{i'} + V_0}\right)$$

式中，V_0 为综合利用水库的垫底库容；K'_i 为综合利用水利工程中第 i 个次要受益部门的分摊投资；$K'_{i'}$ 为综合利用水利工程中，第 i' 个次要受益部门的分摊投资；n、n' 分别为主要和次要受益部门的总数目；V_i、$V_{i'}$ 分别为主要部门 i 和次要部门 i' 占有的库容；其他符号意义同前。

2.1.2.2　替代工程投资比例分摊法

根据各部门最优等效替代工程的投资比例分摊综合利用水利工程中共用工程的费用，可用公式表示为

$$K_i = K \times \frac{D_i}{\sum_{i=1}^{n} D_i}$$

式中，D_i 为第 i 个受益部门最优替代方案的投资额。

这里所说的最优等效替代工程，可以在同一条河流上或地区内兴建专门的单目标工程，也可以在不同地点，用不同工程措施达到同样效果的工程。如对于灌溉工程，可以修建水库，或直接从河道提水灌溉，也可以打井利用地下水等；对于发电工程，可以修建水电站或火电站等；对于防洪工程，可以在河流上游修建水库，或在河道两岸修筑加高堤防，也可以在适当的地方修建分洪区，以便在洪水来临时滞蓄洪水，削减洪峰，以保证重要城市与农业密集地区的安全。但替代工程必须是合理可行的，在经济上又是最优的。

如果估算最优等效替代工程投资的计算工作量较大或最优等效替代方案不易确定，在水利工程实践中也可按各部门专用工程投资比例来分摊共用工程的投资。

2.1.2.3　效益比例分摊法

根据综合利用水利工程各部门在经济分析期内折算的效益现值(或折算的效益年值)，与该综合利用各部门效益现值的总和(或各部门效益年值的总和)的比例分摊共用水利工程的投资或运行费用。其计算公式表示为

$$K_t = K \times \frac{B_i}{\sum_{i=1}^{n} B_i}$$

式中，B_i 为第 i 受益部门在经济分析期内的效益现值或效益年值；$\sum_{i=1}^{n} B_i$ 为各受益部门在经济分析期内的效益现值的总和或效益年值的总和；其他符号意义同前。

如果各受益部门专用工程的年运行费已知，B_i 及 $\sum_{i=1}^{n} B_i$ 也可以分别用 $(B_i - C_i)$ 及 $\sum_{i=1}^{n}(B_i - C_i)$ 来代替。其中，C_i 表示第 i 受益部门专用工程在经济分析期内的年运行费用现值或年金，$(B_i - C_i)$ 即为其相应的净效益现值或净效益年金。

2.1.2.4　**主次分摊法**

它的特点是依据水利工程担负任务的主次进行分摊，即主要部门负担单独举办最优等效替代工程的投资费用，次要部门负担增加的费用，附属部门不负担共用的水利工程投资和费用。如以灌溉为主的水库，该部门应承担单独兴建的灌溉工程，并达到同等的抗旱标准时所需要的全部工程费用，发电部门仅承担由于发电需要而扩建的工程设施所需要的相应费用，这种按主次任务来进行费用分摊，相对来说比较合理。

2.1.2.5　**可分离费用－剩余效益法**

这种方法是将枢纽需分摊的总费用划分为各部门的可分离费用和共同费用两部分，并用剩余效益的比例来分摊共同费用，各部门的可分离费用及分摊后的共同费用之和，即为各部门应承担的分摊费用总值。下面先对这个方法中所引用的名词进行解释，然后再介绍具体的计算方法和步骤。

1）可分离费用

综合利用水利工程中共用工程的总费用减去不包括某一部门在内的共用工程总费用，其差值即为该部门的可分离费用。可用公式表示为

$$C_{id} = \sum_{i=1}^{n} C_i - C_R$$

式中，C_{id} 为第 i 部门的可分离费用现值或可分离投资现值；$\sum_{i=1}^{n} C$ 为综合利用水利工程中，共用工程的总费用现值或总投资现值；C_R 为不包括 i 部门在内的相应综合利用水利工程中共用工程的总费用现值或总投资现值；n 为受益部门的数目；i 为受益部门序号。

2）共同费用

综合利用水利工程中，需要分摊的总费用减去各受益部门可分离费用之和，可用下述公式表达为

$$C_{t0} = \sum_{i=1}^{n} C_i - \sum_{i=1}^{n} C_{id}$$

式中，C_{t0} 为综合利用水利工程的共同费用现值或共同投资现值；$\sum_{i=1}^{n} C_{id}$ 为各受益部门可分离费用现值或可分离投资现值的总和；其他符号意义同前。

3）剩余效益

以某受益部门的极限费用（或称极限投资）和最优等效替代工程费用（或投资）中的较小者作为合适费用（或合适投资），然后减去该部门可分离费用或可分离投资，即为剩余效益。其计算公式为

$$C_{is} = C_{ia} + C_{id}$$

式中，C_{is}为第 i 部门的剩余效益现值；C_{ia}为第 i 部门的合适费用现值或合适投资现值。

在实际应用时，一般都直接以第 i 部门的水利工程效益作为极限费用或极限投资，并和第 i 部门最优等效替代工程费用或投资相比较，其较小者即为 C_{ia}值。

4）费用分摊法

以可分离费用—剩余效益法分摊综合利用枢纽共用水利工程的费用或投资时，一般首先需要计算 C_{it}、C_{ia}、C_{is}，然后以剩余效益 C_{is}的比例分摊共同费用。

$$C_{it} = C_{t0} \times \frac{C_{is}}{\sum_{i=1}^{n} C_{is}}$$

式中，C_{it}为第 i 部门应分摊的工程共同费用现值；$\sum_{i=1}^{n} C_{is}$为 n 个受益部门剩余效益的总和；其他符号意义同前。

各受益部门承担共用工程费用为

$$C_{itt} = C_{it} + C_{id}$$

式中，C_{itt}为第 i 部门应分摊枢纽共用工程的总费用（或总投资）现值；其他符号意义同前。

第 i 部门应负担的总费用为

$$C_{ic} = C_{itt} + C_{iss}$$

式中，C_{ic}为第 i 部门应承担综合利用工程的总费用现值或总投资现值；C_{iss}为第 i 部门专用工程的费用现值或投资现值；其他符号意义同前。

这种分摊费用的方法是以可分离费用作为各部门应承担综合利用共用工程费用的下限值，极限费用（或极限投资）或最优等效替代工程的费用（或投资）作为应承担分摊费用的上限值，两者之差是修建综合利用工程后各部门得到的效益，并以此作为分摊综合利用工程共同费用的指标。这种方法在各部门之间所需分摊的费用，仅是枢纽工程中的共同费用，它比原来要分摊的共用工程总费用小得多，所以可以缩小分摊误差，分摊方法也比较合理，在欧美和日本等国已得到广泛应用。这种方法的主要缺点是，分摊方法比较复杂，计算工作量较大。

由于费用分摊本身是一个极为复杂的问题，而有些费用也很难划分归属，因此只能做到费用分摊相对合理。上述各种方法，有其优点，也有局限性，在实践中应根据具体情况选用 2～3 种费用分摊方法进行计算，选取较合理的分摊成果。

2.1.3　综合利用水利工程费用分摊案例

以×××综合利用水利枢纽工程为例。

2.1.3.1　工程背景

×××综合利用水利枢纽工程位于清江干流中游河段。×××坝址位于巴东县×××镇，上距恩施市 117 km，下距隔河岩水利枢纽 92 km，距离清江河口 153 km。该坝址汇流面积约为 10 860 km^2，占整个流域汇流总面积的 64%，水库正常蓄水位为 400 m，形成约 45.80 亿 m^3 库容（其中调节库容 23.83 亿 km^3），水电站装机容量共 1 600 MW，年发电量可达 39.2 亿 kWh。×××水利枢纽具有发电、防洪以及航运等综合利用功能。

2.1.3.2 **费用分摊部门划分**

根据清江流域规划及综合利用开发要求，×××水利枢纽以发电、防洪和航运功能为主，同时具有旅游和水产养殖等效益。×××综合利用水利枢纽工程为了在充分利用清江丰富水能资源满足发电需求的基础上，兼顾荆江河段的防洪任务，连同下游隔河岩水利枢纽工程共预留防洪库容 10 亿 m^3，并在汛期时考虑防洪要求，适当减少枢纽及清江梯级电站的发电效益。×××水利枢纽的库区河段在天然情况下为非通航流域，从枢纽所在地经济发展情况来看，该地区航运事业还需相当长的时间才能达到预期规模。基于通航建筑物投资大、资金积压时间长等特点，国家在对枢纽预可行性研究报告的审查意见中提出应暂缓对通航建筑物的投资建设，因此×××水利枢纽工程总投资中并未包括航运设施费用，但由于枢纽建成后将在库区内形成深水航道，为水库周边地区的航运发展创造了条件，考虑到水库对航道带来实际效益（虽未达到设计目标），航运相关部门仍需承担部分工程投资费用。×××水利枢纽对旅游和水产养殖业发展的促进作用仅处于从属地位且效益相对较小，而且在确定枢纽工程规模和运行方式时也没有为此增加额外的设施和投资，因此这些部门可不必参加枢纽工程的投资分摊。由此可见，×××综合利用水利枢纽工程的总投资费用应该在发电、防洪和航运这三个部门之间进行合理分摊。

2.1.3.3 **工程投资**

×××水利枢纽由混凝土面板堆石坝、左岸溢洪道、右岸地下厂房等部分组成，其中右岸地下厂房为发电专用工程，大坝、溢洪道等为发电、防洪的共用工程。在枢纽投资概算中可将其总投资费用划分为建筑工程费、机电设备及安装工程费、金属结构设备及安装工程费、施工辅助工程费、建设占地及水库淹没处理补偿费、其他费用和基本预备费等七部分，按 1998 年价格水平估算可得枢纽总投资费用为 876 629 万元。

如果不考虑×××水利枢纽工程为防洪功能所预留的5 亿 m^3 库容，在电站达到同等发电效益前提下，枢纽的大坝高度可降低约 2 m，相应减少的部分土建工程资金投入和水库淹没损失（共计 9 618 万元），即为防洪部门的可分离投资费用，则枢纽工程只提供发电和航运两项服务所需总投资为 867 011 万元。如果不考虑发电任务，×××水利枢纽只需投资 84 700 万元修建一座能够拦蓄 5 亿 m^3 洪水的水库（坝高约为 100 m）即可同时满足防洪和航运部门的需要，则发电部门的可分离投资费用为 791 929 万元。由于×××水利枢纽并没有专门投资兴建通航建筑物等航运相关设施，枢纽总投资费用 876 629 万元，即为实现发电和防洪效益所需投入的全部资金，因此航运部门的可分离投资费用为零。

根据×××水利枢纽工程投资概算资料，发电部门对应的专用工程投资费用总计为 297 117 万元，主要包括建筑工程费中的电厂工程、电站交通工程、重件码头工程、马岩高边坡防治工程等投资；电站机电设备及安装工程投资；电站金属结构及安装工程投资；施工辅助工程费中的电厂交通隧洞工程投资；其他费用中的电站联合试运行费、生产职工培训费、提前进厂费以及相应的基本预备费等部分。防洪和航运部门的专用工程投资费用则均为零。

根据×××水利枢纽所处地区的地理位置和动力资源等条件，可拟订发电部门的最优等效替代方案为修建凝气式火力发电站。考虑到×××水力发电站具备调峰性能，将水电与火电的当量电能系数取为 1.05，容量系数可取为 1.1，也就是说，作为替代方案的火电站装机容量应为 1 760 MW。根据湖北省在建和计划修建的火电站工程造价资料，在考虑脱硫等环境保护费用后，单位千瓦装机容量的投资费用应为 4 600 元/kW，则替代火电站的工程总投资应为 809 600 万元，即发电部门最优等效替代方案的投资费用。防洪部门的最优等效替代方案是在其下游隔河岩水利枢纽工程原预留 5 亿 m^3 防洪库容的基础上再增加 5 亿 m^3 防洪库容，这将使隔河岩枢纽年平均发电量减少 1.20 亿 kWh，可用因扩建防洪库容所减少的年发电效益现值 26 500 万元作为防洪部门的最优等效替代方案投资费用，而单独改善×××水利枢纽库区河段通航条件所需支付的 84 292 万元淹没补偿费，即为航运部门相应的最优等效替代方案投资费用。×××综合利用水利枢纽工程投资费用估算与划分结果见附表 1-1。

附表 1-1　×××综合利用水利枢纽工程投资费用估算与划分结果　（单位：万元）

投资费用分摊部门	发电部门	防洪部门	航运部门
各部门可分离投资费用	791 929	9 618	0
各部门专用工程投资费用	297 117	0	0
各部门最优等效替代方案投资费用	809 600	26 500	84 292
×××水利枢纽工程总投资费用		876 629	

2.1.3.4　费用分摊计算

由于防洪部门和航运部门的专用投资费用均为零，发电部门按照主次地位分摊法则应承担×××水利枢纽工程的全部投资费用，这种分摊结果显然是不合理的。虽然发电和防洪部门都可以通过所需库容指标来衡量其对枢纽工程的利用程度，但由于航运部门只是借助水库抬高水位而并不单独占用库容，因此也无法采用枢纽指标系数比例分摊法对×××水利枢纽的共用工程投资费用进行分摊。而可获经济效益现值比例分摊法、最优等效替代方案投资费用比例分摊法以及可分离费用－剩余效益比例分摊法，则可以分别根据各受益部门所获得的经济效益现值、最优等效替代方案投资费用和能够得到的剩余效益有效地按比例分摊工程投资费用，其对应各部门的具体分摊指标值及投资费用分摊结果详见附表 1-2。

附表 1-2　×××综合利用水利枢纽工程费用分摊计算　（单位：万元）

投资费用分摊部门		发电部门	防洪部门	航运部门
分摊指标	各部门经济效益现值（已扣除专用工程投资费用）	1 856 283	79 650	253 353
	各部门最优等效替代方案投资费用	809 600	26 500	84 292
	部门剩余效益	17 671	16 882	84 292
分摊结果	经济效益现值比例分摊法	799 015	18 564	59 050
	最优等效替代方案投资费用比例分摊法	771 105	25 240	80 284
	分离费用－剩余效益比例分摊法	803 093	20 283	53 253

发电、防洪和航运部门分别根据上述三种分摊方法所确定的投资费用分摊份额，经验证明均小于各部门可获得的经济效益以及最优等效替代方案投资费用，且大于各自的专用工程投资费用，即分摊结果都符合最基本的公平合理性检验原则。

附录 3　复利系数表

$i=4\%$

n	一次支付		等额支付				等差递增支付			n
	F/P	P/F	F/A	P/A	A/F	A/P	F/G	P/G	A/G	
1	1.040 0	0.961 5	1.000 0	0.961 5	1.000 0	1.040 0	0.000 0	0.000 0	0.000 0	1
2	1.081 6	0.924 6	2.040 0	1.886 1	0.490 2	0.530 2	1.000 0	0.924 6	0.490 2	2
3	1.124 9	0.889 0	3.121 6	2.775 1	0.320 3	0.360 3	3.040 0	2.702 5	0.973 9	3
4	1.169 9	0.854 8	4.246 5	3.629 9	0.235 5	0.275 5	6.161 6	5.267 0	1.451 0	4
5	1.216 7	0.821 9	5.416 3	4.451 8	0.184 6	0.224 6	10.408 1	8.554 7	1.921 6	5
6	1.265 3	0.790 3	6.633 0	5.242 1	0.150 8	0.190 8	15.824 4	12.506 2	2.385 7	6
7	1.315 9	0.759 9	7.898 3	6.002 1	0.126 6	0.166 6	22.457 4	17.065 7	2.843 3	7
8	1.368 6	0.730 7	9.214 2	6.732 7	0.108 5	0.148 5	30.355 7	22.180 6	3.294 4	8
9	1.423 3	0.702 6	10.582 8	7.435 3	0.094 5	0.134 5	39.569 9	27.801 3	3.739 1	9
10	1.480 2	0.675 6	12.006 1	8.110 9	0.083 3	0.123 3	50.152 7	33.881 4	4.177 3	10
11	1.539 5	0.649 6	13.486 4	8.760 5	0.074 1	0.114 1	62.158 8	40.377 2	4.609 0	11
12	1.601 0	0.624 6	15.025 8	9.385 1	0.066 6	0.106 6	75.645 1	47.247 7	5.034 3	12
13	1.665 1	0.600 6	16.626 8	9.985 6	0.060 1	0.100 1	90.670 9	54.454 6	5.453 3	13
14	1.731 7	0.577 5	18.291 9	10.563 1	0.054 7	0.094 7	107.297 8	61.961 8	5.865 9	14
15	1.800 9	0.555 3	20.023 6	11.118 4	0.049 9	0.089 9	125.589 7	69.735 5	6.272 1	15
16	1.873 0	0.533 9	21.824 5	11.652 3	0.045 8	0.085 8	145.613 3	77.744 1	6.672 0	16
17	1.947 9	0.513 4	23.697 5	12.165 7	0.042 2	0.082 2	167.437 8	85.958 1	7.065 6	17
18	2.025 8	0.493 6	25.645 4	12.659 3	0.039 0	0.079 0	191.135 3	94.349 8	7.453 0	18
19	2.106 8	0.474 6	27.671 2	13.133 9	0.036 1	0.076 1	216.780 7	102.893 3	7.834 2	19
20	2.191 1	0.456 4	29.778 1	13.590 3	0.033 6	0.073 6	244.452 0	111.564 7	8.209 1	20
21	2.278 8	0.438 8	31.969 2	14.029 2	0.031 3	0.071 3	274.230 0	120.341 4	8.577 9	21
22	2.369 9	0.422 0	34.248 0	14.451 1	0.029 2	0.069 2	306.199 2	129.202 4	8.940 7	22
23	2.464 7	0.405 7	36.617 9	14.856 8	0.027 3	0.067 3	340.447 2	138.128 4	9.297 3	23
24	2.563 3	0.390 1	39.082 6	15.247 0	0.025 6	0.065 6	377.065 1	147.101 2	9.647 9	24
25	2.665 8	0.375 1	41.645 9	15.622 1	0.024 0	0.064 0	416.147 7	156.104 0	9.992 5	25
26	2.772 5	0.360 7	44.311 7	15.982 8	0.022 6	0.062 6	457.793 6	165.121 2	10.331 2	26
27	2.883 4	0.346 8	47.084 2	16.329 6	0.021 2	0.061 2	502.105 4	174.138 5	10.664 0	27
28	2.998 7	0.333 5	49.967 6	16.663 1	0.020 0	0.060 0	549.189 6	183.142 4	10.990 9	28
29	3.118 7	0.320 7	52.966 3	16.983 7	0.018 9	0.058 9	599.157 2	192.120 6	11.312 0	29
30	3.243 4	0.308 3	56.084 9	17.292 0	0.017 8	0.057 8	652.123 4	201.061 8	11.627 4	30
31	3.373 1	0.296 5	59.328 3	17.588 5	0.016 9	0.056 9	708.208 4	209.955 6	11.937 1	31
32	3.508 1	0.285 1	62.701 5	17.873 6	0.015 9	0.055 9	767.536 7	218.792 4	12.241 1	32
33	3.648 4	0.274 1	66.209 5	18.147 6	0.015 1	0.055 1	830.238 2	227.563 4	12.539 6	33
34	3.794 3	0.263 6	69.857 9	18.411 2	0.014 3	0.054 3	896.447 7	236.260 7	12.832 4	34
35	3.946 1	0.253 4	73.652 2	18.664 6	0.013 6	0.053 6	966.305 6	244.876 8	13.119 8	35
36	4.103 9	0.243 7	77.598 3	18.908 3	0.012 9	0.052 9	1 039.957 8	253.405 2	13.401 8	36
37	4.268 1	0.234 3	81.702 2	19.142 6	0.012 2	0.052 2	1 117.556 2	261.839 9	13.678 4	37
38	4.438 8	0.225 3	85.970 3	19.367 9	0.011 6	0.051 6	1 199.258 4	270.175 4	13.949 7	38
39	4.616 4	0.216 6	90.409 1	19.584 5	0.011 1	0.051 1	1 285.228 7	278.407 0	14.215 7	39
40	4.801 0	0.208 3	95.025 5	19.792 8	0.010 5	0.050 5	1 375.637 9	286.530 3	14.476 5	40

$i=5\%$

n	一次支付		等额支付				等差递增支付			n
	F/P	P/F	F/A	P/A	A/F	A/P	F/G	P/G	A/G	
1	1.050 0	0.952 4	1.000 0	0.952 4	1.000 0	1.050 0	0.000 0	0.000 0	0.000 0	1
2	1.102 5	0.907 0	2.050 0	1.859 4	0.487 8	0.537 8	1.000 0	0.907 0	0.487 8	2
3	1.157 6	0.863 8	3.152 5	2.723 2	0.317 2	0.367 2	3.050 0	2.634 7	0.967 5	3
4	1.215 5	0.822 7	4.310 1	3.546 0	0.232 0	0.282 0	6.202 5	5.102 8	1.439 1	4
5	1.276 3	0.783 5	5.525 6	4.329 5	0.181 0	0.231 0	10.512 6	8.236 9	1.902 5	5
6	1.340 1	0.746 2	6.801 9	5.075 7	0.147 0	0.197 0	16.038 3	11.968 0	2.357 9	6
7	1.407 1	0.710 7	8.142 0	5.786 4	0.122 8	0.172 8	22.840 2	16.232 1	2.805 2	7
8	1.477 5	0.676 8	9.549 1	6.463 2	0.104 7	0.154 7	30.982 2	20.970 0	3.244 5	8
9	1.551 3	0.644 6	11.026 6	7.107 8	0.090 7	0.140 7	40.531 3	26.126 8	3.675 8	9
10	1.628 9	0.613 9	12.577 9	7.721 7	0.079 5	0.129 5	51.557 9	31.652 0	4.099 1	10
11	1.710 3	0.584 7	14.206 8	8.306 4	0.070 4	0.120 4	64.135 7	37.498 8	4.514 4	11
12	1.795 9	0.556 8	15.917 1	8.863 3	0.062 8	0.112 8	78.342 5	43.624 1	4.921 9	12
13	1.885 6	0.530 3	17.713 0	9.393 6	0.056 5	0.106 5	94.259 7	49.987 9	5.321 5	13
14	1.979 9	0.505 1	19.598 6	9.898 6	0.051 0	0.101 0	111.972 6	56.553 8	5.713 3	14
15	2.078 9	0.481 0	21.578 6	10.379 7	0.046 3	0.096 3	131.571 3	63.288 0	6.097 3	15
16	2.182 9	0.458 1	23.657 5	10.837 8	0.042 3	0.092 3	153.149 8	70.159 7	6.473 6	16
17	2.292 0	0.436 3	25.840 4	11.274 1	0.038 7	0.088 7	176.807 3	77.140 5	6.842 3	17
18	2.406 6	0.415 5	28.132 4	11.689 6	0.035 5	0.085 5	202.647 7	84.204 3	7.203 4	18
19	2.527 0	0.395 7	30.539 0	12.085 3	0.032 7	0.082 7	230.780 1	91.327 5	7.556 9	19
20	2.653 3	0.376 9	33.066 0	12.462 2	0.030 2	0.080 2	261.319 1	98.488 4	7.903 0	20
21	2.786 0	0.358 9	35.719 3	12.821 2	0.028 0	0.078 0	294.385 0	105.667 3	8.241 6	21
22	2.925 3	0.341 8	38.505 2	13.163 0	0.026 0	0.076 0	330.104 3	112.846 1	8.573 0	22
23	3.071 5	0.325 6	41.430 5	13.488 6	0.024 1	0.074 1	368.609 5	120.008 7	8.897 1	23
24	3.225 1	0.310 1	44.502 0	13.798 6	0.022 5	0.072 5	410.040 0	127.140 2	9.214 0	24
25	3.386 4	0.295 3	47.727 1	14.093 9	0.021 0	0.071 0	454.542 0	134.227 5	9.523 8	25
26	3.555 7	0.281 2	51.113 5	14.375 2	0.019 6	0.069 6	502.269 1	141.258 5	9.826 6	26
27	3.733 5	0.267 8	54.669 1	14.643 0	0.018 3	0.068 3	553.382 5	148.222 6	10.122 4	27
28	3.920 1	0.255 1	58.402 6	14.898 1	0.017 1	0.067 1	608.051 7	155.110 1	10.411 4	28
29	4.116 1	0.242 9	62.322 7	15.141 1	0.016 0	0.066 0	666.454 2	161.912 6	10.693 6	29
30	4.321 9	0.231 4	66.438 8	15.372 5	0.015 1	0.065 1	728.777 0	168.622 6	10.969 1	30
31	4.538 0	0.220 4	70.760 8	15.592 8	0.014 1	0.064 1	795.215 8	175.233 3	11.238 1	31
32	4.764 9	0.209 9	75.298 8	15.802 7	0.013 3	0.063 3	865.976 6	181.739 2	11.500 5	32
33	5.003 2	0.199 9	80.063 8	16.002 5	0.012 5	0.062 5	941.275 4	188.135 1	11.756 6	33
34	5.253 3	0.190 4	85.067 0	16.192 9	0.011 8	0.061 8	1 021.339 2	194.416 8	12.006 3	34
35	5.516 0	0.181 3	90.320 3	16.374 2	0.011 1	0.061 1	1 106.406 1	200.580 7	12.249 8	35
36	5.791 8	0.172 7	95.836 3	16.546 9	0.010 4	0.060 4	1 196.726 5	206.623 7	12.487 2	36
37	6.081 4	0.164 4	101.628 1	16.711 3	0.009 8	0.059 8	1 292.562 8	212.543 4	12.718 6	37
38	6.385 5	0.156 6	107.709 5	16.867 9	0.009 3	0.059 3	1 394.190 9	218.337 8	12.944 0	38
39	6.704 8	0.149 1	114.095 0	17.017 0	0.008 8	0.058 8	1 501.900 5	224.005 4	13.163 6	39
40	7.040 0	0.142 0	120.799 8	17.159 1	0.008 3	0.058 3	1 615.995 5	229.545 2	13.377 5	40

$i=6\%$

n	一次支付		等额支付				等差递增支付			n
	F/P	P/F	F/A	P/A	A/F	A/P	F/G	P/G	A/G	
1	1.060 0	0.943 4	1.000 0	0.943 4	1.000 0	1.060 0	0.000 0	0.000 0	0.000 0	1
2	1.123 6	0.890 0	2.060 0	1.833 4	0.485 4	0.545 4	1.000 0	0.890 0	0.485 4	2
3	1.191 0	0.839 6	3.183 6	2.673 0	0.314 1	0.374 1	3.060 0	2.569 2	0.961 2	3
4	1.262 5	0.792 1	4.374 6	3.465 1	0.228 6	0.288 6	6.243 6	4.945 5	1.427 2	4
5	1.338 2	0.747 3	5.637 1	4.212 4	0.177 4	0.237 4	10.618 2	7.934 5	1.883 6	5
6	1.418 5	0.705 0	6.975 3	4.917 3	0.143 4	0.203 4	16.255 3	11.459 4	2.330 4	6
7	1.503 6	0.665 1	8.393 8	5.582 4	0.119 1	0.179 1	23.230 6	15.449 7	2.767 6	7
8	1.593 8	0.627 4	9.897 5	6.209 8	0.101 0	0.161 0	31.624 5	19.841 6	3.195 2	8
9	1.689 5	0.591 9	11.491 3	6.801 7	0.087 0	0.147 0	41.521 9	24.576 8	3.613 3	9
10	1.790 8	0.558 4	13.180 8	7.360 1	0.075 9	0.135 9	53.013 2	29.602 3	4.022 0	10
11	1.898 3	0.526 8	14.971 6	7.886 9	0.066 8	0.126 8	66.194 0	34.870 2	4.421 3	11
12	2.012 2	0.497 0	16.869 9	8.383 8	0.059 3	0.119 3	81.165 7	40.336 9	4.811 3	12
13	2.132 9	0.468 8	18.882 1	8.852 7	0.053 0	0.113 0	98.035 6	45.962 9	5.192 0	13
14	2.260 9	0.442 3	21.015 1	9.295 0	0.047 6	0.107 6	116.917 8	51.712 8	5.563 5	14
15	2.396 6	0.417 3	23.276 0	9.712 2	0.043 0	0.103 0	137.932 8	57.554 6	5.926 0	15
16	2.540 4	0.393 6	25.672 5	10.105 9	0.039 0	0.099 0	161.208 8	63.459 2	6.279 4	16
17	2.692 8	0.371 4	28.212 9	10.477 3	0.035 4	0.095 4	186.881 3	69.401 1	6.624 0	17
18	2.854 3	0.350 3	30.905 7	10.827 6	0.032 4	0.092 4	215.094 2	75.356 9	6.959 7	18
19	3.025 6	0.330 5	33.760 0	11.158 1	0.029 6	0.089 6	245.999 9	81.306 2	7.286 7	19
20	3.207 1	0.311 8	36.785 6	11.469 9	0.027 2	0.087 2	279.759 9	87.230 4	7.605 1	20
21	3.399 6	0.294 2	39.992 7	11.764 1	0.025 0	0.085 0	316.545 4	93.113 6	7.915 1	21
22	3.603 5	0.277 5	43.392 3	12.041 6	0.023 0	0.083 0	356.538 2	98.941 2	8.216 6	22
23	3.819 7	0.261 8	46.995 8	12.303 4	0.021 3	0.081 3	399.930 5	104.700 7	8.509 9	23
24	4.048 9	0.247 0	50.815 6	12.550 4	0.019 7	0.079 7	446.926 3	110.381 2	8.795 1	24
25	4.291 9	0.233 0	54.864 5	12.783 4	0.018 2	0.078 2	497.741 9	115.973 2	9.072 2	25
26	4.549 4	0.219 8	59.156 4	13.003 2	0.016 9	0.076 9	552.606 4	121.468 4	9.341 4	26
27	4.822 3	0.207 4	63.705 8	13.210 5	0.015 7	0.075 7	611.762 8	126.860 0	9.602 9	27
28	5.111 7	0.195 6	68.528 1	13.406 2	0.014 6	0.074 6	675.468 5	132.142 0	9.856 8	28
29	5.418 4	0.184 6	73.639 8	13.590 7	0.013 6	0.073 6	743.996 6	137.309 6	10.103 2	29
30	5.743 5	0.174 1	79.058 2	13.764 8	0.012 6	0.072 6	817.636 4	142.358 8	10.342 2	30
31	6.088 1	0.164 3	84.801 7	13.929 1	0.011 8	0.071 8	896.694 6	147.286 4	10.574 0	31
32	6.453 4	0.155 0	90.889 8	14.084 0	0.011 0	0.071 0	981.496 3	152.090 1	10.798 8	32
33	6.840 6	0.146 2	97.343 2	14.230 2	0.010 3	0.070 3	1 072.386 1	156.768 1	11.016 6	33
34	7.251 0	0.137 9	104.183 8	14.368 1	0.009 6	0.069 6	1 169.729 2	161.319 2	11.227 6	34
35	7.686 1	0.130 1	111.434 8	14.498 2	0.009 0	0.069 0	1 273.913 0	165.742 7	11.431 9	35
36	8.147 3	0.122 7	119.120 9	14.621 0	0.008 4	0.068 4	1 385.347 8	170.038 7	11.629 8	36
37	8.636 1	0.115 8	127.268 1	14.736 8	0.007 9	0.067 9	1 504.468 6	174.207 2	11.821 3	37
38	9.154 3	0.109 2	135.904 2	14.846 0	0.007 4	0.067 4	1 631.736 8	178.249 0	12.006 5	38
39	9.703 5	0.103 1	145.058 5	14.949 1	0.006 9	0.066 9	1 767.641 0	182.165 2	12.185 7	39
40	10.285 7	0.097 2	154.762 0	15.046 3	0.006 5	0.066 5	1 912.699 4	185.956 8	12.359 0	40

$i=7\%$

n	一次支付		等额支付				等差递增支付			n
	F/P	P/F	F/A	P/A	A/F	A/P	F/G	P/G	A/G	
1	1.070 0	0.934 6	1.000 0	0.934 6	1.000 0	1.070 0	0.000 0	0.000 0	0.000 0	1
2	1.144 9	0.873 4	2.070 0	1.808 0	0.483 1	0.553 1	1.000 0	0.873 4	0.483 1	2
3	1.225 0	0.816 3	3.214 9	2.624 3	0.311 1	0.381 1	3.070 0	2.506 0	0.954 9	3
4	1.310 8	0.762 9	4.439 9	3.387 2	0.225 2	0.295 2	6.284 9	4.794 7	1.415 5	4
5	1.402 6	0.713 0	5.750 7	4.100 2	0.173 9	0.243 9	10.724 8	7.646 7	1.865 0	5
6	1.500 7	0.666 3	7.153 3	4.766 5	0.139 8	0.209 8	16.475 6	10.978 4	2.303 2	6
7	1.605 8	0.622 7	8.654 0	5.389 3	0.115 6	0.185 6	23.628 9	14.714 9	2.730 4	7
8	1.718 2	0.582 0	10.259 8	5.971 3	0.097 5	0.167 5	32.282 9	18.788 9	3.146 5	8
9	1.838 5	0.543 9	11.978 0	6.515 2	0.083 5	0.153 5	42.542 7	23.140 4	3.551 7	9
10	1.967 2	0.508 3	13.816 4	7.023 6	0.072 4	0.142 4	54.520 7	27.715 6	3.946 1	10
11	2.104 9	0.475 1	15.783 6	7.498 7	0.063 4	0.133 4	68.337 1	32.466 5	4.329 6	11
12	2.252 2	0.444 0	17.888 5	7.942 7	0.055 9	0.125 9	84.120 7	37.350 6	4.702 5	12
13	2.409 8	0.415 0	20.140 6	8.357 7	0.049 7	0.119 7	102.009 2	42.330 2	5.064 8	13
14	2.578 5	0.387 8	22.550 5	8.745 5	0.044 3	0.114 3	122.149 8	47.371 8	5.416 7	14
15	2.759 0	0.362 4	25.129 0	9.107 9	0.039 8	0.109 8	144.700 3	52.446 1	5.758 3	15
16	2.952 2	0.338 7	27.888 1	9.446 6	0.035 9	0.105 9	169.829 3	57.527 1	6.089 7	16
17	3.158 8	0.316 6	30.840 2	9.763 2	0.032 4	0.102 4	197.717 4	62.592 3	6.411 0	17
18	3.379 9	0.295 9	33.999 0	10.059 1	0.029 4	0.099 4	228.557 6	67.621 9	6.722 5	18
19	3.616 5	0.276 5	37.379 0	10.335 6	0.026 8	0.096 8	262.556 6	72.599 1	7.024 2	19
20	3.869 7	0.258 4	40.995 5	10.594 0	0.024 4	0.094 4	299.935 6	77.509 1	7.316 3	20
21	4.140 6	0.241 5	44.865 2	10.835 5	0.022 3	0.092 3	340.931 1	82.339 3	7.599 0	21
22	4.430 4	0.225 7	49.005 7	11.061 2	0.020 4	0.090 4	385.796 3	87.079 3	7.872 5	22
23	4.740 5	0.210 9	53.436 1	11.272 2	0.018 7	0.088 7	434.802 0	91.720 1	8.136 9	23
24	5.072 4	0.197 1	58.176 7	11.469 3	0.017 2	0.087 2	488.238 2	96.254 5	8.392 3	24
25	5.427 4	0.184 2	63.249 0	11.653 6	0.015 8	0.085 8	546.414 8	100.676 5	8.639 1	25
26	5.807 4	0.172 2	68.676 5	11.825 8	0.014 6	0.084 6	609.663 9	104.981 4	8.877 3	26
27	6.213 9	0.160 9	74.483 8	11.986 7	0.013 4	0.083 4	678.340 3	109.165 6	9.107 2	27
28	6.648 8	0.150 4	80.697 7	12.137 1	0.012 4	0.082 4	752.824 2	113.226 4	9.328 9	28
29	7.114 3	0.140 6	87.346 5	12.277 7	0.011 4	0.081 4	833.521 8	117.162 2	9.542 7	29
30	7.612 3	0.131 4	94.460 8	12.409 0	0.010 6	0.080 6	920.868 4	120.971 8	9.748 7	30
31	8.145 1	0.122 8	102.073 0	12.531 8	0.009 8	0.079 8	1 015.329 2	124.655 0	9.947 1	31
32	8.715 3	0.114 7	110.218 2	12.646 6	0.009 1	0.079 1	1 117.402 2	128.212 0	10.138 1	32
33	9.325 3	0.107 2	118.933 4	12.753 8	0.008 4	0.078 4	1 227.620 4	131.643 5	10.321 9	33
34	9.978 1	0.100 2	128.258 8	12.854 0	0.007 8	0.077 8	1 346.553 8	134.950 7	10.498 7	34
35	10.676 6	0.093 7	138.236 9	12.947 7	0.007 2	0.077 2	1 474.812 5	138.135 3	10.668 7	35
36	11.423 9	0.087 5	148.913 5	13.035 2	0.006 7	0.076 7	1 613.049 4	141.199 0	10.832 1	36
37	12.223 6	0.081 8	160.337 4	13.117 0	0.006 2	0.076 2	1 761.962 9	144.144 1	10.989 1	37
38	13.079 3	0.076 5	172.561 0	13.193 5	0.005 8	0.075 8	1 922.300 3	146.973 0	11.139 8	38
39	13.994 8	0.071 5	185.640 3	13.264 9	0.005 4	0.075 4	2 094.861 3	149.688 3	11.284 5	39
40	14.974 5	0.066 8	199.635 1	13.331 7	0.005 0	0.075 0	2 280.501 6	152.292 8	11.423 3	40

$i=8\%$

n	一次支付		等额支付				等差递增支付			n
	F/P	P/F	F/A	P/A	A/F	A/P	F/G	P/G	A/G	
1	1.080 0	0.925 9	1.000 0	0.925 9	1.000 0	1.080 0	0.000 0	0.000 0	0.000 0	1
2	1.166 4	0.857 3	2.080 0	1.783 3	0.480 8	0.560 8	1.000 0	0.857 3	0.480 8	2
3	1.259 7	0.793 8	3.246 4	2.577 1	0.308 0	0.388 0	3.080 0	2.445 0	0.948 7	3
4	1.360 5	0.735 0	4.506 1	3.312 1	0.221 9	0.301 9	6.326 4	4.650 1	1.404 0	4
5	1.469 3	0.680 6	5.866 6	3.992 7	0.170 5	0.250 5	10.832 5	7.372 4	1.846 5	5
6	1.586 9	0.630 2	7.335 9	4.622 9	0.136 3	0.216 3	16.699 1	10.523 3	2.276 3	6
7	1.713 8	0.583 5	8.922 8	5.206 4	0.112 1	0.192 1	24.035 0	14.024 2	2.693 7	7
8	1.850 9	0.540 3	10.636 6	5.746 6	0.094 0	0.174 0	32.957 8	17.806 1	3.098 5	8
9	1.999 0	0.500 2	12.487 6	6.246 9	0.080 1	0.160 1	43.594 5	21.808 1	3.491 0	9
10	2.158 9	0.463 2	14.486 6	6.710 1	0.069 0	0.149 0	56.082 0	25.976 8	3.871 3	10
11	2.331 6	0.428 9	16.645 5	7.139 0	0.060 1	0.140 1	70.568 6	30.265 7	4.239 5	11
12	2.518 2	0.397 1	18.977 1	7.536 1	0.052 7	0.132 7	87.214 1	34.633 9	4.595 7	12
13	2.719 6	0.367 7	21.495 3	7.903 8	0.046 5	0.126 5	106.191 2	39.046 3	4.940 2	13
14	2.937 2	0.340 5	24.214 9	8.244 2	0.041 3	0.121 3	127.686 5	43.472 3	5.273 1	14
15	3.172 2	0.315 2	27.152 1	8.559 5	0.036 8	0.116 8	151.901 4	47.885 7	5.594 5	15
16	3.425 9	0.291 9	30.324 3	8.851 4	0.033 0	0.113 0	179.053 5	52.264 0	5.904 6	16
17	3.700 0	0.270 3	33.750 2	9.121 6	0.029 6	0.109 6	209.377 8	56.588 3	6.203 7	17
18	3.996 0	0.250 2	37.450 2	9.371 9	0.026 7	0.106 7	243.128 0	60.842 6	6.492 0	18
19	4.315 7	0.231 7	41.446 3	9.603 6	0.024 1	0.104 1	280.578 3	65.013 4	6.769 7	19
20	4.661 0	0.214 5	45.762 0	9.818 1	0.021 9	0.101 9	322.024 6	69.089 8	7.036 9	20
21	5.033 8	0.198 7	50.422 9	10.016 8	0.019 8	0.099 8	367.786 5	73.062 9	7.294 0	21
22	5.436 5	0.183 9	55.456 8	10.200 7	0.018 0	0.098 0	418.209 4	76.925 7	7.541 2	22
23	5.871 5	0.170 3	60.893 3	10.371 1	0.016 4	0.096 4	473.666 2	80.672 6	7.778 6	23
24	6.341 2	0.157 7	66.764 8	10.528 8	0.015 0	0.095 0	534.559 5	84.299 7	8.006 6	24
25	6.848 5	0.146 0	73.105 9	10.674 8	0.013 7	0.093 7	601.324 2	87.804 1	8.225 4	25
26	7.396 4	0.135 2	79.954 4	10.810 0	0.012 5	0.092 5	674.430 2	91.184 2	8.435 2	26
27	7.988 1	0.125 2	87.350 8	10.935 2	0.011 4	0.091 4	754.384 6	94.439 0	8.636 3	27
28	8.627 1	0.115 9	95.338 8	11.051 1	0.010 5	0.090 5	841.735 4	97.568 7	8.828 9	28
29	9.317 3	0.107 3	103.965 9	11.158 4	0.009 6	0.089 6	937.074 2	100.573 8	9.013 3	29
30	10.062 7	0.099 4	113.283 2	11.257 8	0.008 8	0.088 8	1 041.040 1	103.455 8	9.189 7	30
31	10.867 7	0.092 0	123.345 9	11.349 8	0.008 1	0.088 1	1 154.323 4	106.216 3	9.358 4	31
32	11.737 1	0.085 2	134.213 5	11.435 0	0.007 5	0.087 5	1 277.669 2	108.857 5	9.519 7	32
33	12.676 0	0.078 9	145.950 6	11.513 9	0.006 9	0.086 9	1 411.882 8	111.381 9	9.673 7	33
34	13.690 1	0.073 0	158.626 7	11.586 9	0.006 3	0.086 3	1 557.833 4	113.792 4	9.820 8	34
35	14.785 3	0.067 6	172.316 8	11.654 6	0.005 8	0.085 8	1 716.460 0	116.092 0	9.961 1	35
36	15.968 2	0.062 6	187.102 1	11.717 2	0.005 3	0.085 3	1 888.776 8	118.283 9	10.094 9	36
37	17.245 6	0.058 0	203.070 3	11.775 2	0.004 9	0.084 9	2 075.879 0	120.371 3	10.222 5	37
38	18.625 3	0.053 7	220.315 9	11.828 9	0.004 5	0.084 5	2 278.949 3	122.357 9	10.344 0	38
39	20.115 3	0.049 7	238.941 2	11.878 6	0.004 2	0.084 2	2 499.265 3	124.247 0	10.459 7	39
40	21.724 5	0.046 0	259.056 5	11.924 6	0.003 9	0.083 9	2 738.206 5	126.042 2	10.569 9	40

$i=10\%$

n	一次支付		等额支付				等差递增支付			n
	F/P	P/F	F/A	P/A	A/F	A/P	F/G	P/G	A/G	
1	1.100 0	0.909 1	1.000 0	0.909 1	1.000 0	1.100 0	0.000 0	0.000 0	0.000 0	1
2	1.210 0	0.826 4	2.100 0	1.735 5	0.476 2	0.576 2	1.000 0	0.826 4	0.476 2	2
3	1.331 0	0.751 3	3.310 0	2.486 9	0.302 1	0.402 1	3.100 0	2.329 1	0.936 6	3
4	1.464 1	0.683 0	4.641 0	3.169 9	0.215 5	0.315 5	6.410 0	4.378 1	1.381 2	4
5	1.610 5	0.620 9	6.105 1	3.790 8	0.163 8	0.263 8	11.051 0	6.861 8	1.810 1	5
6	1.771 6	0.564 5	7.715 6	4.355 3	0.129 6	0.229 6	17.156 1	9.684 2	2.223 6	6
7	1.948 7	0.513 2	9.487 2	4.868 4	0.105 4	0.205 4	24.871 7	12.763 1	2.621 6	7
8	2.143 6	0.466 5	11.435 9	5.334 9	0.087 4	0.187 4	34.358 9	16.028 7	3.004 5	8
9	2.357 9	0.424 1	13.579 5	5.759 0	0.073 6	0.173 6	45.794 8	19.421 5	3.372 4	9
10	2.593 7	0.385 5	15.937 4	6.144 6	0.062 7	0.162 7	59.374 2	22.891 3	3.725 5	10
11	2.853 1	0.350 5	18.531 2	6.495 1	0.054 0	0.154 0	75.311 7	26.396 3	4.064 1	11
12	3.138 4	0.318 6	21.384 3	6.813 7	0.046 8	0.146 8	93.842 8	29.901 2	4.388 4	12
13	3.452 3	0.289 7	24.522 7	7.103 4	0.040 8	0.140 8	115.227 1	33.377 2	4.698 8	13
14	3.797 5	0.263 3	27.975 0	7.366 7	0.035 7	0.135 7	139.749 8	36.800 5	4.995 5	14
15	4.177 2	0.239 4	31.772 5	7.606 1	0.031 5	0.131 5	167.724 8	40.152 0	5.278 9	15
16	4.595 0	0.217 6	35.949 7	7.823 7	0.027 8	0.127 8	199.497 3	43.416 4	5.549 3	16
17	5.054 5	0.197 8	40.544 7	8.021 6	0.024 7	0.124 7	235.447 0	46.581 9	5.807 1	17
18	5.559 9	0.179 9	45.599 2	8.201 4	0.021 9	0.121 9	275.991 7	49.639 5	6.052 6	18
19	6.115 9	0.163 5	51.159 1	8.364 9	0.019 5	0.119 5	321.590 9	52.582 7	6.286 1	19
20	6.727 5	0.148 6	57.275 0	8.513 6	0.017 5	0.117 5	372.750 0	55.406 9	6.508 1	20
21	7.400 2	0.135 1	64.002 5	8.648 7	0.015 6	0.115 6	430.025 0	58.109 5	6.718 9	21
22	8.140 3	0.122 8	71.402 7	8.771 5	0.014 0	0.114 0	494.027 5	60.689 3	6.918 9	22
23	8.954 3	0.111 7	79.543 0	8.883 2	0.012 6	0.112 6	565.430 2	63.146 2	7.108 5	23
24	9.849 7	0.101 5	88.497 3	8.984 7	0.011 3	0.111 3	644.973 3	65.481 3	7.288 1	24
25	10.834 7	0.092 3	98.347 1	9.077 0	0.010 2	0.110 2	733.470 6	67.696 4	7.458 0	25
26	11.918 2	0.083 9	109.181 8	9.160 9	0.009 2	0.109 2	831.817 7	69.794 0	7.618 6	26
27	13.110 0	0.076 3	121.099 9	9.237 2	0.008 3	0.108 3	940.999 4	71.777 3	7.770 4	27
28	14.421 0	0.069 3	134.209 9	9.306 6	0.007 5	0.107 5	1 062.099 4	73.649 5	7.913 7	28
29	15.863 1	0.063 0	148.630 9	9.369 6	0.006 7	0.106 7	1 196.309 3	75.414 6	8.048 9	29
30	17.449 4	0.057 3	164.494 0	9.426 9	0.006 1	0.106 1	1 344.940 2	77.076 6	8.176 2	30
31	19.194 3	0.052 1	181.943 4	9.479 0	0.005 5	0.105 5	1 509.434 2	78.639 5	8.296 2	31
32	21.113 8	0.047 4	201.137 8	9.526 4	0.005 0	0.105 0	1 691.377 7	80.107 8	8.409 1	32
33	23.225 2	0.043 1	222.251 5	9.569 4	0.004 5	0.104 5	1 892.515 4	81.485 6	8.515 2	33
34	25.547 7	0.039 1	245.476 7	9.608 6	0.004 1	0.104 1	2 114.767 0	82.777 3	8.614 9	34
35	28.102 4	0.035 6	271.024 4	9.644 2	0.003 7	0.103 7	2 360.243 7	83.987 2	8.708 6	35
36	30.912 7	0.032 3	299.126 8	9.676 5	0.003 3	0.103 3	2 631.268 1	85.119 4	8.796 5	36
37	34.003 9	0.029 4	330.039 5	9.705 9	0.003 0	0.103 0	2 930.394 9	86.178 1	8.878 9	37
38	37.404 3	0.026 7	364.043 4	9.732 7	0.002 7	0.102 7	3 260.434 3	87.167 3	8.956 2	38
39	41.144 8	0.024 3	401.447 8	9.757 0	0.002 5	0.102 5	3 624.477 8	88.090 8	9.028 5	39
40	45.259 3	0.022 1	442.592 6	9.779 1	0.002 3	0.102 3	4 025.925 6	88.952 5	9.096 2	40

$i=12\%$

n	一次支付		等额支付				等差递增支付			n
	F/P	P/F	F/A	P/A	A/F	A/P	F/G	P/G	A/G	
1	1.120 0	0.892 9	1.000 0	0.892 9	1.000 0	1.120 0	0.000 0	0.000 0	0.000 0	1
2	1.254 4	0.797 2	2.120 0	1.690 1	0.471 7	0.591 7	1.000 0	0.797 2	0.471 7	2
3	1.404 9	0.711 8	3.374 4	2.401 8	0.296 3	0.416 3	3.120 0	2.220 8	0.924 6	3
4	1.573 5	0.635 5	4.779 3	3.037 3	0.209 2	0.329 2	6.494 4	4.127 3	1.358 9	4
5	1.762 3	0.567 4	6.352 8	3.604 8	0.157 4	0.277 4	11.273 7	6.397 0	1.774 6	5
6	1.973 8	0.506 6	8.115 2	4.111 4	0.123 2	0.243 2	17.626 6	8.930 2	2.172 0	6
7	2.210 7	0.452 3	10.089 0	4.563 8	0.099 1	0.219 1	25.741 8	11.644 3	2.551 5	7
8	2.476 0	0.403 9	12.299 7	4.967 6	0.081 3	0.201 3	35.830 8	14.471 4	2.913 1	8
9	2.773 1	0.360 6	14.775 7	5.328 2	0.067 7	0.187 7	48.130 5	17.356 3	3.257 4	9
10	3.105 8	0.322 0	17.548 7	5.650 2	0.057 0	0.177 0	62.906 1	20.254 1	3.584 7	10
11	3.478 5	0.287 5	20.654 6	5.937 7	0.048 4	0.168 4	80.454 9	23.128 8	3.895 3	11
12	3.896 0	0.256 7	24.133 1	6.194 4	0.041 4	0.161 4	101.109 4	25.952 3	4.189 7	12
13	4.363 5	0.229 2	28.029 1	6.423 5	0.035 7	0.155 7	125.242 6	28.702 4	4.468 3	13
14	4.887 1	0.204 6	32.392 6	6.628 2	0.030 9	0.150 9	153.271 7	31.362 4	4.731 7	14
15	5.473 6	0.182 7	37.279 7	6.810 9	0.026 8	0.146 8	185.664 3	33.920 2	4.980 3	15
16	6.130 4	0.163 1	42.753 3	6.974 0	0.023 4	0.143 4	222.944 0	36.367 0	5.214 7	16
17	6.866 0	0.145 6	48.883 7	7.119 6	0.020 5	0.140 5	265.697 3	38.697 3	5.435 3	17
18	7.690 0	0.130 0	55.749 7	7.249 7	0.017 9	0.137 9	314.581 0	40.908 0	5.642 7	18
19	8.612 8	0.116 1	63.439 7	7.365 8	0.015 8	0.135 8	370.330 7	42.997 9	5.837 5	19
20	9.646 3	0.103 7	72.052 4	7.469 4	0.013 9	0.133 9	433.770 4	44.967 6	6.020 2	20
21	10.803 8	0.092 6	81.698 7	7.562 0	0.012 2	0.132 2	505.822 8	46.818 8	6.191 3	21
22	12.100 3	0.082 6	92.502 6	7.644 6	0.010 8	0.130 8	587.521 5	48.554 3	6.351 4	22
23	13.552 3	0.073 8	104.602 9	7.718 4	0.009 6	0.129 6	680.024 1	50.177 6	6.501 0	23
24	15.178 6	0.065 9	118.155 2	7.784 3	0.008 5	0.128 5	784.627 0	51.692 9	6.640 6	24
25	17.000 1	0.058 8	133.333 9	7.843 1	0.007 5	0.127 5	902.782 3	53.104 6	6.770 8	25
26	19.040 1	0.052 5	150.333 9	7.895 7	0.006 7	0.126 7	1 036.116 1	54.417 7	6.892 1	26
27	21.324 9	0.046 9	169.374 0	7.942 6	0.005 9	0.125 9	1 186.450 1	55.636 9	7.004 9	27
28	23.883 9	0.041 9	190.698 9	7.984 4	0.005 2	0.125 2	1 355.824 1	56.767 4	7.109 8	28
29	26.749 9	0.037 4	214.582 8	8.021 8	0.004 7	0.124 7	1 546.522 9	57.814 1	7.207 1	29
30	29.959 9	0.033 4	241.332 7	8.055 2	0.004 1	0.124 1	1 761.105 7	58.782 1	7.297 4	30
31	33.555 1	0.029 8	271.292 6	8.085 0	0.003 7	0.123 7	2 002.438 4	59.676 1	7.381 1	31
32	37.581 7	0.026 6	304.847 7	8.111 6	0.003 3	0.123 3	2 273.731 0	60.501 0	7.458 6	32
33	42.091 5	0.023 8	342.429 4	8.135 4	0.002 9	0.122 9	2 578.578 7	61.261 2	7.530 2	33
34	47.142 5	0.021 2	384.521 0	8.156 6	0.002 6	0.122 6	2 921.008 2	61.961 2	7.596 5	34
35	52.799 6	0.018 9	431.663 5	8.175 5	0.002 3	0.122 3	3 305.529 1	62.605 2	7.657 7	35
36	59.135 6	0.016 9	484.463 1	8.192 4	0.002 1	0.122 1	3 737.192 6	63.197 0	7.714 1	36
37	66.231 8	0.015 1	543.598 7	8.207 5	0.001 8	0.121 8	4 221.655 8	63.740 6	7.766 1	37
38	74.179 7	0.013 5	609.830 5	8.221 0	0.001 6	0.121 6	4 765.254 4	64.239 4	7.814 1	38
39	83.081 2	0.012 0	684.010 2	8.233 0	0.001 5	0.121 5	5 375.085 0	64.696 7	7.858 2	39
40	93.051 0	0.010 7	767.091 4	8.243 8	0.001 3	0.121 3	6 059.095 2	65.115 9	7.898 8	40

$i=15\%$

n	一次支付		等额支付				等差递增支付			n
	F/P	P/F	F/A	P/A	A/F	A/P	F/G	P/G	A/G	
1	1.150 0	0.869 6	1.000 0	0.869 6	1.000 0	1.150 0	0.000 0	0.000 0	0.000 0	1
2	1.322 5	0.756 1	2.150 0	1.625 7	0.465 1	0.615 1	1.000 0	0.756 1	0.465 1	2
3	1.520 9	0.657 5	3.472 5	2.283 2	0.288 0	0.438 0	3.150 0	2.071 2	0.907 1	3
4	1.749 0	0.571 8	4.993 4	2.855 0	0.200 3	0.350 3	6.622 5	3.786 4	1.326 3	4
5	2.011 4	0.497 2	6.742 4	3.352 2	0.148 3	0.298 3	11.615 9	5.775 1	1.722 8	5
6	2.313 1	0.432 3	8.753 7	3.784 5	0.114 2	0.264 2	18.358 3	7.936 8	2.097 2	6
7	2.660 0	0.375 9	11.066 8	4.160 4	0.090 4	0.240 4	27.112 0	10.192 4	2.449 8	7
8	3.059 0	0.326 9	13.726 8	4.487 3	0.072 9	0.222 9	38.178 8	12.480 7	2.781 3	8
9	3.517 9	0.284 3	16.785 8	4.771 6	0.059 6	0.209 6	51.905 6	14.754 8	3.092 2	9
10	4.045 6	0.247 2	20.303 7	5.018 8	0.049 3	0.199 3	68.691 5	16.979 5	3.383 2	10
11	4.652 4	0.214 9	24.349 3	5.233 7	0.041 1	0.191 1	88.995 2	19.128 9	3.654 9	11
12	5.350 3	0.186 9	29.001 7	5.420 6	0.034 5	0.184 5	113.344 4	21.184 9	3.908 2	12
13	6.152 8	0.162 5	34.351 9	5.583 1	0.029 1	0.179 1	142.346 1	23.135 2	4.143 8	13
14	7.075 7	0.141 3	40.504 7	5.724 5	0.024 7	0.174 7	176.698 0	24.972 5	4.362 4	14
15	8.137 1	0.122 9	47.580 4	5.847 4	0.021 0	0.171 0	217.202 7	26.693 0	4.565 0	15
16	9.357 6	0.106 9	55.717 5	5.954 2	0.017 9	0.167 9	264.783 1	28.296 0	4.752 2	16
17	10.761 3	0.092 9	65.075 1	6.047 2	0.015 4	0.165 4	320.500 6	29.782 8	4.925 1	17
18	12.375 5	0.080 8	75.836 4	6.128 0	0.013 2	0.163 2	385.575 7	31.156 5	5.084 3	18
19	14.231 8	0.070 3	88.211 8	6.198 2	0.011 3	0.161 3	461.412 1	32.421 3	5.230 7	19
20	16.366 5	0.061 1	102.443 6	6.259 3	0.009 8	0.159 8	549.623 9	33.582 2	5.365 1	20
21	18.821 5	0.053 1	118.810 1	6.312 5	0.008 4	0.158 4	652.067 5	34.644 8	5.488 3	21
22	21.644 7	0.046 2	137.631 6	6.358 7	0.007 3	0.157 3	770.877 6	35.615 0	5.601 0	22
23	24.891 5	0.040 2	159.276 4	6.398 8	0.006 3	0.156 3	908.509 2	36.498 8	5.704 0	23
24	28.625 2	0.034 9	184.167 8	6.433 8	0.005 4	0.155 4	1 067.785 6	37.302 3	5.797 9	24
25	32.919 0	0.030 4	212.793 0	6.464 1	0.004 7	0.154 7	1 251.953 4	38.031 4	5.883 4	25
26	37.856 8	0.026 4	245.712 0	6.490 6	0.004 1	0.154 1	1 464.746 5	38.691 8	5.961 2	26
27	43.535 3	0.023 0	283.568 8	6.513 5	0.003 5	0.153 5	1 710.458 4	39.289 0	6.031 9	27
28	50.065 6	0.020 0	327.104 1	6.533 5	0.003 1	0.153 1	1 994.027 2	39.828 3	6.096 0	28
29	57.575 5	0.017 4	377.169 7	6.550 9	0.002 7	0.152 7	2 321.131 3	40.314 6	6.154 1	29
30	66.211 8	0.015 1	434.745 1	6.566 0	0.002 3	0.152 3	2 698.301 0	40.752 6	6.206 6	30
31	76.143 5	0.013 1	500.956 9	6.579 1	0.002 0	0.152 0	3 133.046 1	41.146 6	6.254 1	31
32	87.565 1	0.011 4	577.100 5	6.590 5	0.001 7	0.151 7	3 634.003 0	41.500 6	6.297 0	32
33	100.699 8	0.009 9	664.665 5	6.600 5	0.001 5	0.151 5	4 211.103 5	41.818 4	6.335 7	33
34	115.804 8	0.008 6	765.365 4	6.609 1	0.001 3	0.151 3	4 875.769 0	42.103 3	6.370 5	34
35	133.175 5	0.007 5	881.170 2	6.616 6	0.001 1	0.151 1	5 641.134 4	42.358 6	6.401 9	35
36	153.151 9	0.006 5	1 014.345 7	6.623 1	0.001 0	0.151 0	6 522.304 5	42.587 2	6.430 1	36
37	176.124 6	0.005 7	1 167.497 5	6.628 8	0.000 9	0.150 9	7 536.650 2	42.791 6	6.455 4	37
38	202.543 3	0.004 9	1 343.622 2	6.633 8	0.000 7	0.150 7	8 704.147 7	42.974 3	6.478 1	38
39	232.924 8	0.004 3	154 6.165 5	6.638 0	0.000 6	0.150 6	10 047.769 9	43.137 4	6.498 5	39
40	267.863 5	0.003 7	1 779.090 3	6.641 8	0.000 6	0.150 6	11 593.935 4	43.283 0	6.516 8	40

参考文献

[1] 王修贵. 工程经济学[M]. 北京:中国水利水电出版社,2008.
[2] 冯为民,付晓灵. 工程经济学[M]. 北京:北京大学出版社,2005.
[3] 赵国杰. 工程经济学[M]. 天津:天津大学出版社,2004.
[4] 王克强. 工程经济学[M]. 上海:上海财经大学出版社,2004.
[5] 李南. 工程经济学[M]. 北京:科学出版社,2004.
[6] 陈卫东,周华明. 工程经济分析简明教程[M]. 上海:同济大学出版社,1997.
[7] 张厚钧. 工程经济学[M]. 北京:北京大学出版社,2009.
[8] 吴添祖,冯勤,欧阳仲健. 技术经济学[M]. 北京:清华大学出版社,2004.
[9] 徐莉. 技术经济学[M]. 武汉:武汉大学出版社,2003.
[10] 虞和锡. 工程项目经济评价[M]. 北京:科学技术文献出版社,1992.
[11] 谭大璐. 土木工程经济[M]. 北京:中国建筑工业出版社,2010.
[12] 郭子坚,宋向群. 土木工程经济与管理[M]. 北京:中国建筑工业出版社,2008.
[13] 邓卫. 建筑工程经济[M]. 北京:清华大学出版社,2000.
[14] 吴全利. 建筑工程经济学[M]. 重庆:重庆大学出版社,2004.
[15] 国家发展和改革委员会,建设部. 建设项目经济评价方法与参数[M]. 3 版. 北京:中国计划出版社,2006.
[16] 邱忠恩,沈佩君. 中国水利百科全书——水利经济分册[M]. 北京:中国水利水电出版社,2004.
[17] 王永康,赵玉华,朱永恒. 水工程经济 - 技术经济分析[M]. 北京:机械工业出版社,2006.
[18] 施熙灿,蒋水心. 水利工程经济[M]. 3 版. 北京:中国水利水电出版社,2005.
[19] 王丽萍. 水利工程经济[M]. 武汉:武汉大学出版社,2002.
[20] 许志方,沈佩君. 水利工程经济学[M]. 北京:水利电力出版社,1987.
[21] 张展羽,蔡守华. 水利工程经济学[M]. 北京:中国水利水电出版社,2005.
[22] 李国敏. 价值工程在房地产项目产品决策中的应用[J]. 项目管理技术,2005.
[23] 卢石泉,周慧珍. 投资项目评估[M]. 大连:东北财经大学出版社,1993.
[24] 中国水利经济研究会. 水利建设项目后经济评价理论与方法[M]. 北京:中国水利水电出版社,2004.
[25] 李鹏. 综合利用水利工程投资费用分摊问题研究[D]. 天津:天津大学,2007.
[26] 姜伟新,张三力. 投资项目后评价[M]. 北京:中国石化出版社,2001.
[27] 武艺. 我国工程建设项目后评价及其发展对策研究[D]. 重庆:重庆大学,2003.
[28] 杨华峰. 投资项目后评价的几个问题[J]. 地质技术经济管理,1996.
[29] 王勇,方志达. 项目可行性研究与评估[M]. 北京:中国建筑工业出版社,2004.
[30] 刘荣刚. 建设工程项目后评价研究[D]. 武汉:武汉理工大学,2004.
[31] 王广浩. 建设项目后评价内容完善与方法研究[D]. 杭州:浙江大学,2004.
[32] 黄德春. 投资项目后评价理论、方法及应用研究[D]. 南京:河海大学,2003.
[33] 孟建英. 工程建设投资项目后评价理论方法与应用研究[D]. 天津:天津大学,2004.
[34] 吴照浩. 环境影响后评价的作用及实施[J]. 污染防治技术,2003.
[35] 周世良. 环境影响后评估的目的和内容[J]. 环境科学,1998.
[36] 魏冬青. 水利经济学在水利工程中的应用及其发展方向[J]. 农业科技与信息,2010.
[37] 北京市第二棉纺织厂. 废水净化工程的价值分析[J]. 价值工程,1984.